総合的戦略論ハンドブック

孫崎 享・音 好宏・渡辺文夫 編
Ukeru Magosaki, Yoshihiro Oto & Fumio Watanabe

Handbook of Comprehensive Strategy

ナカニシヤ出版

はじめに

　戦略とは,「人や組織に死活的に重要なことをどう処理するか」を考える学問である。きわめて重要な分野だ。

　しかし日本で不思議な現象が起こっている。日本の大学で戦略を教えるところがない。なぜこの現象が起こっているか。1つに歴史的背景がある。

　戦略は過去,軍事戦略とほぼ同意語と言ってよいくらい,軍事分野を研究する分野と位置づけられた。こうしたなか,2つの不幸な事象が重なった。戦前,軍事問題は天皇の大権とされ,大学の研究になじまないと位置づけられた。これに第2次世界大戦以降の占領が重なる。米国は日本に再び軍国主義国家にならないことを強く求めた。そうした経緯のうちに,大学に軍事面に関与しない流れがつくられ,戦略も軍事の一部として教えられることがなかった。

　しかし,戦略とは,「人や組織に死活的に重要なことをどう処理するか」を考える学問である。「人や組織」には当然,非軍事の分野が含まれる。とくに,1970年代以降,経済分野において,戦略論は飛躍的に発展した。

　こうした流れがあるなかで,2011年上智大学の一般社会人向け春期公開講座で「戦略論(Strategy)の教育－共存共栄のための教育をめざして」が開講された。開講にあたって,コーディネーター渡辺文夫教授と相談し,開講する以上は最高の布陣を揃えたいということで人選をした。

　もちろん,戦略を理論的に説明することもさることながら,日本や世界の第一線の組織が,戦略をどのように理解しているか,生きた戦略論を知ることも重要との判断になった。

　今日,日本で生きた戦略論を行っているのはどこか,当然企業である。そのなかで,戦略的行動をとることが最も求められているとみられるのは銀行と商社である。幸いにも,北山禎介三井住友フィナンシャルグループ取締役社長(当時)が快諾された。それに加えて,大河原昭夫住友商事総合研究所取締役所長が商社の戦略を話されることとなった。

　次いで世界的な規模でみた時に,最も戦略的な行動を求められているのはどこか。それは中東地域である。なかでもイスラエルとイランは今最も戦略的に考えることが求められている。日本が経済的に世界第2の大国になって以来,日本には各国の最高レベルの外交官が大使として赴任してきている。とくに駐日イスラエル大使と駐日イラン大使は双方とも戦略的思考の持ち主として定評が高かった。

　第2次世界大戦以降,自国の戦略志向を大きく変えた国はドイツである。ドイツは第1次世界大戦,第2次世界大戦に見られたごとく,軍事力を信奉する国であった。しかし第2次世界大戦以降ドイツは軍事力に依存せず,欧州諸国との連携を強めることで国家の存続を図った。多くの国が依然として軍事力を重視するなか,ドイツは独特の安全保障構想を進展させてきた。

　執筆陣としてフィナンシャルグループの取締役社長,商社の研究所取締役所長,そして駐日イスラエル大使と駐日ドイツ大使館代表を揃えられたことで,生きた戦略としては,これ以上ない布陣となった。

　次に,生きた戦略を理論的にどう肉付けしていくかである。

　戦略分野の古典は孫子,クラウゼヴィッツ,トゥーキディーデスである。今日戦略分野は経済分野で進化している。理論的にはゲーム理論がその中心を占める。これを一つの軸として経営理論が展開されている。

　2011年上智大学の一般社会人向け春期公開講座での「戦略論の教育」は日本ではきわめてユニークな講座であった。大学で総合的に戦略論が教えられることはない。そして,この講座の

特色は「生きた戦略」と「理論としての戦略」を融合した点にある。かつ各々の分野でトップで活躍されている方々が講師となった。

　筆者はコーディネーターの渡辺教授に「上智大学でよく，こんな素晴らしい講座が作れましたね。三井住友フィナンシャルグループ取締役社長や駐日イスラエル大使や駐日イラン大使を講師として加えられることは他ではできないでしょう。さらに，川村康之氏等，戦略分野でトップの人も参加しました。以後こうした陣容をそろえることはできないでしょう。このまま終わるのはもったいない」としばしば申し上げた。

　幸いこの講座を軸に今般ナカニシヤ出版より『総合的戦略論ハンドブック』が刊行されることになった。目次をみていただければよい。過去，これだけ多岐にわたり，戦略論を論じた本はない。世界でもほとんどないであろう。この本が日本人の戦略的思考を高めることに資すれば幸いである。

孫崎　享

謝　　辞

　本書を編集するにあたり，次の方々のご支援をいただいたので感謝申し上げたい。
　2010 年から 2011 年度にかけ上智大学公開学習センターにおいて，共存共栄のための市民教育として開講された「教養としてのインテリジェンス」「戦略論の教育—共存共栄をめざして—」に理解を示し，講師として北山禎介三井住友銀行取締役会長を紹介いただいた高祖敏明上智大学理事長。これらの授業内容を，イノベーションプログラムとして承認いただいた上智大学。多忙な執筆者の調整と編集を精力的にしていただいた宍倉由高ナカニシヤ出版編集長。

編者

目　次

  はじめに　*i*

第Ⅰ部　序　　論 ———————————————————————— 1

第Ⅱ部　戦略論の基礎 —————————————————————— 11

  第 1 章　総　　論　*13*
  第 2 章　ゲーム理論：囚人のジレンマゲーム研究から見えてくる共存共栄　*17*
  第 3 章　孫子：孫子は現代人が読む価値をもっているか　*29*
  第 4 章　トゥーキディデース　*37*
  第 5 章　クラウゼヴィッツ　*47*
  第 6 章　マクナマラの戦略システム　*55*

第Ⅲ部　戦略論の領域 —————————————————————— 65

  第 1 章　総　　論　*67*
  第 2 章　企業戦略　*71*
  第 3 章　金融戦略　*81*
  第 4 章　経営戦略　*91*
  第 5 章　安全保障・防衛政策：ドイツ　*99*
  第 6 章　国家の安全保障：イスラエル　*105*
  第 7 章　同時並列的文化関係構築戦略の課題　*109*

第Ⅳ部　インテリジェンス論 ———————————————————— 117

  第 1 章　総論：インテリジェンスとは何か　*119*
  第 2 章　インテリジェンスのためのメディアリテラシー　*121*
  第 3 章　世論調査のリテラシー　*131*
  第 4 章　国際協力リテラシーとグローバルな情報ガバナンス：東日本大震災の経験
     と防災教育のあり方　*139*
  第 5 章　外交とインテリジェンス　*147*
  第 6 章　宗教リテラシーⅠ：ユダヤ教―イスラエル国家における状況に基づいて
     155
  第 7 章　宗教リテラシーⅡ：キリスト教―現代人から問われるキリスト教　*157*
  第 8 章　宗教リテラシーⅢ：イスラーム　*165*
  第 9 章　宗教リテラシーⅣ：ヒンドゥー教　*173*

第Ⅴ部　総　括 ——————————————183

　　文　献　185
　　事項索引　191
　　人名索引　194

凡　例

(1) トゥーキュディデース『戦史』『歴史』
日本語の文献では，
『トゥーキュディデース　戦史（上中下）』，久保正彰訳，岩波書店，1966年（上中），1967年（下）
『トゥーキュディデース　歴史　世界古典文学全集 11 巻』，小西晴雄訳，筑摩書房，1971年（復刊1982年ほか）
『トゥキュディデス　歴史（1．2）』，藤縄謙三訳（1巻），城江良和訳（2巻）西洋古典叢書　京都大学学術出版会，2000年（1），2003年（2）
などのように『戦史』と『歴史』の両方がある。本書では各筆者が依拠した文献の表記に従っている。

(2)『イスラーム』『ムスリム』
本書では歴史的に「イスラム教」という用語が定着していると筆者が判断して使用した場合，また引用元にその記述がある場合以外は，「イスラム教」ではなく「イスラーム」，「イスラム教徒」ではなく「ムスリム」の語を採用している。これは，キリスト教，ユダヤ教，仏教などと異なり，「イスラーム」というアラビア語がそれ自体で宗教名であることを考慮した近年の研究者の用例に倣ってのことである。

第Ⅰ部
序　　　論

序論

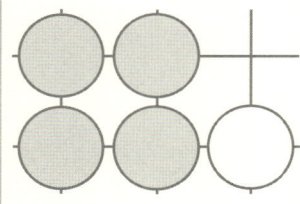

孫崎 享

● 1-1 はじめに

　戦略とは「人，組織が死活的に重要だと思うことに目標を明確に認識する。そしてその実現の道筋を考える。かつ，相手の動きに応じ，自分に最適な道を選択する手段」のことである。
　私たちは日々の生活で「戦略」という言葉をしばしば使う。Google で「戦略」を検索してみると，次のような項目，記述が見られる。
「大阪市：戦略会議で意思決定 橋下市政きょうスタート（2011 年 12 月 19 日）
「新成長戦略"政策推進指針─日本の再生に向けて─"が閣議決定されましたので公表します」（2011 年 5 月 17 日）
「平成 13 年 1 月，内閣に"高度情報通信ネットワーク社会推進戦略本部（IT 戦略本部）"が設置されました」
「地域主権戦略会議は，地域主権改革に関する施策を検討し，推進していくため，平成 21 年 11 月 17 日閣議決定に基づき内閣府に設置されました」
「安倍内閣総理大臣施政方針演説において，"国内外挙げて取り組むべき環境政策の方向を明示し，今後の世界の枠組み作りへ我が国として貢献する上での指針として『21 世紀環境立国戦略』を 6 月までに策定します"と盛り込まれました」
「文部科学省では，現在の"スポーツ振興法"を見直し，新たにこれに代わる"スポーツ基本法"の検討を視野に入れ，今後の我が国のスポーツ政策の基本的な方向性を示す"スポーツ立国戦略"の策定に向けた検討を進めてきた」
　地方公共団体でも，環境分野でも，スポーツ分野でも「戦略」という言葉が使われている。
　同じく Google で「戦略的」を検索してみた。
「戦略的基盤ソフトウェアの開発」
「中小企業のものづくり基盤技術（鋳造，鍛造，切削加工，めっき等）に資する研究開発等を促進することにより，我が国製造業の国際競争力の強化と新たな事業の創出を図ることを目的として，"平成 21 年度戦略的技術高度化支援事業"の公募を以下のとおり行います」
「外務省："戦略的互恵関係"の包括的推進に関する日中共同声明」
「頭脳循環を加速する若手研究者戦略的海外派遣プログラム」
「環太平洋戦略的経済連携協定」
「ドコモと Twitter が戦略的提携」
「戦略的ホームページ制作は……へ」
「戦略的に金持ちになる道」

「大学教育充実のための戦略的大学連携支援プログラム」
「川崎市"戦略的資産マネジメントの取組"」
などがある。

　今や日本の各種分野で，戦略的という言葉が使われている。しかし，「戦略」や「戦略的」の言葉がいかなる意味をもっているか，厳密な理解のうえに使用されているわけではない。
　では戦略とは何であろうか。
　まず，一般的な定義から見てみたい。
　英国のコンサイス・オックスフォード辞典（Concise Oxford English Dictionary）は次のように記している。
　　・特別の長期的目的を達成するための計画
　　・戦争・戦闘における軍事戦略を計画し指導する術
　またウエブスター辞典（Webster Dictionary）は次の定義を行っている。
　　・平時及び戦時における政策を最大限に支援するため，政治・経済・心理，軍事力を使用する科学及び術。
　筆者はここ数年戦略論を学んできた。そのうえで戦略を次のように定義したい。
　　・人，組織が死活的に重要だと思うことに目標を明確に認識する。
　　・そしてその実現の道筋を考える。
　　・かつ，相手の動きに応じ，自分に最適な道を選択する手段。
　まず，どうでもいいものに戦略は使わない。人や組織の生存の問題に直結している問題について考えるのが戦略である。
　企業にとって広報というものを見てみよう。企業にとり，どんな製品を作るか，それをいかに売るかは社の生存に関する問題である。しかし時に広報が死活的重要性をもつことがある。たとえばトヨタは米国で 2007 年頃よりアクセルの不具合が問題になった。米運輸省（USDOT）は，2010 年 1 月のリコール対象車の不具合について，「エンジンの電子スロットル制御システムが原因の可能性がある」と声明を発表している。その時の議会への対応，一般市民への対応はトヨタの米国市場動向を大きく揺るがすものとなった。この当時，広報はトヨタの社運を決めかねない分野となった。

● 1-2　戦略とは「相手の動きに応じ，自分に最適な道を選択する手段」の意味

　通常，戦略の定義に，「相手の動きに応じ自分に最適の道を選択する手段」の記述はない。この部分は，1970 年代以降，戦略論で次第に台頭してきた考えである。ゲーム理論に負うところが大きい。
　正直に言えば，筆者自身，戦略を異なった形で定義していた。「自分に最適な道を選択する手段」ではなく，「相手より優位に立つ手段」と見ていた。領土の奪い合いや戦争では自分の得は相手の損だ。「相手より優位に立つ」「相手をやっつける」視点で戦略を考える。それを洗練させたものが過去の戦略論だった。
　世界の多くの政治家は「相手より優位に立つ」を求めて政治に臨んできた。ジョセフ・ナイ教授は，「ニクソン，キッシンジャーはアメリカの国力を極大化し他国の能力を極小化しようとした」（Nye, 1993/邦訳, 2002『国際紛争』等）と記述している。ゼロサム・ゲームである。ゼロサム・ゲームは「ゲームの理論」で参加者の得点と失点の総和が零になる。自分の得は相手の損，相手の損は自分の得。相手のマイナスを捜し弱点を突けばよい。ゼロサム・ゲームを明

確に示すのが麻雀である。

他方,「相手の動きに応じ自分に最適の道を選択する」は囲碁である。

今日,戦略を考える際,「ゲーム理論」やコンピュータの利用が不可欠である。驚くべきことに戦略関連の人に囲碁プレーヤーが多い。「ゲーム理論」で最も重要なのは「ナッシュ均衡」である。この論の創設者ジョン・ナッシュは碁プレーヤーだった。アインシュタイン,ビル・ゲーツ,第2次世界大戦においてドイツの暗号解読に成功して第2次世界大戦を左右し,現代コンピュータ科学の父と言われるアラン・チューリングも碁プレーヤーである。

中国の古典に「囲碁十訣」(唐代・王積薪の作)がある。これがみごとに戦略論の基本をついている。

　　貧不得勝(むさぼれば,勝ちを得ず),
　　入界緩宜(界―相手の勢力圏―に入っては,穏やかなるべし),
　　攻彼顧我(彼を攻めるに,我を顧みよ),
　　棄子争先(子―少数の石―を棄てて,先を争え),
　　捨小就大(小を捨てて,大に就け),
　　逢危須棄(危うきに逢えば,すべからく棄てるべし)
　　慎勿軽速(慎みて軽速なるなかれ),
　　動須相応(動けば,すべからく相応ずべし),
　　彼強自保(彼強ければ,自ら保て)。

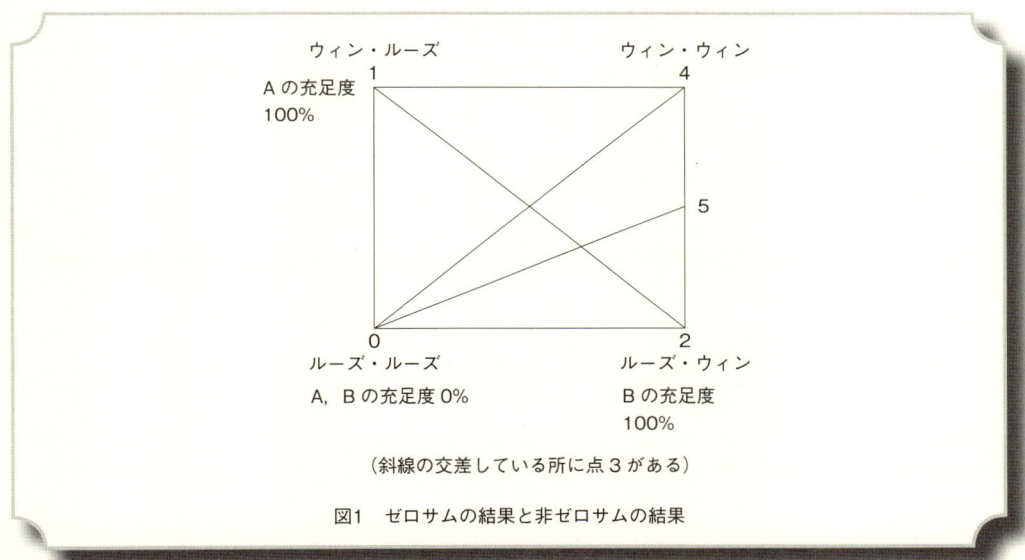

(斜線の交差している所に点3がある)

図1　ゼロサムの結果と非ゼロサムの結果

ゼロサム・ゲームに代わる考えは「ウィン・ウィン戦略」「ルーズ・ルーズ戦略」である。

ここでブラッドフォード大学教授ラムズボサム他が『現代世界の紛争解決学』で示した図(Ramthbotham et al., 2005/邦訳, 2010；筆者による補足)を見てみたい。

点1はAの利益が100%充足され,Bの利益の充足は0%である。逆に点2はBの利益が100%充足され,Aの利益の充足は0%である。

ゼロサムの場合はA,Bの意識は点1から点2の線上にある。どちらか片方が勝つウィン・ルーズ(あるいはルーズ・ウィン)の関係か,点1と点2を結ぶ線上のどこかで妥協した関係である。

領土問題でA,Bが争ったとしよう。領土の落ち着きは点1と点2を結ぶ線上のどこかで決まる。Aの言い分が通って,点1になる。この時にはBの充足度はゼロである。逆にBの言

い分が通って点2になる。この時にはAの充足度はゼロである。

　問題はA, Bが領土をめぐり, 戦う場合である。その際には国土崩壊という悲惨な状況が出る。第2次世界大戦でドイツとフランスが戦った状態だと思えばよい。図1では「ルーズ・ルーズ」の点0の地点になる。

　あるいはとりあえず, 領土問題を棚上げにして協力関係を結んだとしよう。今日の欧州連合（EU）の状態がそうである。この時には「ウィン・ウィン」の関係になる。点4の地点である。また, 尖閣諸島を考えてみよう。日中双方がとりあえず尖閣諸島を棚上げにして, 東アジア共同体を作ったとしよう。この時には基本的には「ウィン・ウィン」の関係で点4の地点に近いが, 日本の管轄が認められているため, 点5に落ち着くとすればB（日本）の充足度は満点, A（中国）の充足度はやや低い状況になる。

　領土問題等で紛争が起こったとしよう。それをゼロサムの点1から点2のラインで考えられるか, より広い視点を持ち込み, 点0から点4のラインの視点で考えられるかの問題になる。点0から点4のラインの視点で考えるには, 相当の訓練を要する。

　ここでもう一つ, ラムズボサム他著『現代世界の紛争解決学』から「紛争への5つのアプローチ」を見てみたい。

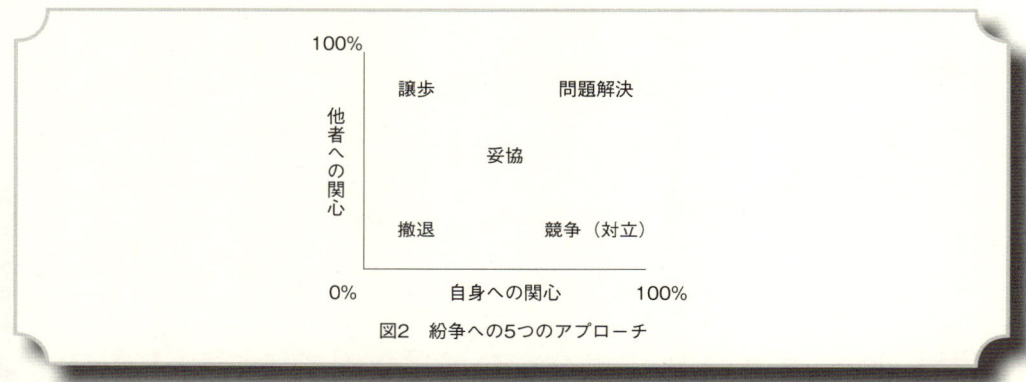

図2　紛争への5つのアプローチ

　「譲歩」「問題解決」「妥協」「撤退」「競争」の各々の姿勢は「自身への関心」と「他者への関心」の度合いによって決定されるという考えである。競争（対立）は「自身への関心」がきわめて高く,「他者への関心」がきわめて低い時に生ずる。

　こうしてみると, 戦略論を学ぶことは, 私たちの思考の範囲を拡大することになる。

　今日の戦略論の特徴は「ゲーム理論」の採用にある。詳しくは「ゲーム理論」で解説がなされるが, 一番重要な点は「ナッシュ均衡」にある。「ナッシュ均衡」の最重要点は「各プレーヤーがゲームで選択する最良の選択は個人が独立して決められるものではなく, プレーヤー全員が取り合う戦略の組み合わせとして決定される」ということにある。

　こうした考えをもとにゼロサム・ゲームでない考え方がでてくる。

　シェリングは2005年,「ゲームの理論的分析を通じて紛争と協調への理解を深めた」功績でノーベル経済学賞を受賞した。

　「紛争をごく自然なものととらえ, 紛争当事者が"勝利"を追求しあうことをイメージするからと言って, 戦略の理論は当事者の利益が常に対立しているとみなすわけではない。紛争当事者の利益には共通性も存在するからである。実際, この分野（戦略）の学問的豊かさは, 対立と相互依存が国際関係において依存しているという事実から生み出される。当事者双方の利益が完全に対立しあう純粋な紛争など滅多にあるものでない。戦争でさえ, 完全な根絶を目的とする以外, 純粋な紛争はない。"勝利"という概念は, 敵対する者と

の関係ではなく，自分自身がもつ価値体系との関係で意味を持つ。このような"勝利"は，交渉や相互譲歩，さらにはお互いに不利益となる行動を回避することによって実現出来る。相互に被害を被る戦争を回避する可能性，被害の程度を最小化する形で戦争を遂行する可能性，そして戦争するのでなく，戦争をするという脅しによって相手の行動をコントロールする可能性，こうしたものがわずかでも存在するならば，紛争の要素とともに相互譲歩の可能性が重要で劇的な役割を演じることになる」(Shelling, 1960/邦訳, 2008)。

この考え方が国際関係に応用されたものに「複合的相互依存関係」がある。
国際政治には「リアリズム」と呼ばれる考え方がある。この考え方は次の特徴をもつ。
　①行動する主体は国家である。
　②国家の追求する目標は，安全保障である。
　③国際関係におけるパワーは軍事力である。
この考え方は，第2次世界大戦まで，国際社会の中心をなしていた。これに対して「複合的相互依存」の考えが出た。その特徴は「リアリズム」の逆である。
　①国家だけが重要な主体ではない。EU等脱国家的主体が出てきた。
　②安全保障の重要性が後退する。経済，社会，福祉等の重要性が増す。
　③軍事力に加え，経済的手段などが重要になる。
ジョセフ・ナイは『国際紛争』で次の図解を作成した。

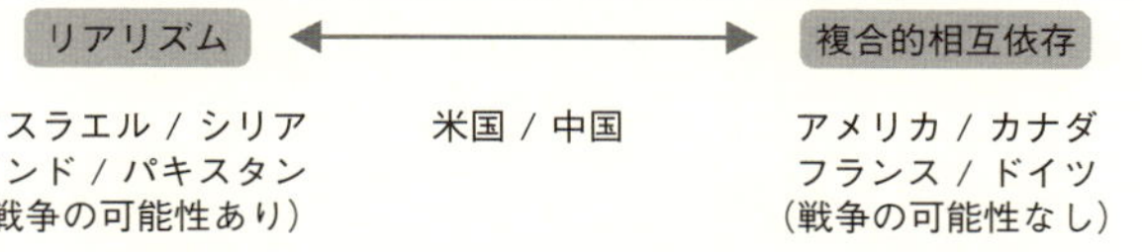

リアリズム	←→	複合的相互依存
イスラエル／シリア インド／パキスタン （戦争の可能性あり）	米国／中国	アメリカ／カナダ フランス／ドイツ （戦争の可能性なし）

図3　リアリズムから集団的相互依存に至る分布の図解1 (Nye, 1993 etc.; 一部筆者による追加)

リアリズム	←→	複合的相互依存
アメリカ／カナダ（1814年武力衝突） フランス／ドイツ（第1次，第2次世界大戦）		アメリカ／カナダ（今日） フランス／ドイツ（今日）

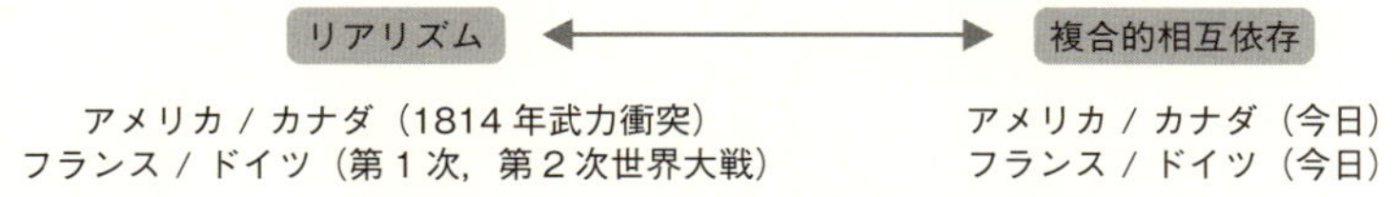

図4　リアリズムから集団的相互依存に至る分布の図解2 (Nye, 1993 etc.; 一部筆者による追加)

今日アメリカ・カナダ関係やフランス・ドイツ関係は「複合的相互依存関係」として互いの戦争は考えられない状況にある。
これまで，ラムズボサム教授の「ゼロサムの結果と非ゼロサムの結果」と「紛争への5つのアプローチ」や，ナイ教授の「リアリズムから集団的相互依存に至る分布」を見てみた。それは，戦略論を学ぶ意義を知る一つの道具として，示した。
かつての筆者と同じように，戦略論に接しない多くの人は，相手と対峙する際にゼロサム的アプローチで対峙すると思う。戦略論に接して，「死活的に重要だと思うことに目標」を定めるということに対してさまざまなアプローチがあることを学ぶと思う。

1-3　なぜ古典に学ぶか

戦略論は昔から存在する。

代表的なものは，孫子である。ギリシヤの古典で言えばトゥーキディディースである。孫子は，中国春秋時代（紀元前770年から紀元前403年）に書かれ，トゥーキディディースは，紀元前460年頃から紀元前395年の人物である。そんな昔の人間の書いたものに本当に今日的価値があるのであろうか。

米国歴史協会サイト掲載のスターンズ（P. N. Sterns）の論文「なぜ歴史を学ぶか（Why Study History?）」を見てみたい。

・歴史は人間や社会がどう動くかを示す倉庫である。
・歴史なくして，平和時に戦争をどうして理解できるのか。
・人間の行動を実験するわけにいかない。歴史こそ実験室と言える。歴史だけが人間，社会の行動の広範な証拠を提供してくれる。

確かに戦いで使う武器は変化した。しかし，人間社会が他社会と利害の衝突をもった時，人間がどう対応するかは大きな変化はない。古代には，むしろ，殺傷力が低いだけに，戦いはより頻繁に起こったと言え，戦いに臨む人々の行動には，より深い観察があったかもしれない。

個人の経験は限定的である。私たちは古典を学び，人々の行動を学んでいく必要がある。

1-4　経営戦略から学ぶ

マクナマラ戦略の章で説明するが，1970年から今日に至るまで，戦略は軍事ではなく，経済分野で進化した。

今日，戦略を学ぼうと思う者は，たとえそれが軍事戦略であろうと，経営戦略を学ぶ必要がある。

すでにトゥーキディディースや孫子を学ぶ必要性については述べた。これにクラウゼヴィッツの『戦略論』が戦略の古典である。しかし，トゥーキディディースと孫子とクラウゼヴィッツを学べば今日の戦略論をマスターしたことになるかというと，そうではない。どうしても，経営戦略を学ぶ必要がある。

ポーター・ハーバード大学教授は『競争の戦略』（Porter, 1980/邦訳, 1995）の中で他者に打ち勝つ戦略は①コストのリーダーシップ（「同業者よりも低コストを実現する」）②差別化（業界の中でも特異だと見られる何かを創造すること。製品設計やイメージ，テクノロジー，顧客サービス，製品特徴，ディーラーネットワークなどの差別化）③集中（特定の買い手グループ，製品の種類，特定の地域市場など企業の資源を集中）のいずれかを採用する必要があると説いている。

一般的に経営戦略は次のように分類される。

（1）デザイン学派（design school）：この流れは，外的環境の把握，内部の評価から戦略の創造を重視する。外部環境の変化に関しては社会的変化（顧客の嗜好変化，人口動態），政治的変化（法的枠組みの変化），経済的変化（金利，為替レート，個人所得の変化），競争状況の変化，サプライヤーの変化，マーケットの変化などがある。

（2）プランニング学派（planning school）：SWOT分析（力 - Strength，弱さ - Weaknesses，機会 - Opportunities，脅威 - Threats）を利用し，目標，予算，プログラムに関する運用プランに落とし込む。

（3）ポジショニング学派（positioning school）：企業経営において，コストのリーダーシップ，差別化，集中のどの位置をとるのか，その各々の立ち位置によって戦略を考える。

ポジショニング（positioning）では，企業を市場成長率とマーケットシェアを軸に，花形企業（star），問題児（problem child），金のなる木（cash cow），負け犬（dogs）の何処に位置するかを見極め各々の戦略を考えるプロダクト・ポートフォリオ・マネジメント（product portfolio management：外部変数〈市場や産業の成長性，魅力度〉と，内部変数〈自社の優位性，競争力・潜在力〉の2つの視点から，製品や事業ごとに収益性，成長性，キャッシュフローなどを評価し，その拡大，維持，縮小，撤退を決定する）がある。

これらの考え方は，もちろん経営のためである。しかし，そのいずれも，軍事や，外交などの戦略を考えるうえで参考になるし，スポーツなどの分野における戦略的思考に十分参考になることはもちろんある。

「戦略的思考」を志す者は，少なくともデザイン学派，プランニング学派，ポジショニング学派の考え方がいかなるものかを知る必要がある。

● 1-5　なぜ戦略論を学ぶか

冒頭に，戦略は「人，組織が死活的に重要だと思うことに目標を明確に認識する。そしてその実現の道筋を考える。かつ，相手の動きに応じ，自分に最適な道を選択する手段」と述べた。

いかなる活動にも共通することであるが，活動には道具が必要である。

田畑を耕すのに，素手で臨むのと，鍬を持ち耕すのとでは，大きい差がでる。知的活動も同じである。囲碁や将棋やチェスを行うのに定石（跡）が有る。死活の問題がある。過去の棋譜から学ぶ過程がある。

戦略も同様である。

棋譜に相当するのが歴史であろう。定石（跡）に相当するのが，さまざまな戦略論であろう。こうしたものをマスターすることによって，戦略的思考を高めていくこととなる。

実は私たち日本人は戦略的思考が，他国民に比し弱い。それは幾多の外国人の指摘するところである。

企業戦略の第一人者，ポーター・ハーバード大学教授は"The Strategy Reader（戦略読本）"の中の「日本企業はほとんど戦略を持っていない（Japanese Companies rarely have strategies）」の項で「日本は1970年代，80年代オペレーション上の高い効率性を示した。しかしほとんどの日本企業は戦略を持たない。今や日本式競争の危うさが明確になった。しかし（国際間の）オペレーション上の効率性のギャップが狭まると日本企業は罠の中に入ってしまった。日本企業は戦略を学ばなければならない」と指摘した（Porter, 1998）。

キッシンジャー（H. A. Kissinger）はさまざまな場で，日本人の戦略不足を揶揄している。マイケル・シャラー教授（M. Schaller）は『ニクソンショックと日米戦略関係』の中で，「キッシンジャーの側近によれば，キッシンジャーは『日本人は論理的でなく，長期的視野もなく，彼らと関係を持つのは難しい。日本人は単調で，頭が鈍く，自分が関心を払うに値する連中ではない。ソニーのセールスマンのようなものだ』と嘆いていた」と指摘している（出典：1996年

の日米プロジェクト会議での報告書『ニクソンショックと日米戦略関係』)。

ブレジンスキーは著書『ひよわな花日本』の中で次のように記述した。

「世界全体がどの様に変化しつつあるか，そういう世界にどの様に適応したらよいのか，日本の利益と責任のバランスはどうあるべきなのかを明確にとらえようとする総合的な努力が欠けている」(Brzezinski, 1972/邦訳, 1972)

ウォルフレンは著書『日本権力構造の謎』で「日本の管理者は素晴らしい戦術家であるが，お粗末な戦略家にさせたのである」と指摘している（Wolferen, 1989/邦訳, 1994)。

日本人は戦略に弱いのか。

ここでは二つの歴史的見方を見たい。一つはルース・ベネディクト著『菊と刀』(1946)であり，今一つはイザヤ・ベンダサン著『日本人とユダヤ人』(1970)である。

『菊と刀』は，日本人社会の特徴は「各々その所を得ること」を最も重視しているとし，「行動は末の末まで，あたかも地図のようにあらかじめ決められている」「日本人が誠実であるという語を用いる際の意味は地図の上に描き出された道に従うということである」として，自ら戦略的に判断しないと記述した。

イザヤ・ベンダサン著『日本人とユダヤ人』は「ほとんどの日本人は千年以上稲作に従事し，稲作を通じて思考が形成された。稲は熱帯性植物で日本はぎりぎりで栽培する。何をすべきかは考えなくとも決まっている。台風，田植え前の低温を考えると，一定時期しか栽培できない。このとき皆一斉に仕事をすることが求められる。この中で，独自性を主張する者は多分間違っている。それにもまして全員一致での作業にマイナスを与える」として，日本では日本型稲作文化の影響で独創性をマイナスと見なし，考えることなく全員で動くことが善であるとの考え方を生んだと指摘している（ベンダサン, 1970)。

私たちは決して戦略的に強い国民ではない。そこから言えることは，どの国民よりも増して戦略的思考を学ぶ必要があるということである。

（本著における戦略分野の記述においては，筆者の『日本人のための戦略的思考入門』（祥伝社，2010年）より相当部分を引用した。）

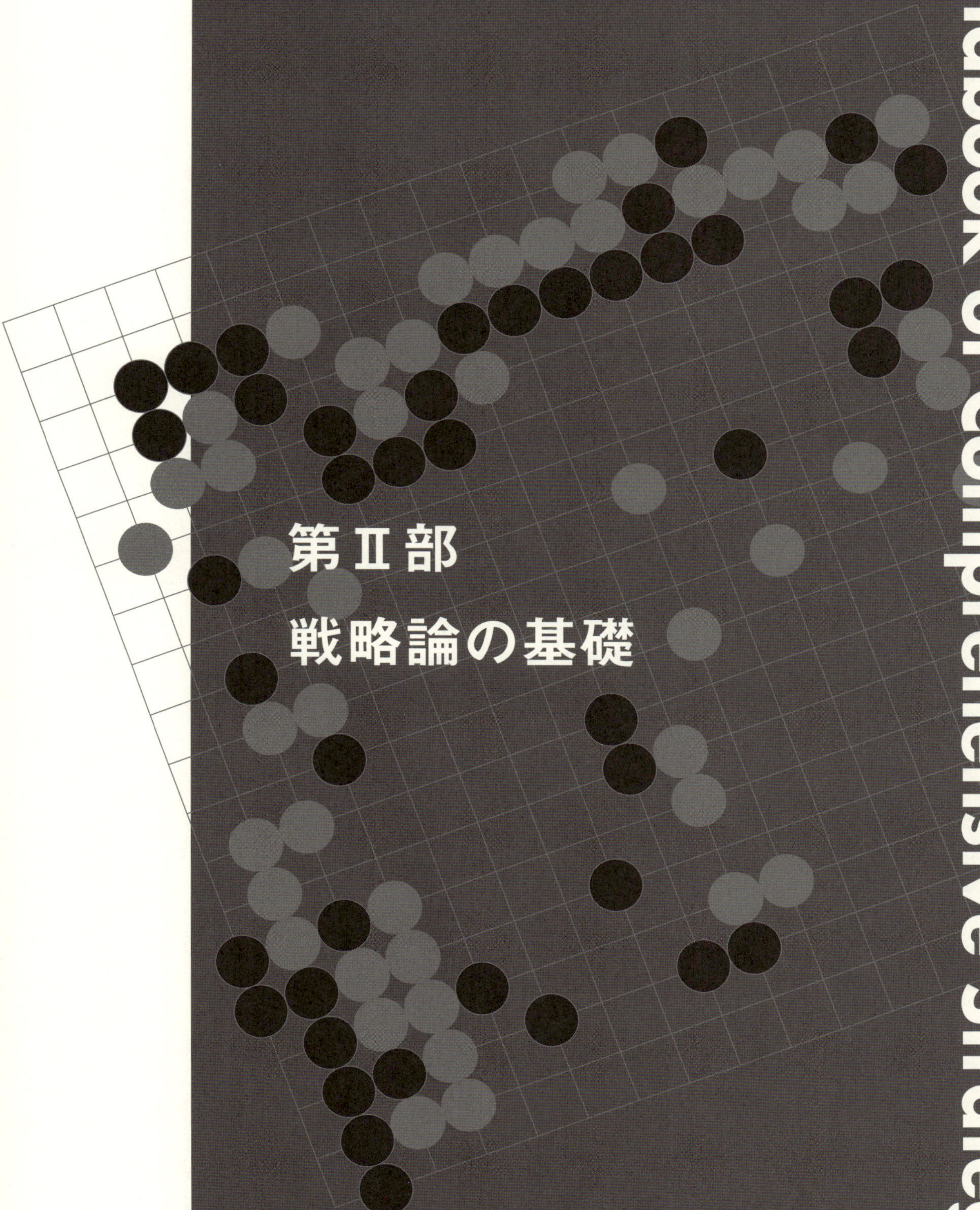

第Ⅱ部
戦略論の基礎

Handbook of Comprehensive Strategy

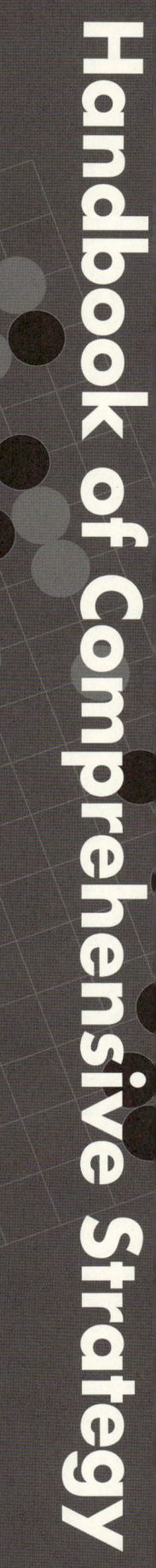

第1章　総　論

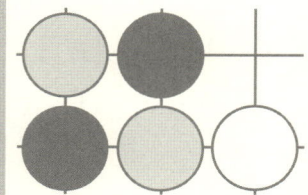

孫崎　享

　序論で述べたことを繰り返したい。それほど重要だからである
　戦略は「人，組織が死活的に重要だと思うことに目標を明確に認識する。そしてその実現の道筋を考える。かつ，相手の動きに応じ，自分に最適な道を選択する手段」である。
　そして，「いかなる活動にも共通することであるが，活動には道具が必要である。田畑を耕すのに，素手で臨むのと，鍬を持ち耕すのとでは，大きい差がでる。知的活動も同じである。囲碁や将棋やチェスを行うのに定石（跡）がある。死活の問題がある。過去の棋譜から学ぶ過程がある」と述べた。
　戦略は「人，組織が死活的に重要だと思うこと」を扱う。私たちが生きている限り，「死活的に重要だと思うこと」に直面している。
　個人であれ，組織であれ，私たちは必然的に戦略的な判断を行っている。
　戦略的判断がすばらしいものであるか，稚拙であるかを問わず，すべての人，組織は戦略的判断を行っている。
　重要なのは，その判断がすばらしいものであるか，稚拙であるかである。
　私たちはいろいろな経験を通して，判断の精度を上げる。戦略を考える基本はあくまでも個人の経験である。
　しかし，個人の経験には限りがある。それを補足するのが理論である。歴史である。
　理論を学ばなくとも，歴史を学ばなくとも，人，組織は「死活的に重要だと思うこと」を扱っている。
　戦略論を学ぶのは，「戦略的考え方をするように仕向ける」ことではない。「戦略的考え方の精度を高めること」にある。
　冒頭の戦略の定義を見ていただきたい。
　「目標を明確に認識する。そしてその実現の道筋を考える。かつ，相手の動きに応じ，自分に最適な道を選択する手段」とある。
　「相手の動きに応じ，自分に最適な道を選択する手段」とした点が重要である。
　「目標を明確に認識する」，このことは誰もが実行する。
　問題はその考えが「相手の動きに応じ，自分に最適な道を選択する手段」になっているか否かである。
　この第Ⅱ部の「ゲーム理論」の章は「相手の動きに応じ，自分に最適な道を選択する手段」を見つける理論を紹介する。
　理論であるから，理解は容易でない。しかし，この分野こそ，戦略論を学んで最も実り多い分野である。
　この「ゲーム理論」の章に次の記述がある。
　「最も有力な結果（答え）の候補はナッシュ均衡だ。だからまずはナッシュ均衡を調べよ」。
　ナッシュ（J. F. Nash, Jr）は天才的数学者である。その業績でノーベル賞を受賞した。

ナッシュ理論を理解することが,戦略論で最も役にたつ。しかし,その理解は容易でない。難しい数式が並ぶ。ナッシュの原典を完全に理解できる人は数少ないであろう。

しかし,その概略を理解することは可能なはずである。

この本でもナッシュ理論の説明が行われている。しかし,重要な問題なので,別の角度から説明したい。

下記は筆者の『日本人のための戦略的思考入門』からの引用である。

「ナッシュ均衡」の最重要な点は「各プレーヤーがゲームで選択する最良の選択は個人が独立して決められるものではなく,プレーヤー全員が取り合う戦略の組み合わせとして決定される」という点である。

戦略を論ずる人はしばしば,「我が国の戦略はこうだ」と単純明快に述べる。最近では「日米同盟を堅持すればいい」との論が代表的だ。しかし,我が国にとっての最良の戦略は日本独自で決められない。関係国の動きによって変化する。「ナッシュ均衡」はこれを数学的に証明したものである。

ここでは,渡辺隆裕著『ゲームの理論』を基礎に見てみたい。

・今「文秋」と「新朝」という2つの週刊誌がある。
・週刊誌を一冊だけ買う人間が100万人いる。
・「議員汚職」の特集があれば買うという人が70万人存在し,「金融不安説」には30万人が存在する。これらの読者は週刊誌を一誌だけ買うとする。その中で,「文秋」と「新朝」はどの特集をしたらよいかというものである。
・「文秋」の発売は2日早い。1日前に広告を出す。
・「文秋」が先に発売するので,両者が同じ特集をしたら,「文秋」側が多く売れる。両者とも「議員汚職」であれば「文秋」が45万人,「新朝」が25万人とする。両者とも「金融不安説」であれば「文秋」が25万人,「新朝」が5万人とする。一方が汚職,一方が金融不安説であれば汚職の方が70万人,金融不安説の方が30万人となる。
・その時「文秋」と「新朝」はどの特集を組んだらよいかという問題である。

これを図で整理すると次のようになる。

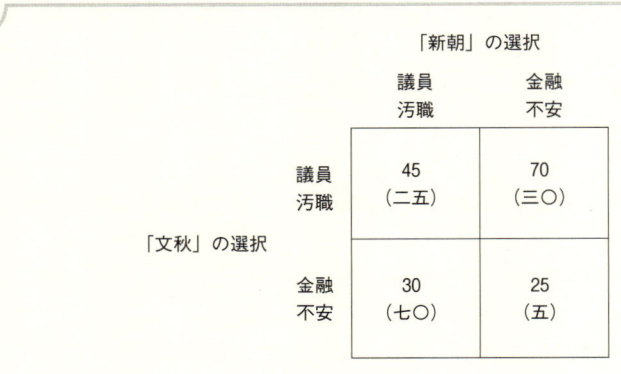

図1-1　ナッシュ均衡
注:単位は万部,算用数字は「文秋」の販売数,漢数字は「新朝」の販売数

この表から何を学びとれるか。

・最適値は多くの場合相手に影響される。
・「議員汚職」は一見最適値のように見えるが,両者ともの最適値にはならない(両者とも「議員汚職」を選択した場合両者の販売は最高値にいかない)。

・相手の出方いかんによっては,「新朝」の場合,一見「最悪値」(金融不安)の選択が,一見「最適値」(議員汚職)と見えるものよりも優れている。

多くの人は自分の最適値は自ずと決まっていると考える。しかし,ゲーム理論から見れば,週刊誌「文秋」と「新朝」の販売合戦は,最適値は相手の出方に左右されることを示している。

次にトゥーキディディース(Thucydides)の『戦史』を見てみたい。
今日,欧米では戦略を学ぶ時に,トゥーキディディースの『戦史』を学ぶ。
なぜか。
それは,つねに今日的課題を解く参考として,トゥーキディディースの『戦史』を学ぶことから得るものが多いからである。
ジョセフ・ナイは著書『国際紛争』(Nye, 1993/邦訳, 2002)でトゥーキディディースの『戦史』について次の質問をしている。

「ペロポネス戦争(紀元前5世紀,全古代ギリシアを巻き込んだスパルタとアテネの戦い)は不可避であったか。もしそうなら,何故,そして何時そうなったか。もし不可能でなかったら,どの様にして,そして何時防ぎ得たかもしれないか?」

この問は,「私たちは,戦略的な敵と対峙した時に,戦争は避けることができるか」という問題意識を背景になされている。
ナイ教授は著書『国際紛争』でトゥーキディディースの『戦史』についてさらにいくつかの問を設定している。

「(アテネはいくつかの行動の結果滅亡にいくが)アテネには選択の余地はなかったのだろうか?」
「先見性さえあればアテネはこの破局を避けることはできたのであろうか?」
「(かつてアテネの代表は戦争が長引けば事態は偶然に左右されると言っていたが)なぜアテネ人は自らの助言を自らが受け入れなかったのか?
アテネはペロポネソス勢に協力してケルキュラの要請を蹴るべきだったのだろうか(注:アテネはコリントに攻撃される同盟国ケルキュラを助けるために行動し,結果として意図した以上の戦闘に巻き込まれていく)?」

この問を出しながら,考察を進めるのが,トゥーキディディースの『戦史』の読み方であると思う。
今日的な安全保障の課題がトゥーキディディースの『戦史』の中ではどのように扱われているか,この視点をいかに持ち込み,トゥーキディディースの『戦史』に立ち向かうかで,この『戦史』の価値は大きく変化する。

クラウゼヴィッツ(C. P. G. Clausewitz)の『戦争論』は「戦争とは何か」を理論的に説明した古典である。
本書には「今日テロ戦争等を契機に,"戦争とは何か"やその防止について改めて関心が集まっているが,(クラウゼヴィッツの)『戦争論』の中にはこのような問題に対する解決策は示されていない」との指摘がなされている(第Ⅱ部第5章参照)。
クラウゼヴィッツは戦争の行い方を示したからだ。
しかし,戦争はそもそも行うべきなのか,戦争をいかに避けるべきか,その時の価値判断は

どこにあるか基準を示してはいない。クラウゼヴィッツの『戦争論』は，その意味で戦略論としては完結していない。

　孫子やマクナマラ（R. S. McNamara）についても筆者自身が記述しているので，以下の該当章の論評自体を見ていただきたい。

第2章　ゲーム理論：囚人のジレンマゲーム研究から見えてくる共存共栄

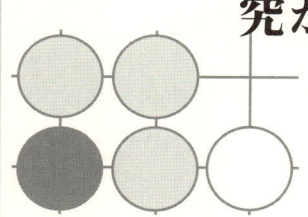

川西　諭

● 2-1　ゲーム理論とは？

　最近の経済学ではゲーム理論が標準的な分析道具になっており，著者自身，経済を分析する道具としてゲーム理論を使っている。ゲーム理論は，人間同士の関係や組織間の関係を分析したり，あるいは自然界における動物や植物の関係を理解したりできるきわめて汎用性の高い分析道具であり，経済学，社会心理学や政治学，社会学，生物学など多様な学問分野で利用されているだけでなく，ビジネスや外交の世界でも経営戦略，軍事戦略などを立案する際の道具として利用されている。

　一口に言えば，人間や組織などの主体の行動を分析するのに，個々の主体の行動だけを見るのではなく，それらの相互の関係をゲームととらえて，関係全体を俯瞰的に理解しようとするのがゲーム理論である。俯瞰的な思考が苦手な私たちに，俯瞰的な思考の方法を体系的に教えてくれるものだからこそ，ゲーム理論は学問分野だけでなく，ビジネスや外交の分野でも広く利用されているのだろう。

● 2-2　何のためのゲーム理論か？

　ゲーム理論は分析の道具にすぎないので，それをどのように使うかは使う人次第であって決まった目的はないというのが正解だろう。それでもあえて目的を議論したい理由はゲーム理論に対する偏見や誤解を解消しておきたいからだ。

　ゲーム理論というのは相手を打ち負かすための学問と思われるかもしれない。もちろん，そういう目的で学ぶ人もいるだろうが，ゲーム理論を学ぶ人たちがすべてそのような目的でゲーム理論を学んでいると考えるのはまったくの誤解だ。少なくとも学術研究でゲーム理論を学ぶ人たちは次のような3つの目的でゲーム理論を使おうとしている。

　① 起こっている現象や問題を理解したい。
　② ①に基づいて，これから起こることを予想したい。
　③ ①に基づいて，起こっている問題を解決したい。

　単に相手を打ち負かすというような狭い目的にとどまらず，ゲーム理論にはもっと多様で有益な目的があるのだ。相手を打ち負かすという目的は③の中に含まれるが，世の中は勝てばす

べてが解決されるような単純なものではない。むしろ，選びうる選択肢の中で何が私たちにとって望ましいのかを考えることが重要だ。考えた結果，あえて勝ちを譲ることや，それまでの敵と融和することも問題の解決策となりうる。そもそも相手を打ち負かすことを目的にしていては，「共存・共栄」という発想は出てこない。相手を打ち負かす道具として誤解されてしまうと，ゲーム理論の可能性が過小評価されてしまうような気がしてならない。

上の3つの目的の中で，実際にゲーム理論が威力を発揮するのは①の現象や問題の把握である。ゲーム理論を使うと，視野の狭い人が見落としがちな問題の本質を理解することができる。②と③はその理解に基づく応用だ。

俯瞰的な思考が苦手な人が状況把握にゲーム理論を使うと問題の見え方が変わってきて，状況を打開するヒントが見えてくる。俯瞰的な思考ができる人でも，理解を仲間と共有するための共通言語としてゲーム理論を使うことができる。実際，経済学者はゲーム理論という共通の言語を使うことで，さまざまな経済問題の仕組みや解決策についての理解を共有できるようになった。

本稿は，囚人のジレンマゲームを題材として，人間社会で起こりうる典型的なジレンマの構造を理解し，その解決策を考えることを目的としたい。

● 2-3　囚人のジレンマゲーム

ゲーム理論では実に多様な種類のゲームが研究されているが，中でも最も有名かつ重要なゲームが「囚人のジレンマ」ゲームだ。

まず簡単にゲームの内容を紹介しよう。囚人のジレンマゲームの背後には次のようなストーリーがある。

まず，囚人というのは強盗の疑いで逮捕された2人の容疑者だ。2人をAとBと呼ぶことにしよう。この2人は強盗の疑いで逮捕されているが有罪にするには証拠が不十分なため，刑事は自白を引き出すために，次のような方法をとった。まず，AとBを隔離して別々の場所に連れて行き，次のような取引をA，Bそれぞれに提示した。

「もしも君だけが自白して，君の相棒が黙秘したら，君はただちに釈放され，君の相棒は厳しく処罰されるだろう。逆の場合は相棒が釈放され，君は厳しく処罰されるだろう。もしも2人とも自白すれば，有罪にはなるが判決は控えめなものになるだろう。もしも，2人とも黙秘すれば，証拠不十分なため2人ともが1カ月間の拘留ののち釈放されるだろう」。

このような状況に置かれたAとBは，どのような選択をするだろうか。これが囚人のジレンマゲームの背後にあるストーリーだ。

このような状況をゲーム理論では機械的な方法で分析していく。機械的というのは，方法が決まっていて，誰でも同じように分析ができるということだ。

まず，与えられた状況をゲームととらえ，次の3つの要素を特定していく。

1つは，当事者が誰かだ。重要な当事者だけを特定する。この問題ではAとBがプレイヤー（当事者）である。

第2の要素は，それぞれのプレイヤーがどのような選択肢をもっているかだ。ゲーム理論では各プレイヤーがもつ選択肢を戦略と呼ぶ。この問題では，AとBは共に黙秘するか，自白するかという2つの戦略をもつと考える。現実問題としてもっと違う戦略がある場合にはそれも当然考慮に入れるべきだが，ここでは話を簡単にするために黙秘と自白の2つしかないと考え

て，話を進める。

3つめの要素は，それぞれのプレイヤーにとっての起こりうる結果の優劣だ。囚人のジレンマゲームでは2人のプレイヤーが2つの戦略をもつので起こりうる結果は，(黙秘，黙秘)，(自白，黙秘)，(黙秘，自白)，(自白，自白)の4つあることがわかる。この4つの結果がそれぞれのプレイヤーにとってどの程度望ましいものであるかを考える。

ゲーム理論では数学的な分析を行うために，望ましさの程度を利得(ペイオフ)と呼んで，それを数字で表す。望ましさを数字で表すことに疑問や抵抗を感じる人は少なくない。そのような疑問や抵抗は当然のことであるが，利得は結果の相対的な優劣を数字の大小で表したいだけなので，数字の大きさを深く考えてはいけない。

各プレイヤーが自分の受ける罰にだけ関心があると考えれば，最も望ましいのは「ただちに釈放」，次いで「1ヵ月の拘留」，「控えめな有罪判決」，そして最も望ましくないのが「厳罰」になると考えられる。ここでは利得を次の表のような数字で与えよう。

表2-1　結果と利得の関係

受ける罰	釈　放	1ヵ月の拘留	控えめな判決	厳　罰
利　得	0	-1	-2	-3

繰り返しになるが，ここで重要なのは数字の相対的な大小関係で，絶対的な大きさは重要ではない。だから，0，-1，-2，-3を40，30，20，10に置き換えても分析の結果にはまったく影響はない(不確実性を含む問題では，数字の相対的な大小関係だけでなく相対的な比率なども問題になるが，高度な議論なのでここでは割愛する)。

プレイヤーと戦略と利得。与えられた状況に関してこの3つの要素が定まれば，状況がゲームとして記述されたことになる。

大事なの次のステップ。すなわち，記述された状況で何が起こるか，それぞれのプレイヤーがどのような選択をするかの分析だ。分析は数学的に式だけで行うこともできるが，図2-1のような特殊な表を使う方法がわかりやすいのでよく利用される。

図2-1は利得行列と呼ばれるもので，2人の戦略の組み合わせによって，各プレイヤーが得る利得を数字で表している。この表の左に書いてあるのがプレイヤーAの戦略で，表の上の行にある2つのマスはプレイヤーAが「黙秘」を選んだ状況に対応している。一方，下のマスはAが「自白」した状況に対応している。同様に，表の上に書いてあるのはプレイヤーBの戦略で，表の左側の列はプレイヤーBが「黙秘」を選んだ状況，表の右側はBが「自白」を選ん

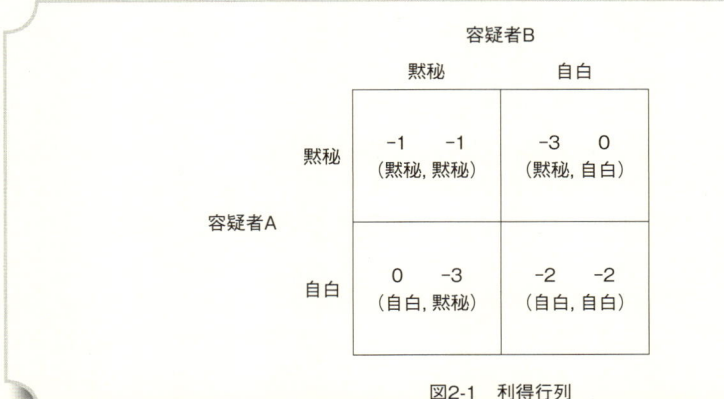

図2-1　利得行列

だ状況に対応している。

　利得行列が通常の表と異なる点は，マスの中に2つの数字が入っていることだ。結果の望ましさは2人にとって異なるので，それぞれの立場の望ましさ，すなわち利得が2つの数字で書き込まれている。2つの数字のうち，左の数字がAの利得，右の数字がBの利得となっている。

　Aにとっては，この左下のマスが最も望ましく，次に1ヵ月の拘留となる左上，その次が控えめな判決となる右下，そして最悪なのが厳罰となる右上のマスである。一方，Bにとっては，右上が最も望ましく，左上，右下，左下の順に望ましいことを利得の数字で表現している。慣れないうちは面倒に思われるかもしれないが，このように状況を利得行列を使って表現すると，起こっている状況が視覚的に把握され理解しやすくなる。

　それでは実際に利得行列を使って分析に移っていこう。囚人のジレンマゲームにおいてAとBはどのような選択をするだろうか。「それがわかったら誰も苦労しない」と思うかもしれないが，この問いを投げかけると9割以上のゲーム理論家は次のように回答する。

　　　「最も有力な結果の候補はナッシュ均衡だ。だからまずはナッシュ均衡を調べよ」。

　後で話すように実際には予想が外れることもあるのだが，それにもかかわらずゲーム理論家の間ではナッシュ均衡をまず考えよということでほぼコンセンサスができあがっている。では，ナッシュ均衡とはどういうものか。簡単にいえば，

　　　ナッシュ均衡とはお互いが他者の行動に対して最適な戦略を取り合っている状態

と定義される。他者の行動に対して最適な戦略とは，他のプレイヤーが戦略を変えないときに，自分に最も高い利得をもたらす戦略を指す。たとえば，Bが自白という戦略をとっているときの，Aの最適戦略は自白である。黙秘すれば−3，自白すれば−2なので，自白が最も高い利得をもたらすから，自白が最適戦略なのである。

　ゲーム理論研究者がナッシュ均衡を結果の最有力候補と考える根拠は複数あるが，重要なのは，ナッシュ均衡でない状態には必ずその状態を受け入れたくないプレイヤーがいることだ。ナッシュ均衡でない状態には「自分だけが戦略を変えることによって利得が改善できるプレイヤーが少なくとも1人いる」ことになる。そのプレイヤーは当然戦略を変えようとするだろうから，ナッシュ均衡でない状態が実現するとは考えにくいのだ。

　ナッシュ均衡とは，自分だけが戦略を変えても，現状以上の利を得ることができない状態。だから，ナッシュ均衡に陥ると誰も戦略を変えようとしないので，そこに落ち着くだろう。逆に，ナッシュ均衡でない状態では，戦略を変えることで現状以上の利を得ることができる人が必ずいる。その人は戦略を変えるだろうから，一時的にナッシュ均衡でない状態になったとしても，その状態は長続きすることはないだろう。プレイヤーがよりよい利得を得るように修正を変えていくプロセスがどこかで止まるとしたら，それはナッシュ均衡以外ありえない。

　それでは囚人のジレンマゲームのナッシュ均衡はどのような状態だろうか。見つけてみよう。ナッシュ均衡を見つけるときに便利なのは，利得表の数字を丸で囲んでいく方法だ（図2-2参照）。まずプレイヤーBの戦略を黙秘と仮定して，プレイヤーAの最適戦略を調べるのだが，これは「利得表の左上と左下のマスのどちらがAにとって望ましいか」という問題である。2つのマスのAにとっての望ましさは，左上が−1，左下が0で，0の方が大きいから左下のマスの0を丸で囲む。これはBが黙秘するなら，Aは自白したほうがよいことを意味している。考えれば当たり前のことだが，ここでは機械的にそれを確かめ，最大の利得の数字を丸で囲むことで最適戦略を利得表の中に記録していくことが大事だ。同じように，今度はBが自白すると仮定して，Aにとって右上と右下のマスのどちらが望ましいかを調べる。この場合，右上が−

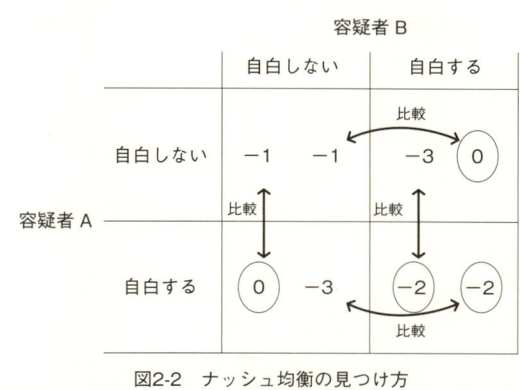

図2-2　ナッシュ均衡の見つけ方

3，右下が−2で，−2の方が大きいから右下のマスのうち左側の−2を丸で囲む（右側の数字はBの利得なので混同しないように注意）。つまり，相手が自白する場合もAは自白したほうがよい。これでAの最適戦略の分析は終了。

次にBの最適戦略を調べる。Aの戦略を黙秘に固定して，表の上の段の2つのマスを比べる。Bの利得は右側の数字なので，黙秘すれば−1，自白すれば0で0の方が大きいから，右上のマスの0を丸で囲む。次に下の段の2つのマスの右側の数字を比較して，−3より−2の方が大きいから，右下のマスの右側の−2を丸で囲む。これでBの最適戦略の分析も終了だ。

今回は大小がハッキリしたが，場合によっては同点の場合もある。その場合はどちらも最適なので両方の数字を丸で囲む。

さて，このように利得の数字を丸で囲むことで最適戦略を特定していくと，2つの数字の両方に丸が入っているマスが出てくる。右下のマスだ。これがナッシュ均衡。数字が丸で囲まれているということは最適反応をしていることを意味する。すべての数字が丸で囲まれているということは，すべてのプレイヤーが最適な戦略をとりあっているので，ナッシュ均衡と判定されるのだ。

利得表さえあれば，どんなゲームでもこの方法でナッシュ均衡を簡単に見つけられる。

さて，分析の結果，囚人のジレンマゲームで最も起こりやすいのは，「AとBがともに自白する」と結論される。これがゲーム理論の標準的な理論予想だ。読者の中には「そんなことないだろう」と疑問に思う人もいるかもしれない。実際，実験をするとナッシュ均衡と違う結果が出てくることが少なくない。それについては本稿の後半で議論するが，そのような実験結果にもかかわらず，多くのゲーム理論研究者が囚人のジレンマゲームで「ともに自白する」と予想するのには理由がある。それは社会に溢れるさまざまなジレンマ現象の多くが，この囚人のジレンマと類似の構造によって生み出されているからである。

この点がとても重要なので節を改めて詳しく見ていこう。

● 2-4　ジレンマを生み出す構造

冒頭で，ゲーム理論の中で囚人のジレンマゲームが最も重要なゲームだと述べた。なぜかと言えば，それはこの囚人のジレンマゲームの構造が社会問題に見られるさまざまなジレンマの

構造と本質的に同じだからだ。社会心理学者の山岸俊男教授はそれを社会的ジレンマと呼んでいるが（山岸, 1990），基本的には囚人のジレンマゲームと同じ仕組みでジレンマが起きていると考えられる。

ジレンマを生み出す本質的な構造とは「個人の利益と全体の利益の対立」だ。

図 2-2 の利得表を見てほしい。丸印はすべて「自白」という選択肢についている。つまり，個人的な利益を考えたら，自白をした方が得なのだ。しかし，その結果何が起こるかといえば，2 人ともが懲役 1 年の有罪判決を受けることになるのだ。これが 2 人にとって一番いい結果かというと，そうではない。2 人ともが黙秘すれば，2 人とも 1 カ月間の拘留で済んでしまう。こちらの方が双方にとってよりよい結果であることは明らかだ。全体（この場合 A と B の両方）の利益を考えれば黙秘をした方がいいのだ。それなのに，個々人が自分の利益だけを考えて振る舞う結果，自白してしまう。これこそがジレンマと呼ばれる理由なのだ。

同じ構造で起こるジレンマは社会の中に溢れている。以下に例をあげよう。

(1) 値下げ競争 経済学の中でよく登場する例は値下げ競争だ。値下げをするとライバルから客を奪うことができる。しかし，どのメーカーも値下げをすれば業界全体としての利益が下がってしまう。だから，業界には価格協定（カルテル）をする動機がある。もちろん，それは消費者の利益にならないので独占禁止法で禁止されているが，価格協定問題の背後に囚人のジレンマと同じ構造が隠れていることは，一般の人にはあまり知られていないようだ。

(2) 環境問題 地球温暖化問題を始めとする環境問題も囚人のジレンマ構造によって引き起こされている。地球全体のことを考えれば化石燃料の消費を抑えて，CO_2 を排出しないようにした方がよいことは小学生にだってわかる。しかし，自分のことだけを考えたら CO_2 を排出して快適な生活をしたい。そうでなければ地球温暖化問題なんて起こらない。個人の利害と全体の利害が対立する結果として地球温暖化問題が起こるのだ。

以上の例の他にも海洋資源の乱獲，コミュニティ内での協力関係や就活の早期化の問題もジレンマの例であろう。利益の対立の構造がいかなるものか考えてみよう。

● 2-5 囚人のジレンマ問題の 2 つの解決策

ゲーム理論の研究者たちは，ジレンマの構造を明らかにするだけでなく，解決策についても研究をしてきた。その内容を紹介しよう。

ここからはより一般的な囚人のジレンマ構造を対象に議論をするので，「黙秘＝全体の利益となる戦略」を協力戦略，「自白＝個人の利益となる戦略」を裏切り戦略と呼ぶことにしたい。

さて，集団が非協力的なジレンマ状態に陥っているとき，多くの人は人々の善意に訴えようとする。しかし，それでは一時的に問題が解消しても，またすぐに問題が再燃してしまう。問題を根本的に解決するには，ジレンマ構造そのものを変えなければならない。全体の利益に反するような裏切り行為をすると損をするような仕組みに変えればよいのだ。具体的な方法としては次の 2 つがある。

(1) ルールを変える 全体の利益に反する行為をした者に罰を与えられればジレンマ構造は解消される。公害対策がその典型例だ。かつて日本ではいくつかの公害事件があった。企業が

利益追求のために環境を破壊し，住民の健康を害するのは典型的なジレンマ構造だ。これを防ぐために，環境を害するような企業にはその被害の責任を取らせる法律が作られた。法律によって，企業の利益を社会の利益に一致させたのである。この法律のおかげで日本の公害事件は激減した。

　一般に公害や環境問題では，この例のように社会へ与える損害を社会的費用と考え，その加害者に費用を負担させるのが最も有効な解決策だと環境経済学では考えられている。これを地球温暖化問題に適用すると，温室効果化ガスの排出者にその社会的費用を負担してもらうのが有効な解決策ということになる。炭素税や環境税と呼ばれているものがそれにあたるが，問題は排出をするすべての国の人々が負担しないと意味がないことだ。日本でだけ罰則を科しても，他の国が費用負担せずにCO_2を排出していたら解決にならない。費用負担を求めるなら，すべてのプレイヤーに負担してもらう必要がある。

　このほか刑法による犯罪の抑止も，個人の利益と全体の利益を一致させるジレンマの解決策とみなすことができる。

(2) 長期的関係による抑止　もう一つの解決策は長期的な関係で協力関係を築くというものだ。あまり知られていないが，囚人のジレンマゲームのような問題があったとしても，当事者たちがその同じ状況に何度も繰り返し直面する場合は協力関係を維持することが理論的に可能となる。なぜなら同じような状況が何度も繰り返される場合には，第三者がいなくても，当事者たちが自ら非協力的な他者を処罰できるからだ。裏切られたら「仕返し」するのである。

　たとえば，囚人のジレンマゲームが繰り返されるときに，次のような戦略をとるとする。

　　「相手が協力をする限りは自分も協力行動をとるが，相手が一度でも裏切ったらそのあとは二度と協力しない」

　この戦略はトリガー戦略と言われる。「基本的には友好的だが，一度でも裏切ったら拳銃の引き金（トリガー）を引くよ」という言わば「裏切ったら許さないぞ」戦略だ。囚人のジレンマゲームが繰り返されるとき，お互いにこのトリガー戦略を取り合っている状態はナッシュ均衡となることが知られている。つまり，結果としてお互いに協力行動を維持し続けることが可能になるのだ。1回限りなら協力戦略を取り合う状態はナッシュ均衡にならないが，同じゲームでも繰り返すようになると協力行動を取り合う状態がナッシュ均衡になるのだ。この事実はゲーム理論では「フォーク定理」と呼ばれている。

　「トリガー戦略」をお互いにとっている状態がナッシュ均衡になるとはどういうことだろうか。相手がトリガー戦略をとっているとき，自分もトリガー戦略をとっていれば協力が維持されることはわかるだろう。この状態がナッシュ均衡であるとは，いずれかがトリガー戦略以外に戦略を変えても利得が改善しないことを意味する。トリガー戦略以外に戦略を変えて利得が変化するとすれば，どこかで裏切り戦略をとるしかない。その裏切り戦略は1回だけ高い利益をもたらすが，その後はずっと仕返しをされ続けることになる。このため長期的に見れば戦略を変えても得にならない。だから，トリガー戦略をとり合って，お互いに「裏切ったら許さないぞ」と協力し合っている状態はナッシュ均衡なのだ。

　この事実を知らなくても，トリガー戦略に近い行動を多くの人が現実にとっている。非協力的な人には協力しない，協力したくないというのはごく自然な反応だ。「絶対に許さないぞ」と厳しいトリガー戦略を実践している人もいるが，現実には相手が改心して協力的な態度を示してきたら，許してやって再び協力関係を築いていくこともある。実は，このような戦略もゲーム理論では考慮されている。面白いことに，そのような「許し」がある戦略同士もやはりナッシュ均衡になりえて，協力関係が維持できることも知られている。

要は「相手が裏切ったときにはこっちも裏切るぞ」というような，ある意味で緊張感のある戦略をお互いに取っている状態は維持されうるということだ。この緊張感が重要だ。たとえば，どちらかが「相手の出方にかかわらずつねに協力する」という戦略をとっている状態はナッシュ均衡にはならない。この戦略は「お人よし」戦略とでも呼ぶべきものだが，これでは相手に簡単に裏切られてしまう。裏切ったところで仕返しがないのなら，裏切り続けた方が得だ。そして，相手が裏切り続けるのに，自分が協力を続けるのは最適とは言えない。だから，どちらか一方でも「お人よし」戦略をとっている状態は均衡にはなりえない。

一方で「相手の出方にかかわらずつねに裏切る」という「人でなし」戦略はナッシュ均衡の戦略になりうる。相手が「人でなし」戦略をとっていたら，あなたはどうするだろうか。あなたも裏切るだろう。そうしなければ得するのは相手だけだ。だからお互いに「人でなし」戦略をとっている状態はナッシュ均衡になってしまう。

繰り返し囚人のジレンマゲームには，協力均衡だけでなく，裏切り均衡もあるのだ。ゲームに複数の均衡があることは，与えられた状況でどの均衡も起こりうることを意味する。このことも現実に照らし合わせてみるとわかりやすいかもしれない。同じような集団であっても，うまく協力関係を維持している集団がある一方で，協力関係が崩壊してしまっている集団もある。協力関係の維持は可能だが，放っておけば必ず協力関係になるというほど簡単ではないのだ。

長期的関係の中で協力関係を維持する場合には，明文化された罰則のルールは必要ない。いわゆる暗黙のルールで秩序を維持することが可能なのだ。

外交などそもそも明文化されたルールがない関係で協力関係を維持するときには，長期的な関係によって協力関係を維持する努力が必要だ。そのために必要なのは「お人よし」であることではない。協力はするけれども，非協力的な態度を示す相手とは協力関係を解消するという厳しい態度で臨まなければ，協力関係は維持できないことを繰り返しゲーム研究は教えてくれているのである。

● 2-6 教室実験によって見えてきた協力行動のメカニズム

囚人のジレンマゲームのように，個人の利益と全体の利益が対立する状況では，人々の利己的な行動の結果，全体の利益が損なわれるジレンマに陥ってしまうだろう。これがゲーム理論の標準的な理論予想である。しかし，囚人のジレンマゲームに直面したとき，人は本当に理論どおりの非協力行動をとるのだろうか。そんな素朴な疑問をもつゲーム理論研究者たちは学生たちを実験参加者とした教室実験を行って，それを確かめる研究を始めた。いわゆる実験ゲーム理論と呼ばれる研究である。

その研究結果はゲーム理論研究に大きな衝撃を与えることになった。実験室での学生たちの行動は標準的な理論予想と大きく異なっていたからである。協力しないはずの囚人のジレンマゲームにおいて多くの学生たちが協力を選んだのだ。もう少し詳しく見ていこう。

● 2-6-1 囚人のジレンマゲームの実験結果

実験研究者たちは，かなり念入りに1回きりの囚人のジレンマゲームを教室の中に再現しようとした。念入りにというのは，仕返しが絶対にできないようにしたのだ。顔見知りの学生たちに誰がどのような選択をしたかがわかるような実験をしたら，実験の後で仕返しをされるかもしれない。それを恐れて協力する可能性があるようでは，1回きりの囚人のジレンマゲーム

を教室に再現できたとは言えない。

　顔見知りでない人たちを40人集め，ランダムに20組のペアを作り，コンピュータ画面を通して囚人のジレンマゲームを体験してもらう。自分の相手が誰かはわからないような設定だ。そして，真剣に選択をしてもらうために利得に応じて現金で報酬を支払った。たとえば，釈放なら300円，1カ月拘留が200円，1年拘留が100円，3年拘留が0円というふうに。ここまで念入りに設定をすれば，仕返しの恐れがないので「多くの人は裏切りを選ぶ」と理論的には予想される。

　実際にはどうなったか。なんと6割近くの人が協力をするという結果になった。もちろん，裏切る人もいるのだが，過半数が協力するという結果はゲーム理論研究者を驚かせた。

　仕返しがなくても協力するのは一体なぜなのか。研究者の間で論争を起こった。最初に有力な仮説として登場したのが，利他的な動機である。それまでのゲーム理論ではプレイヤーは自分の利益だけしか考えないと仮定してきたが，実際には「他人の利益も自分の利益であるかのように行動するのではないか」という仮説が支持されるようになったのだ。

　利他的動機は，確かに協力行動を説明できるのだが，さまざまな欠陥がある。まず，利他的な動機では私たちの周りに溢れる現実のジレンマ現象を説明できない。さらに，利他的な動機ではとても説明できないような実験結果が多く発見されたのだ。

　最も象徴的な実験は，囚人のジレンマゲームに相手を処罰する機会を導入したゲームだ。これは通常の囚人のジレンマゲームを行い，いったん利得が確定した後で，それぞれのプレイヤーに相手を罰する機会を与えるというものだ。罰というのは相手の報酬額を少なくさせることを意味する。しかし，罰を与えるには自分の報酬も少なくなるようになっている。たとえば，自分の報酬を20円犠牲にすれば，相手の報酬を100円少なくすることができるというように。

　このような実験ではどのような選択を人々はするだろうか。まず理論予想から考えてみよう。もしも，プレイヤーたちが自分の利益だけしか考えないならば，最初に非協力を選び，仕返しをしないのがナッシュ均衡戦略となる。相手を処罰するのに自分も損をするような選択は誰も選ばないというのが理由だ。仮に，人々が利他的な動機をもつとしたらどうだろう。そもそも利他的なプレイヤーは相手を裏切ったりしないだろう。そして，もしも裏切り者が出たとしても，利他的な人は決して相手を罰したりはしないはずだ。

　この実験の結果はとても面白い。罰の導入は協力を選択する人の割合を増加させた。もっと興味深いのは裏切られた人の行動だ。裏切られた人たちは裏切り者をかなり頻繁に罰したのだ。自分の利益を犠牲にしてまで，相手を処罰するのは一体なぜなのか。自然な解釈は正義感であろうか。

　いずれにしても，実際に実験をしてみると人々の行動には，利他性や正義感のような，単なる利己的な動機では説明できない要素があるらしいことが明らかになってきたのだ。

● **2-6-2　進化論的行動メカニズム**

　利他性や正義感など人間行動の複雑な側面が浮かび上がってきたことで，経済学者たちは人間の行動メカニズムを真剣に考えざるをえなくなった。それが行動経済学だ。行動経済学者たちは，現実の人間行動のメカニズムを解明するさまざまな仮説を検証していった。人間行動には利他性や正義感だけでなく，賢いようで愚かな側面や感情的なところがある。そうした複雑な人間行動を整合的に説明する理論を見出すのは容易なことではなかった。

　そうした研究のすえに広く支持されている行動メカニズムは進化論的な行動モデルである。

　リチャード・ドーキンスの『利己的な遺伝子』をご存じだろうか。彼は動物たちの利他的な行動も進化論的行動モデルで説明できると主張した。よりよい行動ができる者が生き残り，そうでないものは淘汰される結果，認知能力が低い動物でも，高度な望ましい行動を取ることができるようになる。ドーキンスは利他的な行動もそうした高度な望ましい行動になっているこ

とをゲーム理論を使って示した。

このように考えると，実験で観察された人々の行動にまったく違った解釈を見出すことができる。協力行動と自己犠牲を伴う処罰。これに聞き覚えはないだろうか。これらの性質は繰り返しゲームのトリガー戦略のそれと酷似していることがわかる。実験参加者たちは無自覚のうちにトリガー戦略をとっていたのではないか。これが進化論的行動モデルの解釈だ。

トリガー戦略が囚人のジレンマゲームの均衡戦略になりうることはすでに説明したが，教えられることなしにそれを理解する人などほとんどいない。そういう意味でトリガー戦略は高度な戦略と言える。

理論的にそれが良いことを理解できなくても，私たちはそういう状況に日々直面し，少しずつ学習して，次第に考えなくてもトリガー戦略を選べるようになったのではないか，と進化論的社会学者たちは考える。つまり，囚人のジレンマゲームのような状況に直面したら，「とりあえずは協力するものだ」と考える，あるいは理由もなく協力したい衝動に駆られるかもしれない。だから半数以上の人たちが協力を選ぶ。一方で相手が裏切ったらどうするか。多くの人は強い怒りを覚える。そして，相手を罰せずにはいられなくなる。その怒りが先天的か後天的かは定かではないが，そのような行動が無自覚のうちに学習された結果，多くの人は考えなくてもトリガー戦略を選ぶようになったのではないかと。

しかし，無自覚に学習された行動は融通が利かないので，囚人のジレンマゲームが1回きりであるか，繰り返されるのか，仕返しをされる恐れがあるのか，ないのかにかかわらず，ほとんど無意識のうちに同じ行動を導いてしまうため，実験の中で理論予想と反する結果が観察されたと考えられるのだ。あくまで仮説であるが，この仮説は数ある代替的な仮説の中で最も説得力があるものだと筆者は考えている。

● 2-6-3　利他的な本能と利己的な理性

もちろん，人間は他の動物と違って，自ら理性的に考え，本能に逆らって意図的に行動することもできる。囚人のジレンマ実験で裏切る人は，状況を理解し，自分の利益をよくよく考えて裏切りを選択したのだろう。ゲーム理論が前提にしてきた利己的な選択だ。

集団の中では「利己的」という言葉が忌み嫌われる一方で，私たちの社会には利己的に振る舞うことが前提となっている世界もある。勝負の世界やビジネスの世界がそうだ。そういう世界にいると，私たちはしばしば葛藤に悩まされる。利他的な本能と利己的な理性の葛藤だ。

利他的な本能と利己的な理性が葛藤するとき，どちらを優先するべきだろうか。結論から言えば，どちらも一長一短だ。利他的な本能は長い時間をかけて学習されたものだから，それなりに良い結果をもたらしてくれるだろう。しかし，無意識に学習されたものは融通が利かない。情に流されてとるべき行動をとれなくなる危険もあるし，環境が大きく変化し過去の行動が通用しなくなったら役に立たない。

私たち人間が理性をもつのは環境変化に臨機応変に対応するためだと考えられる。戦略論の立場もどちらかと言えば，理性的に行動することを推奨している。しかし，行動経済学の知見に照らして考えると，理性的かつ利己的に振る舞うことには注意が必要だ。なぜなら，私たちの理性には限界があり，必ずしも利益になる選択を選べないからだ。実際，囚人のジレンマゲームが繰り返される状況で，トリガー戦略のような戦略を理性的な思考の末に選ぶことなど普通の人にはできない。長期にわたって続くことを見通せなければ，1回きりのゲームと同じく相手を裏切ってしまうだろう。相手が協力的なオファーをしてきてくれているのに，短絡的に突っぱねてしまうなんてことをやりかねない。すると，もうそこで協力関係は終わり。そういう人は社会の中で孤立してしまう。

ノーベル賞を受賞したアマルティア・センは，他者への思いやりをもたない人間を指して「合理的な愚か者」だと痛烈に批判しているが，利己的に振る舞おうとして長期的な関係でも裏

切ってしまう人はまさに合理的な愚か者だろう。

　戦略論の本を見ていると，ときどきセンの批判が頭をよぎる。短期的な関係であれば確かに相手を打ち負かせばいいが，関係を長期にわたって続けることができるならば，最適な選択肢は変ってくる。長期的視野に立って協力する，困った相手を助ける，相手に多少の妥協をするなども，賢い戦略になるかもしれない。

　おそらく，ここが戦略論の一番難しいところだと筆者は考える。

　利他的に振る舞うべきか，利己的に振る舞うべきか。実際，皆さんも本能的には協力したいと思うけれども，会社の利益を考えると……という葛藤に悩まれることが多いのではないだろうか。

　この葛藤を解決する一つの方策は長期的な視野で物事を考えることだ。長期的に考えれば，状況に応じた賢明な戦略がとれるようになる。十分な訓練を積めばトリガー戦略も選べるようになるかもしれない。

　しかし，行動経済学のさまざまな研究結果を見ると，それは多くの人たちにとっては不可能だ。視野はつねに短期的になるし，多くの人はそのことに気づきさえしないからだ。

　それではどうすればいいか。その答えが「共存共栄」ではないかと筆者は考えている。先のことまでは考えられなくても，自分にとって望ましいだけでなく，相手にとっても望ましいような道を選ぶようにすれば，葛藤に悩まされることなく，かつ長期的にみても望ましい戦略を選べるのではないだろうか。いわゆる Win-win の選択肢を見つけて，それを選んでいくと表現してもいいかもしれない。「情けは人のためならず」という諺の精神もこれに通じるだろう。「他人に情けをかけることは，めぐりめぐって自分のことになるから，情けをかけよ」と言う意味だ。もちろん，お人よしであってはいけない。お互いの利益にならないような行動を他人がとったときには厳しく制裁をする必要があるだろう。それが囚人のジレンマゲーム研究から私たちが学ぶべき戦略論の教訓ではないだろうか。

第3章　孫子：孫子は現代人が読む価値をもっているか

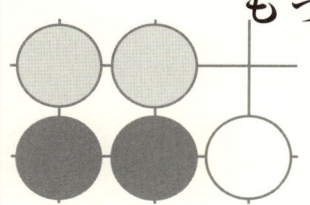

孫崎　享

● 3-1　孫子の評価

『孫子』は中国春秋時代の思想家孫武の作とされる兵法書である。孫武は，紀元前500年頃に生きた人物である。文明は急速に進歩している。せめて19世紀に書かれた古典であれば，一読に値するかも知れない。しかし，2500年前に書かれた兵法書が今日も読まれる価値をもっているとは，とても思えない。

たとえば作戦編の最初を見てみよう。孫子は「およそ軍隊を運用するときの一般原則としては，軽戦車千台，皮革で装甲した重戦車千台，歩兵十万人の編成規模である」と記述している。中国の春秋時代の戦争ならいざしらず，今日世界のどこを見ても，こうした形で戦争をすることはない。この一行を見ても，『孫子』は私たちに訴える普遍性をもたないと判断するのは容易である。第2次世界大戦前，武藤章（開戦時陸軍省軍務局長）は陸軍大学校専攻学生時代「孫子は春秋時代支那国内戦を対象にしてその兵学を建設したが故に稍々普遍性に乏しき憾あり」と記述している（杉之尾，2001）。

逆に筆者は『孫子』は大変な普遍性をもっている，戦略思想を述べた本としては最高傑作であると見ている。『孫子』は軍事戦略のみならず，経営戦略等，戦略を考える時に多大の英知を与える本である。

『孫子』の具体的内容に入る前に，今日孫子がどのような評価を得ているかから説明したい。

第一に米国教育における『孫子』の位置づけ。

2009年サミュエルズ（R. J. Samuels）は『日本防衛の大戦略』を出版した。その中に次の記述がある。

> 「国が自衛する方法にまったく新しい概念というものはほとんどない。どの国も，軍隊，外交官，さまざまな資源，野心，知恵で武装している。だから国際関係，外交，国家安全保障を学ぶ学生はいまだに，トゥキュディデスの『戦史』，『孫子』，マキャヴェリの『君主論』などを読むことを求められている」（サミュエルズはマサチューセッツ工科大学教授，一時同大学政治学部長を務める）。

第二に現代戦略家の第一人者の一人，リデル ハート（B. H. Liddell Hart）（『戦略論　間接的アプローチ』の著者。敵への攻撃で正面から対峙する直接アプローチを採用することよりも一部の兵力を用いて山岳や砂漠などの障害地形を越えてでも間接アプローチを採用することによって成功を収めることが可能とする戦略論を展開）は次の記述を行っている。

「孫子の兵法は軍事学に関する最古の論文である。しかもその洞察の広範なること，その深さは他の追随を許さないものがある。これは英知の精髄の名に値する。

過去のあらゆる軍事学者の内で孫子に匹敵出来る者はひとりクラウゼヴィッツあるのみである。ところが孫子に遅れること 2000 年以上の著作が孫子以上に古びたものになり，その一部はすでに用をなさなくなってしまっている。実に孫子はクラウゼヴィッツ以上に明確な視野と，より大きなと洞察力と永遠の新鮮さを有している。

第一次世界大戦に先立つ時代のヨーロッパ軍事思想の鋳型を作ったクラウゼヴィッツの戦争論の記念碑的文献の影響を中和する意味で，仮に孫子の兵法の知識が加えられていたならば，今世紀における二つの世界大戦が文明に課した損害の多くは避け得たであろう」（フランシス・ワン仏訳『孫子』での巻頭言）。

孫子の素晴らしさは，孫子に精通していれば，孫子を自らのものとしていれば，第 1 次世界大戦，第 2 次世界大戦を避けうる力をもっていることにある。そのことは日本にも言え，もし武藤章らの帝国軍人が孫子の神髄を理解していれば，第 2 次世界大戦に突入する愚を犯さなかったと見られる。

第三に，孫子は現代の中国にいかなる影響を与えているか。今日の中国を考える時，毛沢東の影響は不可欠である。毛沢東は彼の著名な論文『矛盾論』においては「問題を研究するに主観性，一面性および表面性を帯びることは禁ずべきである」と述べると同時に孫子の「彼を知り己を知れば百戦して殆うからず」を引用している。

● 3-1-1　第 2 次世界大戦後再評価される孫子

マクナマラの章で検討するが，第 2 次世界大戦以降戦略論は大きく変化する。第一に軍事戦略で大きい変化を見せた。ナポレオン戦争以降第 2 次世界大戦まで，戦略は戦争をいかに戦うかに終始し，そしてその多くが相手を完全制圧することを目指した。その代表がクラウゼヴィッツの『戦争論』である。しかし，第 1 次世界大戦，第 2 次世界大戦の莫大な人的，経済的犠牲のもとで，全面降伏を求める戦争論の合理性に疑問がもたれた。その代表が「間接的アプローチ」を説くリデル ハートである。さらに第 2 次世界大戦後，核兵器が大量に開発され，核戦争は実施できない戦争となった。

第 2 次世界大戦後，孫子が再評価されている。一つは中国で，今一つは米国である。中国では，安全保障を語る時，孫子がしばしば引用される。たとえば，国防大学戦略研究所所長楊毅も孫子を引用している。

「人民網日本語版」2007 年 1 月 8 日掲載の，"戦闘機「殲-10」開発をめぐる反応と中国の軍事戦略"では，「われわれの積極的で防御的な軍事戦略は，孫子の"慎戦""礼戦"の思想に従っている」と記述している（注：慎戦は戦いを慎むこと）。楊毅は孫子を学び，"慎戦"を主張した。

孫子は軍事の戦略本である。しかしこの本は戦いをすることを最大の戦略とは見ていない。戦争を避け，自己の国家目的を実現することこそ，戦略の眼目と説いている。

今日，大国化する中国が暴走しないかの懸念がいたる所でなされている。しかし，中国では，孫子を学ぶ気風が残っている。中国に孫子を学ぶ伝統が生きてる限り，愚行は避ける。

逆に日本の安全保障関係者で，孫子を引用し"慎戦"を主張している人がどれくらいいるだろうか。「強硬な発言をすることが安全保障の専門家」という雰囲気である。

ではもう一つ。今日，孫子と米国安全保障政策との関係はどうか。

スティーヴン・ウォルト（S. M. Walt）はハーバード大学ケネディ・スクールの学長だった

リベラル派旗手（本人はリアリストと位置づけている）である。2009年10月22日「胡錦濤の心を読む（Reading Hu Jintao's mind, *Foreign Policy*）」という皮肉たっぷりの論評を書いた。

「（胡錦濤になったつもりで）米国が"世界の指導者"の地位に固執し，出費を続ければ続けるほど，我々中国が世界一の座に着くのが早くなる。唯一の懸念は米国が正気に戻ることだ。この点，私はあまり心配していない。ひょっとすると米国は"兵《戦争》久しくして国の利する者は，未だこれ有らざるなり"という孫子の教えを学ぶかもしれない。でも今，米国内の議論を見ると，民主党も共和党も世界中へ介入することに夢中である。（米国が正気に戻る）危険は少ない。（米国の凋落は不可避で）我々中国の未来は明るい」。

スティーヴン・ウォルトは米国のアフガニスタン戦争継続に反対である。「孫子を学べば，この愚かな戦争を止められるのに」と嘆いている。
本章の第1節で，サミュエルズ教授（元MIT政治学部長）がトゥキュディデスの『戦史』，『孫子』，マキャヴェリの『君主論』を学ぶべき古典として列挙したのを見た。さらに，第1章総論においてもノーベル経済学賞受賞者のシェリング（T. C. Schelling）に孫子の影響があることを見た。
孫子は今日，どれ位の意義をもっているか。
アーサー・クオ（Li-sheng Arthur Kuo）は米国陸軍大学（U. S. Army War College）で「21世紀における孫子戦略論（*Sun Tzu's War Theory in the Twenty First Century*）」を発表し，孫子の影響力を記している。

「孫子は1782年，仏イエズス会員アミオが訳し，多分ナポレオンや湾岸戦争の作戦者達に影響を与えた。毛沢東，ヴォー・グエン・ザップ（ベトナム戦争時の北ベトナム軍総司令官），マッカーサー元帥（GHQ総司令官），パウエル（米軍参謀総長，国務長官等歴任）等は孫子から示唆を得たと述べている。英国の偉大な戦略家リデル ハートは孫子を戦争遂行で最も集中された知恵の本質を持つと見なしている」。

リデル ハートが「孫子を戦争遂行で最も集中された知恵の本質」と評したが，本当にそうか。

● **3-1-2 孫子とマクナマラ**

本書ではマクナマラ（R. S. McNamara）の戦略システムを学ぶ。マクナマラはみごとな戦略システムを構築した。20世紀，米国の「神童」が作り上げたシステムである。戦略を考えるうえで，考察に必要な要素を「外部環境の把握」「自己の能力・状況の把握」「課題（組織生き残りの問題設定）」「情勢判断（敵との比較）」「戦略比較，戦略形成」「任務別計画設定」と設定した。孫子はこれら各々の項目に何を語っているか。

(1) 外部環境の把握　敵の情を知らざる者は，不仁の至りなり。人の将に非ざるなり。主の佐に非ざるなり。勝の主に非ざるなり。故に明主賢将の動きて人に勝ち，成功の衆に出ずる所以の者は，先知なり。先知なる者は必ず人に取りて敵の情を知る者なり。

(2) 自己の能力・状況の把握　彼れを知りて己を知れば，百戦して殆うからず。彼れを知らずして己を知れば，一勝一負す。彼れを知らず己を知らざれば，戦う毎に必ず殆うし。

(3) 課題（組織生き残りの問題設定）　用兵の法は，国を全うするを上と為し，国を破るはこれに次ぐ。軍を全うするを上となし，軍を破るはこれに次ぐ。

是の故に百戦百勝は善の善なる者に非ざるなり。戦わずして人の兵を屈するは，善の善なる者なり。

(4) 情勢判断（敵との比較）　十なれば，則ちこれを囲み，五なれば，則ちこれを攻め，倍すれば，則ちこれを分かち，敵すれば，則ちよくこれと戦い，少なければ，則ちよくこれを逃れ，若からざれば，則ちよくこれを避く。

(5) 戦略比較，戦略形成　利にしてこれを誘い（敵が利益を欲しがっている時），乱にしてこれを取り，実にしてこれに備え（敵の戦力が充実している時），強にしてこれを避け，怒にしてこれを撓し（敵が怒っている時は挑発して敵の態勢を乱す），卑にしてこれを驕らせ（敵が謙虚な時は驕りたかぶらせる），佚にしてこれを労し（敵が安楽である時は疲労させる），親にしてこれを離す（敵が親しみあっているときは分裂させる）

　兵《戦争》久しくして国の利する者は，未だこれ有らざるなり。

　故に上兵は謀を伐つ。其の次ぎは交を伐つ。その次は兵を伐つ。その下は城を攻む。攻城の法は，已むを得ざるが為めなり。

　故に勝を知るに五あり。戦うべきと戦うべからざるとを知る者は勝つ。衆寡の用を識る者は勝つ。上下の欲を同じうする者は勝つ。虞を以て不虞を待つ者は勝つ。将の能にして君の御せざる者は勝つ。

　守らば則ち余り有りて，攻むれば則ち足らず（守り重視）。利に非ざれば動かず，得るに非ざれば用いず，危うきに非ざれば戦わず。

(6) 任務別計画設定　用（戦費）を国に取り，糧（食料）を敵に因る。

　国の師（軍隊）に貧なる者は，遠師（遠征軍）にして遠く輸せばなり。

　兵法は，一に曰わく度（戦場の広さや距離），二に曰わく量（投入すべき物量），三に曰わく数（動員すべき兵数），四に曰わく称（敵味方の能力）。五に曰わく勝。地は度を生じ，度は量を生じ，量は数を生じ，数は称を生じ，称は勝を生ず。

　孫子はマクナマラの戦略システムのすべてに言及されている。
　(1) の「外部環境の把握」では，「敵の情を知らざる者は，勝の主に非ざるなり」として，相手の情報を入手できない時には勝利を勝ち取れないとした。
　(2) の「自己の能力・状況の把握」では「彼れを知らず己を知らざれば，戦う毎に必ず殆うし」として，自己と相手を十分に把握できなければ戦いに負けるとした。
　(3) の「組織生き残りの問題設定」では，「百戦百勝は善の善なる者に非ざるなり。戦わずして人の兵を屈するは，善の善なる者なり」として，戦争に勝つことだけがすべてではない，むしろ戦争を行わないで勝利を収めることこそ重要とした。「戦争を行わないことに勝利を見る」，名戦略家の姿勢である。
　20世紀の英国戦略家リデル ハートは「戦略の完成とは激烈な戦闘なしで決着をつけることである」としている。紀元280年頃イタリア南部の都市国家タレントゥムがローマ軍と戦い，将軍ピュロスは次々とローマ軍を撃破していった。これを賛辞した兵士に対し，「もう一度ローマ軍に勝利するという事態がきたら，その時は逆に，（兵士，資金が続かず）我々は壊滅してしまうだろう」と言った。戦争の勝利が，国家の勝利をもたらすものではない。この後，払った犠牲と勝利して得たものが釣り合わないことを「ピュロスの勝利」(Pyrrhic victory) と呼ぶ。この考えも孫子につながる。
　日本では日露戦争は高く評価されているが，総経費18億2629万円，日露戦争開戦前年の1903年（明治36年）の一般会計歳入は2.6億円（出典 Wikipedia）である。日露戦争がその

後日本の財政に重い負担になり，その克服に難儀を重ねていくことをみれば，日露戦争もまた，「ピュロスの勝利」である。

日本では日露戦争を余りにも美化しすぎている。

日本はこの戦争で何を得たか。アジア人がロシアという白人の国家を破った意義は大きいという。歴史的にみれば超大国の変化は軍事面だけでない。第1次世界大戦前の欧州情勢をみればロシアが極東に進出できる余力はほとんどない。

安全保障戦略を論ずる時，その戦いが「ピュロスの勝利」にならないかを考察することがきわめて重要である。

（4）「情勢判断」では，孫子は「十なれば則ちこれを囲み，五なれば則ちこれを攻め，倍すれば則ちこれを分かち」と記述した。筆者は戦略を「相手の動きに応じ，自分に最適な道を選択する手段」と定義したが，孫子はまさに相手の動きに応じ，「最適な道」を変化させている。

（5）「戦略比較，戦略形成」においては，「故に上兵は謀を伐つ。其の次ぎは交を伐つ。その次は兵を伐つ。その下は城を攻む」（最上の策は，相手の考えを察知し，これを破ることである。次は，同盟をなくすることである。最下位にあるのが相手の城を攻めることである）と，なすべき戦略の優先順位をつけている。

孫子は「マクナマラの戦略システムに魂を入れている」と言える。孫子の言をマクナマラのシステムに当てはめていくと，改めてその偉大さに気づく。

孫子は今後も戦略の最高傑作として扱われていくに違いない。

● 3-1-3　インドの古典「実利論」：隣国に対処する多様な道

日本は安全保障上いかなる選択肢をもつか。まず，この問の答えを用意していただきたい。そのうえで次の問を見てもらいたい。

「ある時フクロウの集団がカラスの集団を襲いました。このときカラスの王様は何人かの大臣を集めどう対応するか意見を聞きました。貴方が大臣だったら，どのような提言を王様にしますか」。

筆者は1999年から2002年まで駐イラン大使を務めていた。ここでイランの童話を読んでいた。この中にフクロウの集団とカラスの集団の戦争の話がある。上の問はその中に出てくる。童話は続く。

「各大臣はさまざまの提言を行った。戦う，一時移動する，交渉する，他の鳥の援軍を求める，防御を固める。そして最後に首相が次の進言をした。『自分を傷つけ放り出せ。自分は敵に駆け込み，"自分は和平を主張し痛めつけられた。恨みがある。カラスをどう攻撃するか助言する"と言って自分を受け入れさせる。相手側に受け入れられている間に敵の弱点を探りそれを知らせる。王様はそれに従い攻撃してください』」（筆者訳）

最後の助言はヘロドトスの『歴史』に記載されているペルシア軍によるバビロン城攻略時のソピュロスの助言と同じである。

ヘロドトスの名著『歴史』は次のように記述する。

「バビロンはペルシアに対して反乱を起こした。反乱を起こすに当たって，食料の浪費を防ぐため，各自自分の所帯から母と女一人を残し，他の女を扼殺した。

ペルシア全軍がバビロンの城に向かった。ダレイオス大王はあらゆる策謀知略を用いたが，20ヶ月たっても城を落とせなかった。

名門の士ソピュロスは自分の鼻と耳を切り落とし，我が身に鞭を加えて王の前に出た。そして，ソピュロスが王に次のように言った。"まず私はこの姿で脱走兵のごとくみせかけ敵場内に入り込み，私が殿からこのような目に遭わされたと申しましょう。殿におかれては，私が敵城内に入りこみました日から数えて10日目に，殿が失っても惜しくない部隊の内から1千をセミラミスの門の前に配備していただきたい。その後7日目に兵2千をニノスの門に，またその後20日目に兵4千をカルダイアの門にお進み願います。そしてどの部隊も短剣以外は帯びさせないようにしていただきたい。20日すぎたら軍に四方から攻撃させてください。私が見事な手柄を立てればバビロン人は何かと私に任せて参りましょう。城門の鍵も渡してくれると思います」。

戦略の実現にはいくつかの手段がある。その一つが謀略である。謀略は欧米人がしばしば採用し，日本人が理解できず，「陰謀論」として真剣に考えない分野である。ここについては筆者の『日米同盟の正体』（講談社，2009）から引用したい。

「真珠湾攻撃は，第2次世界大戦の英国の状況と深く関連している。当時英国はドイツの攻撃にさらされ，瀕死の状況であった。これを打開するには米国が参戦し，ドイツと戦ってくれる必要がある。しかし，米国国民は第2次世界大戦に参戦するつもりはなく，中立の立場を貫いていた。ここで真珠湾攻撃が生じた。
当時，英国首相だったチャーチルは，『第二次大戦回顧録』（河出書房新社，1972）に真珠湾攻撃の日の感銘を次のように記している。『17ヵ月の孤独の戦いの後，真珠湾攻撃によってわれわれは戦争に勝ったのだ。日本人は微塵に砕かれるであろう。私はかねて米国の南北戦争を研究してきた。米国は巨大なボイラーのようなもので，火がたかれると，作り出す力に限りがない。満身これ感激という状況で私は床につき，救われて感謝に満ちたものだった』」。

チャーチル（W. L. Spencer=Churchill）は真珠湾攻撃があったから，英国が救われたと述べている。チャーチルは南北戦争を研究してきたと言っている。たしかに南北戦争の始まりは，みごとなくらい，真珠湾攻撃と類似している。この事情は清水博の『世界の歴史17』（講談社，1978）に詳しい。

「リンカーンは奴隷州の独立は認めないと言っている。同時に『南部が攻撃しない限り戦争は起こさない』と述べている。（南部にある）サウスカロライナのチャールストン港入り口にあるサムスター要塞はまだ星条旗を掲げていた。リンカーンはこれに食料の補給をすると通報し，補給艦を派遣したが，南部はこれを挑戦と受け止め，要塞を攻撃した。北部では星条旗が砲撃されたとして，『疾風のような愛国心』が起こった」。

リンカーンは南部が独立する動きを見せているなか，米国の統一には，戦争が必要と見ている。自ら戦争を開始することはなかったが，南部を先に攻撃させる状況をつくり，攻撃を受けた国民の怒りを背景に，望んでいた戦争に突入させた。
　真珠湾攻撃が米国安全保障関係者の間でいかなる評価を得ているか。
　キッシンジャー（H. F. Kissinger）は『外交』（日本経済新聞社，1996）で真珠湾を次のように記述している。

「アメリカの参戦は並大抵でない外交努力が達成した大きな成果であった。孤立的な国民を大きな戦争に導いた。1941年5月まで米国人の64％は平和の維持はナチの敗北より重

要であると見なした。真珠湾攻撃でナチに対する勝利より平和の維持が重要とするのは32％になった。

　ルーズベルトは満州を含む中国全土から撤退するよう指示した。ルーズベルトは日本がこれを受諾する可能性はないと知っていたに違いない。アメリカは参戦するために真珠湾の攻撃を受けねばならなかった」。

　キッシンジャーは，並大抵でない外交努力で米国が参戦できたと書いている。並大抵でない外交努力で戦争を避けたのではない。外交努力で参戦できたという表現を使用している。米国が日本につきつけた要求は日本がのめないものとみなしている。

　英戦略家ベイジル・リデル ハートは，『戦略論』（原書房，1986）で，41年7月21日のルーズベルトの対日石油禁輸命令について，「日本は戦うしかないという成り行きに陥ることはわれわれが以前行った研究によって，われわれが常に意識してきたことである。日本が4ヵ月以上も自らの攻撃を繰り延べたことは注目すべき事実である」と述べている。

　今一度イランの童話に戻ろう。筆者はこの童話を見て驚いた。安全を考えるのに必要な要素がほとんどすべて入っている。これだけの選択を視野に入れ，安全保障を論じられる人はそういない。ある人は「援軍」を強調する（日米同盟）。ある人は「防御を固める」を強調する（日本の防衛大綱にみられる基盤力整備構想）。日本で「謀略」を展開する人は稀であるが，米英の歴史を見ると，安全保障に謀略はしばしば登場する。これらすべてを俯瞰し，その時々で最も有力な策をとる。筆者は「それを何とイランの童話がしている」と感激して述べていたら，イラン文学の専門家岡田恵美子氏から「その原典はインドである，これがイランに伝わった」とのお手紙をいただいた。これに刺激を受け，インド古代の戦略を調べてみた。

　私たちは中国の古典，孫子を学んだ。戦略の古典は中国に限らない。ここでインドの古典も見てみよう。

　インド古代の戦略を調べてみた。『実利論』（アルタ・シャーストラ，成立時期については紀元前4世紀から紀元2-4世紀がある。マックス・ウェーバー著『職業としての政治』は『実利論』を，「これに比べれば，マキャヴェッリの『君主論』などたわいのないもの」と記している。『実利論』は膨大である。『実利論』から引用した「隣国を扱う7つの方」（Seven Ways to Greet a Neighbor，米国のアジア協会掲載）を紹介したい。

(1)　サマン（Saman）：融和，甘い言葉，懐柔的行動，不可侵条約
(2)　ダンダ（Danda）：軍事力，懲罰，暴力，武装攻撃
(3)　ダナ（Dana）：賄賂や贈り物，寄付，戦利品の共有
(4)　ベヘーダ（Bheda）：反乱分子支援，裏切り，反逆
(5)　マヤ（Maya）：欺瞞，幻想
(6)　ウペクサ（Upeksa）：無視
(7)　インドラジャラ（Upeksa）：軍事的欺瞞，

『実利論』はさらに次の議論を展開している。
・六計とは和平，戦争，静止，進軍，依投，二重政策である。
・敵より劣勢の場合には和平を結ぶべきである。優勢の場合には戦争すべきである。能力に欠けている場合には戦争以外にすべきである。
・和平にたてば大きな成果をもたらす。自己の事業により，敵の事業を滅ぼすことができる。
・優れた力を有する者と結合することは，彼が敵と戦っている時を除き，非常に悪いことである。
・二大強国の間に位置する場合，自分が彼に好かれている者と彼が自分に好まれている者の

うち，どちらの庇護を求めるべきか。自分が彼に好かれている者のところに行くべきである。

『実利論』は戦争，戦闘の行い方，情報分野におけるスパイの扱い方などにも言及し，戦術，戦略を網羅した本である。

「敵より劣勢の場合には和平を結ぶべきである」「和平にたてば大きな成果をもたらす自己の事業により，敵の事業を滅ぼすことができる」などの考えは，現代の戦略に結びついている。

生天目章防衛大学校教授著『戦略的意思決定』にボーフル（A. Beaufre）の言として次の記述がある。生天目章教授は情報工学科，知能情報の専門家である。

「戦略の本質は意見の対立から生ずる紛争を解決するために力を用いる弁証法的な術であった。闘争を続けることの無益さ，精神的な損失の大きさなどを相手に悟らせることが出来るのなら対立は決着すると考えた。相手に押しつけたいとすることを，相手が受け入れるのに十分なレベルで相手に対して精神的崩壊を与えることが重要であるとした。このことから軍事的手段だけではなく非軍事的な手段（政治的，心理的あるいは思想的な手段）の中から，その時々の状況に応じて最適なものを選ぶ」。

ボーフルの言をさらに拡大解釈してみたい。「闘争を続けることの無益さ，精神的な損失の大きさなど」を「相手（国）に悟らせること」だけでなく，実は「自分（の国）に悟らせる」，これがきわめて重要である。

私たちはすでに総論の部分でシェリングの「紛争をごく自然なものととらえ，紛争当事者が"勝利"を追求しあうことをイメージするからと言って，戦略の理論は当事者の利益がつねに対立しているとみなすわけではない。紛争当事者の利益には共通性も存在するからである」との考え方をみたが，これとの共通点がある。

「自分に最適の道を選択する術」は国ごとに異なる。軍事力，経済力の水準が異なる。ボーフルは 1958 年欧州連合軍参謀総長になり，フランスを代表する戦略家であったが（注：彼は仏の核兵器保有の有力な推進者），彼の非軍事的な手段の示唆こそ，近隣国に米・ロ・中という核超大国をもち，有効な軍事手段をもたない日本が真剣に模索すべき道だ。繰り返すが，核兵器時代，米国，ロシア，中国の責任ある戦略家は「戦争を避けることに自国の利益がある」という発想を必ず身につけている。

第4章　トゥーキディディース

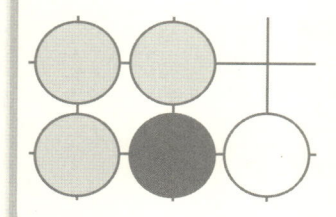

加藤守通

● 4-1　『歴史』の執筆の経緯

　『歴史』は，アテナイの人トゥーキディディース（Thucydides：前460年頃－前395年頃）によって執筆された。『歴史』の冒頭によれば，彼はペロポネソス戦争の初めから，この出来事の重大さに気づき，それに関する執筆を開始した。その後，彼のヒーローであるペリクレスの命を奪ったアテナイの疫病にかかったが，命は取り留めた。前422年，トラキア地方の要塞アンフィポリスがスパルタの名将ブラシダスに攻撃されたとき，彼は将軍としてその救援に派遣された。しかし，そのことをあらかじめ知ったブラシダスは，事態の悪化を予見し，アンフィポリスを武力で制圧することを断念した。そして，外交交渉を通じて，寛大な条件のもとでアンフィポリスから敵兵を撤退させることに成功した。トゥーキディディースの部隊が着いたときには，アンフィポリスはすでに敵軍に占拠されていた。彼は，「敗軍の将」の責任を取らされ，アテナイから追放された。将軍としての夢は，一戦を交えることもなくして，消え去ったのである。

　このことは，軍人トゥーキディディースにとってたいへんな不運であった。しかし，歴史家トゥーキディディースにとっては，大きな幸いとなった。追放後の彼は，ギリシヤ諸国を放浪し，アテナイ側からのみならず，スパルタ側の人間からも，戦争に関するさまざまな情報を集めることができたからである。

　『歴史』は，第8巻（前411年の記述）にて中断されている。その後のペロポネス戦争の帰趨は，クセノフォンの『ヘレニカ』に書かれている。

● 4-2　『歴史』の特徴

　『歴史』は，ヘロドトスによる同名の著作と並ぶ，古代ギリシヤの最良の史書であるだけでなく，疑いなく世界における史書の最高峰のひとつである。本書の特質は，ヘロドトスの著作と比較することで明らかになる。

　ヘロドトスの『歴史』は，現存する西洋最古の歴史書である。その題材はペルシヤ戦争であるが，この戦争はペルシヤの専制に対するギリシヤ的自由の勝利という一大叙事詩として描かれている。

　それに対して，トゥーキディディースの『歴史』は，アテナイとスパルタの両陣営の血みどろの戦いを冷徹な目で見ている。それが「世界最古の科学的（学問的）史書」と呼ばれるのは，

表4-1 ペロポネソス戦争関連年表（桜井・木村，2010）

＊はおおよその年数であることを示す。
またアテナイの暦法では1年はヘカトンバイオンの月（西暦の7〜8月にあたる）第1日に始まる。したがって，当時の1年は西暦の2年にまたがるため，紀元前「456／455」のように示した。

ギリシャ・ローマ		その他の世界	
499	イオニア諸市の対ペルシヤ反乱（〜前494）	＊500	インドのマガタ国が強力になる
494	ローマで聖山事件が起こり，護民官が設置される	＊496	呉・越の戦いが始まる
490	ギリシャの第一次ペルシヤ戦争，マラトンの戦いの勝利	485	クセルクセス一世即位　後期アケメネス朝が始まる
480	第二次ペルシヤ戦争，テルモピュライの戦いの敗北，サラミスの海戦の勝利		
479	プラタイアの戦いでギリシャ軍が勝利	479	孔子没
478	デロス同盟（第一アテナイ海上同盟）が結成される		
465	スパルタの大地震		
464	ヘイロタイが反乱を起こす		
457	アテナイで，ゼウギタイ（農民）級のアルコン就任が認可される　評議員手当てが導入される（？）		
456／455	悲劇詩人アイスキュロス没		
454	デロス同盟金庫のアテナイへの移転		
451	アテナイでペリクレスにより「市民権法」成立		
450	ローマで，最初の成文法『十二表法』が制定される		
449	アテナイとペルシヤ間で「カリアスの和約」が結ばれる		
447	パルテノン神殿建造（〜前432）		
446／445	アテナイとスパルタとが30年間の停戦条約		
445	ローマで，カヌレイウス法の制定　パトリキ，プレプス間の通婚が認められる		
431	ペロポネソス戦争始まる	430	エズラ，イェルサレムで「モーセの立法」を解説
429	アテナイのペリクレス没		
421	アテナイとペロポネソス同盟との間で「ニキアスの和約」が結ばれる		
415	アテナイ艦隊がシチリアに遠征し，敗れる（〜前413）		
411	アテナイで400人の寡頭制権が成立		
406	悲劇詩人ソフォクレス，エウリピデス没		
405	アイゴスポタモイの戦い，アテナイ艦隊がスパルタに敗れる		
404	アテナイが降伏し，ペロポネソス戦争終結　アテナイでペイライエウス間の長城が破壊される　アテナイで30人僭主政が成立（〜前403）		
403	アテナイに民主政復活	403	中国で戦国時代始まる
401	ペルシヤでクセノフォンらギリシャ人傭兵一万人の退却	401	ペルシヤで王弟キュロスの反乱
399	ソクラテス，アテナイで処刑される	400	墨子没
395	テーベ，コリントス，アルゴス，アテナイとスパルタとのコリントス戦争始まる		

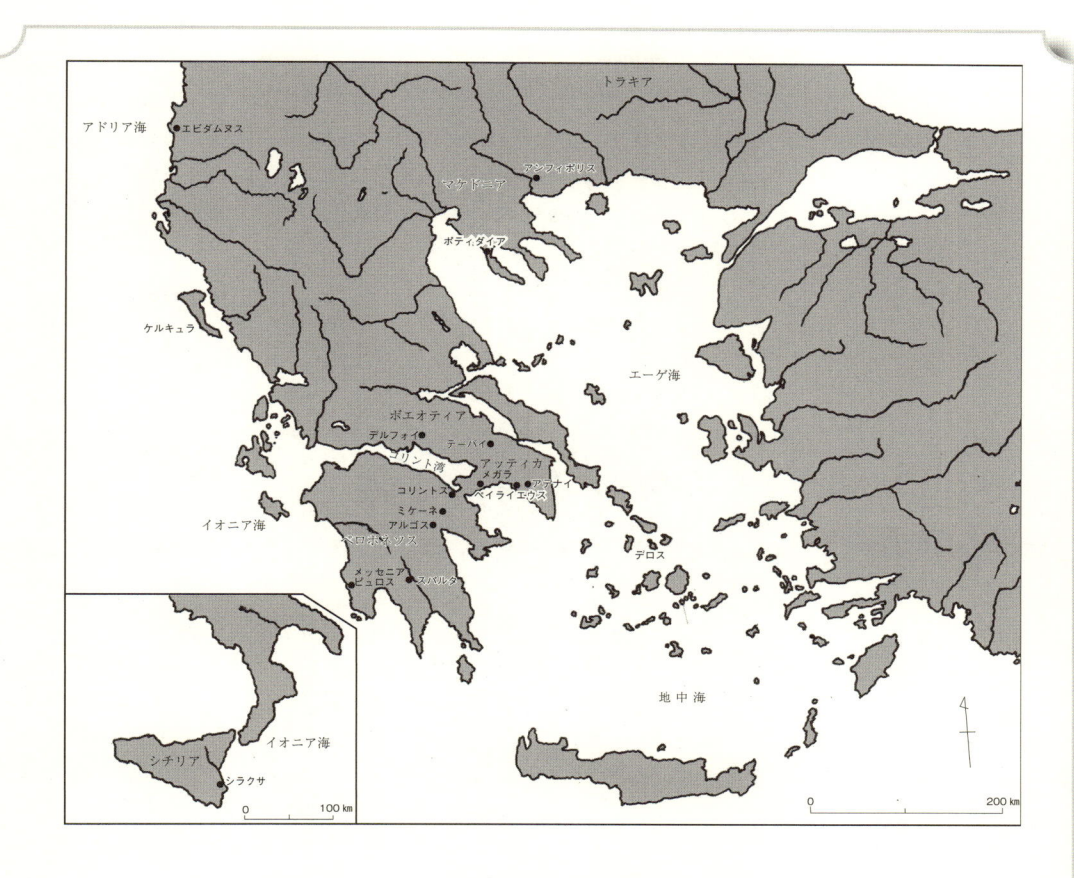

図 4-1　ギリシヤ世界主要部地図（桜井・木村，2010）

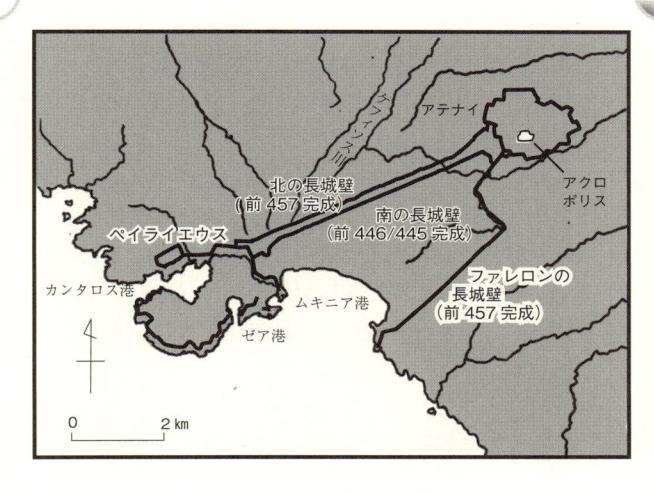

図 4-2　アテナイとペイライエウスの関係図（桜井・木村，2010）

このためである。

　このような客観的で，一方に偏しない見方は，『歴史』固有の形式にも反映している。演説の活用である。この著作では，対立する2つの陣営がそれぞれ決断を迫られる時に発した演説が導入される。これらの演説は，さまざまな局面における，敵対する両陣営の戦略を理解するためにきわめて有効である。この章では，ペロポネソス戦争に関するトゥーキディデースの記述を追いながら，そこにおけるいくつかの重要な決断を戦略論の視点から取り上げてみたい。

　戦略論の視点から見た場合，主要な論点は3つある。

①長期的な戦略の重要性。海軍にアテナイの将来を見たテミストクレスの先見の明。
②リーダー不在の悲劇。シチリア遠征の教訓。
③戦争の不毛。

4-3　スパルタとペロポネソス同盟

　ペロポネソス戦争は，スパルタを盟主とするペロポネソス同盟とアテナイを盟主とするデロス同盟との戦いである。この戦争を理解するためには，両者の歴史を知る必要がある。

　スパルタは，ドーリア人の国である。ペロポネソス半島の南部のラコニア地方にあるこの国は，早くから繁栄し，当初は詩人を輩出する文化国家でもあった。しかし，隣国メッセニアとの二度にわたる長期の戦争（前742-724年および前685-668年）を通じて，軍事国家へと変身した。戦後，スパルタはメッセニアを領土に組み入れ，人口においてはるかに多いメッセニア人をヘロットと呼ばれる奴隷にした。結果として，少数のスパルタ人が多数の敵対的なヘロットを支配することになった。このような状況の中で，スパルタ人はすべての生産活動をヘロットに課して，軍事活動に専心した。他国のギリシヤの兵士は，通常はさまざまな職業に従事しており，戦時において集められていた。それに比べて，軍事にのみ専心したスパルタ軍は，人数においては少数であるが，きわめて高い軍事能力を有していた。

　しかし，いくら強いとは言え，内に多数の反乱分子を抱え，さらにはペロポネソス半島の中にもアルゴスという強力な敵国をもつという状況ゆえに，スパルタは他国との同盟を求めざるをえなかった。その結果生じたのがペロポネソス同盟であった。この同盟においてスパルタは盟主であったが，そこにはコリントやテーバイという強国も属していた。コリントはペロポネソス半島とアッティカ地方を結ぶ地峡（イスモス）という重要な戦略的な場所に位置を占めていた。この古くから商業国は，ペルシャ戦争以後，隣国のメガラの扱いを通じて，アテナイと軍事的にも緊張関係にあった。テーバイは，アッティカ地方の北側に隣接するボエオティア地方最大の国であった。それは，ペルシャ戦争においてペルシャ側につくという不名誉な歴史をもつが，ボエオティア地方の支配権を巡ってアテナイと激しい敵対関係に陥ることになった。コリントとテーバイは，ペロポネソス戦争の開戦に重要な役割を演ずることになった。

4-4　アテナイとデロス同盟

4-4-1　アテナイの台頭

　アテナイは，ギリシヤにおいては比較的肥沃なアッティカ地方にあった。住民は，イオニア

人であり，ドーリア人であるスパルタとは異なっている。アテナイが国力を増したのは，前6世紀後半である。スパルタに比べると，新興国と言える。

　アテナイは，ペルシヤ戦争（前492-480）における活躍を通じて，歴史の表舞台に立つことになる。スパルタとアテナイ両国が力を合わせることによって，ギリシヤはペルシヤのくびきを免れることができたからである。

● 4-4-2　大戦略家テミストクレス

　しかし，ペルシヤ戦争後，両者の関係に亀裂が入りだした。このことを予見してか，アテナイの将軍にして指導者であったテミストクレス（Themistocles）は，アテナイの将来は海にあると考え，アテナイを城壁で守ることを提案した。それを知ったスパルタは，建設の中止を要求したが，スパルタに赴いたテミストクレスの狡猾な時間稼ぎによって，城壁は手持ちの材料を使って迅速に建設された。この城壁はその後，アテナイの港ピラエウスまで延長され，アテナイは陸からの侵略に対して完全に守られることになった。当時の軍事技術では，城壁をじかに攻略することは不可能だったからである。

● 4-4-3　デロス同盟の成立

　ペルシヤ戦争における勝利は，ギリシヤ本土からのペルシヤ軍の撤退で終わったわけではない。それまでペルシヤのくびきの下に置かれていたギリシヤ人の諸国（現在のエーゲ海の北部と東部，および島々）の解放戦争がそれに続いた。この戦争のためにギリシヤ軍を率いたのは当初はスパルタであった。しかし，スパルタの将軍パウサニアスの横暴な振る舞いがギリシヤ諸国の顰蹙を買うに至って，スパルタは解放戦争から手を引き，軍を祖国へと戻した。スパルタに代わってギリシヤ軍を率いたのがアテナイである。アテナイは自らの海軍を用いて，ギリシヤの国々をペルシヤから解放し，ギリシヤの解放者としての地位を確立した。その過程でできたのがデロス同盟（前478年）である。この同盟のもともとの趣旨は，ペルシヤからのギリシヤ諸国の解放であり，同盟国はそのために兵士ないし金銭を拠出することを求められた。しかし，ペルシヤ軍が駆逐され，その脅威がなくなると，同盟は，皮肉なことに，アテナイ帝国主義の道具に徐々に変質していった。アテナイは同盟国が同盟から離脱することを許さず，離脱者を武力で押さえるようになったのである。このことは，アテナイと敵対する勢力にとって，アテナイを攻撃する大義名分となった。

● 4-5　開戦への経緯

● 4-5-1　最初の衝突と30年の和平

　アテナイ帝国の勃興は，スパルタを中心とした従来のギリシヤの勢力図を大きく変えた。アルゴスのようなスパルタの仇敵はもとより，コリントやテーバイに圧迫されていたメガラやポキスといった小国は，アテナイと手を結び，その結果，アテナイとペロポネソス同盟との関係は劣化の一途をたどり，ついには戦争に至った。ペロポネソス同盟とアテナイおよびその同盟国との間に生じたこの戦争は，第1次ペロポネソス戦争（前460-445年）とも呼ばれている。この戦争ではどちらの陣営も多大の損害を得たが，決着はつかず，30年の和平の締結をもって終了した。この戦争は，トゥーキディデースの『歴史』の中では，中心的な主題ではなく，前431年に始まる大戦争（通常，「ペロポネソス戦争」はこの戦争を指す）の前史として，第1巻において叙述されている。

● 4-5-2　遠い国での争い

　30年の和平の後，アテナイとスパルタは，互いに自制し，相手を挑発することを避けていた。しかし，戦争は思わぬところから誘発された。アドリア海沿岸，いまのアルバニアに，エピダムヌスという小国があった。それは，トゥーキディデースが『歴史』の中で場所を説明しなければならないほど，小さな国であった。この小国は，ケルキュラの植民によってできたものであった。さて，この国で内紛が起き，反乱軍がこの国を包囲したとき，エピダムヌスの市民たちは，援軍をケルキュラに要請した。ケルキュラは，今のコルフ島である。それは，ギリシヤ本土とイタリア半島を結ぶ海路の要地であり，アテナイに次ぐ強大な海軍をもっていた。ケルキュラがこの要請を無視したために，エピダムヌスの市民たちはコリントに助けを求めた。話がややこしくなるが，ケルキュラはコリントからの植民によって生まれていたが，その後自らの勢力を強め，母国と対立関係にあった。エピダムヌスからの支援の要請はちょうど，宗主国を説得できない植民地が，宗主国と対立の仲にあるさらにその上の宗主国に助けを求めたようなものである。コリントがエピダムヌスに援軍を送ったのを知ったケルキュラは，反乱軍の支援に回った。この時点で，ケルキュラはコリントに海軍力で勝り，コリントを過小評価していた。しかし，コリントは，ペロポネソス同盟の一員としての発言力を生かして，他の国々からの援助をつのって強力なケルキュラ討伐軍を集めた。そこにはテーバイのようなペロポネソス同盟の国も入っていた。それを知ったケルキュラは，必死に和平を求めた。スパルタは当初からこの争いから手を引いており，和平にも賛成であったが，コリントを説得することはできなかった。和平交渉が挫折したとき，ケルキュラがとった最後の手段は，アテナイに援軍を要請することであった。

　アテナイにはケルキュラとコリントから使節が送られ，それぞれの立場を主張した。ケルキュラの使節は「いずれアテナイはスパルタと戦うことになる。そのためにも，アテナイに次ぐ船を所有するケルキュラを味方につけるべきだ」と主張した。それに対して，コリントの使節は，「アテナイがケルキュラに荷担することは，平和協定の精神への違反である」と説き，アテナイの援軍がペロポネソス同盟との戦争につながると圧力をかけた。この決断は，アテナイにとって戦略上の大きな岐路であった。ケルキュラに援軍を送らなければ，ケルキュラはコリントに破れ，その海軍はペロポネソス同盟に組み込まれることになる。これは海軍力に頼るアテナイにとって大きな脅威である。しかし，ケルキュラを援助すれば，ペロポネソス同盟の重要なメンバーであるコリントとの関係が悪化する。ここでアテナイがとった選択は，中途半端なものであった。アテナイはケルキュラへ軍艦をわずか10艘のみ送り，しかも敵軍がケルキュラ本土に上陸するまで戦争に加わらないよう命じたのである。いわば，戦争の決断をコリントに委ねたとも言える。とは言え，現実の海戦の混乱した状況の中で敵軍が上陸するまで戦争を傍観することは不可能であった。事実，アテナイ海軍は海戦（スュボタの海戦，前433年）に巻き込まれ，その数の少なさゆえに窮地に立った。アテナイが後に思い直してさらなる戦艦を増援し，この援軍が間一髪間に合ったことで，先遣隊は滅亡を免れた。この援軍を見て，コリント海軍率いる連合軍は，撤退したからである。しかし，すでにアテナイ海軍と連合軍とは戦をしていた。30年の和平はこうして破られたのである。

　ケルキュラへのアテナイの派兵は，戦略としては拙劣なものであった。派兵するならば，最初から大軍を送るべきであった。そうすれば，それが抑止力となって開戦は防げたかもしれない。あるいは，開戦したときにはコリント海軍に壊滅的な打撃を与えることができたかもしれない。少数の戦艦の派遣は，抑止力としても軍事力としても不十分であった。

● 4-5-3　開戦の決断

　この事件は，アテナイとコリントとの関係を険悪なものとし，ギリシヤ北部にあるポティダイア（コリントを母国とし，デロス同盟からの撤退を求めていた）をめぐる両国の軍事的衝

突につながった。コリントやテーバイは、ペロポネソス同盟にアテナイとの戦争を呼びかけた。しかし、スパルタは参戦に乗り気でなかった。スパルタにとって、戦争することの利益は少なかったのである。しかし、一方でスパルタは追い込まれていた。参戦をしなければ、同盟国が納得せず、最悪の場合同盟の分解が懸念された。結局、同盟国を招いたスパルタでの会議でスパルタは参戦を決めた（前432年）が、それから実際に参戦するまで1年をかけた。その間、アテナイに三度使節を送り、戦争を回避しようとした。戦争回避の条件は、アテナイにとってけっして厳しいものではなかった。アテナイとスパルタの妥協が成立すれば、戦争は回避できたと思われる。しかし、アテナイの実質的な指導者であるペリクレスは、その条件を呑まなかった。彼はけっして主戦論者ではなかったが、名目的でこそあれスパルタの脅しに屈することを望まなかったのである。このようにして、避けられたはずの戦争は始まり、ギリシヤ本土を荒廃させることになった。

● 4-5-4　両陣営の戦略

開戦にあたって、両国はどのような戦略をもっていたのだろうか。

内に多くの敵対的なヘロットを抱えるスパルタは、できれば大きな戦いで一気にけりをつけたかっただろう。あるいはそれが無理な場合には、アテナイの領土であるアッティカ地方を荒らすことで敵を屈服させることができると思っていた。遅くとも数年のうちに戦争に勝利することを目指していたに違いない。

それに対するペリクレスの戦略は、テミストクレスの先鞭を踏襲することにあった。テミストクレスが着工したアテナイの城壁は、すでにピレウス港にまで延長されていた。アテナイは陸にありながら、島のように守られていたのである。ペリクレスは、このことを重視し、スパルタとの大きな戦いを避け、船を使って神出鬼没にペロポネソス半島の沿岸部を攻め、スパルタのヘロットたちの反乱を促すことによって、スパルタを心理的に追いつめることを目指した。

両国の戦略を比べるかぎり、アテナイの戦略に分があったように見える。しかしながら、ペリクレスにも予見できなかったことがある。ひとつは、城壁の外にある自分の土地を荒らされるのを城壁の内から傍観せざるをえなかったアテナイ市民の不満である。もうひとつの予見不可能な事件、それは疫病であった。敵軍の攻撃を避けて城壁の内側に密集した人々の間で疫病は猛威を振るった。ペリクレスも病に倒れた。アテナイは、戦争の初期段階において指導者を失ったのである。

● 4-6　シチリア遠征

● 4-6-1　アルキビアデスの提案

戦争は長引いた。陸戦においては、やはりペロポネソス同盟が勝った。海によって守られていないプラタイアのようなアテナイの同盟国には、悲惨な運命が待ち受けていた。他方、アテナイ海軍は、スパルタののど元にある、ペロポネソス半島のピュロスに要塞を築き、その対岸のスファクテリア島にうかつにも乗り込んで来たスパルタ兵を多数捕獲するという画期的な勝利をあげた。スパルタはただちに和平を申し出たが、アテナイは拒絶した。しかし、その後アテナイ軍はボイオティアとトラキアで大敗を喫した。まさに一進一退の戦いであった。

戦争の帰趨を決めたのは、シチリア遠征におけるアテナイ軍の惨敗であった。トゥーキディデースは『歴史』の第6，第7の2巻をこの遠征の記述に当てている。それは『歴史』における最大のドラマである。

当時のシチリアはたいへん肥沃な土地であり，幾多のギリシヤ人の国々が存在していた。戦争のきっかけは，シチリアにおいてドーリア系の国シラクサが力を強め，当地におけるアテナイの同盟諸国を圧迫したことにあった。圧迫を受けた国の一つであるセゲスタからアテナイに援軍の依頼が来たとき，アテナイでは主戦派のアルキビアデス（Alcibiades）とそれに反対するニキアス（Nicias）との間で激しい論争が起きた（前415年）。

アルキビアデスは，60艘の軍船をシチリアに送ることを提案した。この数はけっして大軍とは言えない。はたして，彼は海上からシラクサへの奇襲を企てていたのか，あるいは陸戦のための兵を現地の同盟国から徴収するつもりだったのか，定かではないが，彼が小さなリスクの遠征を考えていたことがうかがえる。それに対して，ニキアスは，派兵をしないか，あるいはする場合には，戦力を誇示してただちに帰国するべきであると主張した。しかし，アルキビアデスの提案が大衆の心をとらえたのを知って，ニキアスは後日提案を修正した。第二の提案において，ニキアスは，シラクサの戦力（豊かな富，地の利，強力な騎兵）を誇張し，増兵を提案した。そして，たとえ増兵しても勝利は困難であると主張したのである。彼の提案の真意は，敵の力を誇張することで，アテナイ市民が派兵を断念することを期待してのものであった。あるいは，このような悲観論を出すことで，彼自身が将軍の選から外れることを期待していたのかもしれない。どちらにしても，結果はニキアスの意図に反した。アテナイ市民は100艘の軍艦，5,000の重装歩兵，そしてかなりの数の軽装歩兵を含む大軍を送ることを決め，ニキアスをアルキビアデスとラマコスとともに将軍にしたのである。

● 4-6-2　予期せぬ展開

遠征は，その冒頭から暗雲に覆われた。アルキビアデスが遠征のためアテナイを離れたのをよいことに，彼の政敵たちは，アテナイのヘルメス神の神像が破損されたという事件の黒幕として彼を告発し，裁判のために召還した。この告発は，まったくのでっちあげであった。身の危険を察したアルキビアデスは，軍から逃亡し，あろうことかスパルタのもとに身を寄せて，アテナイの軍事機密をスパルタに流した。結果として，シチリア遠征は，もともとそれに反対していたニキアスに率いられることになった。

このような状態にもかかわらず，アテナイには勝機があった。シチリアにおけるシラクサ軍との最初の戦いはアテナイ軍の勝利に終わった。しかし，ニキアスが敗走する敵兵を追撃することをためらったために，敵軍に決定的なダメージを与えることができなかった。この躊躇の原因は，騎兵の不在であった。ギリシヤにおける陸戦の主役は，ホプリテースと呼ばれる重装歩兵であった。大きな盾と長い槍，頑丈な鎧を特徴とするこの歩兵の強さは，ペルシヤ戦争で証明され，後にアレクサンドロスの遠征でも真価を発揮した。とは言え，騎兵にも重要な役割があった。騎兵は，機動力を発揮して，歩兵の側面攻撃に参加することができたのみならず，逃走する歩兵に追い討ちをかけたり，逃げる味方を守ったりするのに役立った。それだけではない，騎兵は味方の補給を守り，敵の補給を攻撃することができたし，また城壁の建設の防御や妨害にも有効であった。シラクサ軍の騎兵の存在を知りながら，遠征に騎兵を加えなかったニキアスは，戦略上重要な過ちを犯したと言える。

● 4-6-3　シラクサの包囲

貴重な戦機を逃しつつ，時が過ぎるなか，アテナイから援軍が到着し，ニキアスは，前414年にシラクサを包囲する城壁の建設に着手した。シラクサの湾はアテナイ海軍によって封鎖されていたので，城壁の完成はシラクサにとって餓死を意味していた。当然シラクサは抵抗し，敵の城壁を妨害する対抗壁の建設を進めた。城壁の建設と妨害をめぐって争いが頻繁に生じたが，その中でアテナイの将軍ラマコスが戦死するという事件が起きた。そして，唯一残されたニキアスは，病気に苦しんでいた。そうしたなかでも，シラクサの包囲網はほぼ完成し，シラクサ

側の志気は著しく低下し，降伏を考えるまでに至っていた。

　この状態を救ったのがスパルタ人ギリッポスである。スパルタはシラクサ救援のために4艘の軍艦とともに彼を送り出していた。ニキアスはあらかじめその情報を得ていたが，何の措置も取らず，ギリッポスのシチリアへの到着を許してしまった。ギリッポスの軍はもともと小規模のものであったが，スパルタからの将軍に対するシチリア諸国の期待は高く，軍は一気に3,000の歩兵と200の騎兵という一大勢力にふくれあがった。ギリッポスは軍を率いて，シラクサ包囲の拠点となる高地（エピポラエ）を急襲し，占領した。そして，シラクサに入城した。スパルタの将軍の到来はシラクサの志気を一気に高め，シラクサ軍は敵の城壁を妨害する対抗壁の建設を完成した。この結果，シラクサの包囲は不可能になった。むしろ，アテナイ軍のほうが回りを敵に囲まれ包囲される危険に陥ったのである。

● 4-6-4　破滅への道

　このような状況のもとで，ニキアスはアテナイに書簡を送り，病気である自分の罷免を求めた。そして，軍を退却させるか，新たな大軍を援軍として送るよう要請した。アテナイは，ニキアスを罷免せず，デモステネスという歴戦の勇が率いる大軍を送った。その間，アテナイは陸戦においてだけでなく海戦においてさえ新たな敗北を経験していた。シラクサの湾内に長期にわたって留まっていたアテナイ海軍は，船の十分な手入れもできない状態にあった。しかも，狭い湾内での戦いは機動力を武器とするアテナイ海軍に災いした。シラクサ海軍は，湾内での船同士が正面からぶつかることを想定して，あえて機動力を犠牲にした装備を船に施し，その結果，勝利を引き寄せたのである。海戦の敗北は，アテナイ軍の志気をおおいに低めた。

　このような状況のなかで，デモステネスの大軍が到着した。この経験豊かな将軍は，ニキアス軍を見て唖然としたのではないだろうか。ともかくも，彼は，到着後の勢いを生かして，戦略の拠点エピポラエに夜襲をしかけ，もしもそれに失敗したときにはすみやかに退却することを提案した。

　夜襲はぎりぎりのところで失敗し，アテナイ軍は10,000の歩兵のうち2,000から2,500に及ぶ大量の犠牲者を出した。残された唯一の道は，速やかな撤退にあった。しかし，この時点に至って，従来再三にわたって撤退を求めていたニキアスが撤退に反対した。その理由は，シラクサも同様に困窮しているから，というものであったが，もしかするとニキアスは，帰国後に敗戦の責任を取らされることを恐れていたのかもしれない。結局，撤退か継戦かの会議が続き，その間にアテナイは海戦で敗北し，海路からの安全な撤退ができなくなってしまった。陸路からの逃走を試みるが，最後は囲まれて兵は惨殺された（前413年）。捕まった捕虜は7,000人。非アテナイ人は奴隷に売られ，アテナイ人は石切り場に閉じ込められた。その環境は劣悪で，8ヵ月で捕虜全員は死亡した。

● 4-7　勝者なき戦い

　シチリアでの大敗の後にも，アテナイは最後の力を振り絞り，懸命に戦った。前404年に戦争が終結するには，さらに9年かかった。戦争の末期には，いままでの仇敵であるペルシヤまでが介入し，アテナイとスパルタというペルシヤ戦争の両雄はかつての敵を味方につけようと媚を売るありさまであった。敗戦時，コリントとテーバイはアテナイ市民全員を奴隷にし，アテナイを壊滅させることを提案したが，スパルタはアテナイにとって寛容な措置を取り，民主主義の代わりに親スパルタの少数者支配をアテナイに確立するにとどめた。その後，アテナイの民主主義は復活した。ギリシヤにおけるスパルタの支配は長く続かなかった。そもそもスパ

ルタは，長期的にギリシヤを支配できるような国力も政治体制ももっていなかった。ギリシヤ諸国はその後も争いを続けたが，最終的に漁父の利を得たのは北方の新興国マケドニアであった。

　戦略論は，ペロポネソス戦争から多くのことを学ぶことができる。シチリア遠征における失敗は，貴重な反面教師になるだろう。しかし，それ以上に重要な教訓は，戦争の不毛ということではあるまいか。少なくともこの戦争においては，勝者はいなかった。アテナイとスパルタが互いに相手を立てて，両国で共存していくのが最良の道であった。戦争をしないということが両国にとって最良の戦略だった。それは，エピダムヌスでの紛争を通じて予期せぬしかたで破綻した。両国は勝者なき戦いに踏み込むことになったのである。

第5章　クラウゼヴィッツ

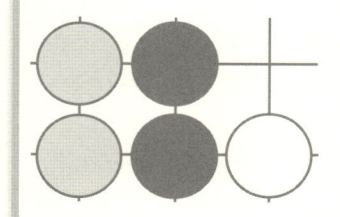

川村康之

●はじめに

　戦争は，多くの破壊をもたらし，人々の命を奪ってきた。とくに核兵器が存在する現代においては，核戦争が起これば，戦争には関係のない人々を含めて人類は一瞬のうちに滅亡するかもしれない。現代は，このように今までに経験したことのない軍事的環境に直面している。その一方で，テロを含む小規模な戦争や紛争は各地で勃発している。また，第2次世界大戦の結果を見てもわかるとおり，戦略の良し悪しによって，人々の生活は大きな影響を受けるのである。このため，近年になって戦争や戦略は，次第に一般の人々の関心を集めるようになった。戦争や戦略の問題を考える場合には，まず「戦争とは何か」や「戦争とはどういう現象なのか」という戦争の概念を規定しなければならない。クラウゼヴィッツは，戦争を初めて明確に定義した。そして，現代においても，彼の定義やこれに至る考察は高く評価されている。

　カール・フォン・クラウゼヴィッツ（Carl von Clausewits：1779-1831）は，フランス革命とナポレオンによる戦争の変革の時代に生きたプロイセンの将校であり，その変化を最も深く考察した人物である。クラウゼヴィッツは，ナポレオン戦争が終わった後で大著の『戦争論』[1]を書いた。前述の戦争の定義は，『戦争論』の第1編第1章に現れている。ここでは，戦略に関する理解を深めるために，クラウゼヴィッツが『戦争論』においてどのようなことを言ったのか，また，それは現代にどのような意味をもっているのかを取り上げてみたい。

● 5-1　戦争・戦略の理論の発展過程とクラウゼヴィッツの位置づけ[2]

● 5-1-1　戦略という概念の発生

　紀元前から戦争を分析し，兵法などを記した戦争に関する理論書は存在した。最も古い戦争

---

[1] 『戦争論』の邦訳には，淡徳三郎の抄訳（原著13版，徳間書店，1965年），清水多吉の全訳（原著1957年東独版，現代思潮社，1966年），篠田英雄の全訳（原著第14版，岩波書店，1965年）がある。さらに，ドイツのレクラム文庫に収録されているクラウゼヴィッツ『戦争論』レクラム版（ウルリッヒ・マールウェーデル編，日本クラウゼヴィッツ学会訳，芙蓉書房出版，2001年）がある。

[2] ピーター・パレット編『現代戦略思想の系譜－マキャベリから核時代まで』（防衛大学校戦争・戦略変遷研究会訳，ダイヤモンド社，1989年）は，このような問題を考察する場合の参考となる。

の理論書の1つである『孫子』は，BC6世紀頃に原型がつくられ，AD2世紀頃に現在伝えられているような形に整理・編纂された。『孫子』には戦争哲学，国家戦略から戦術までの幅広い内容が書かれていて，現代でも多くの人々に読まれている[3]。

ヨーロッパでは，紀元前4・5世紀のペルシャ戦争，ペロポネソス戦争やアレクサンダー大王の東方遠征などの大規模な戦争が生起している。したがって，戦略という機能は古代から存在していたと言える。すなわち，この頃には，まだ漠然としているものの，戦略と戦術の区分（詳しくは後述）が芽生えている。

ヨーロッパの近代政治・軍事思想の開祖と呼ばれているマキャヴェリ（Nicolò Machiavelli：1469-1527）は，15世紀イタリアの政治思想家であり，『君主論』や『戦術論』を書いた。彼は，これらの著書を通じて，現実的な政治や軍事のあり方を説いた。そして，このような政治と軍事の関係については，クラウゼヴィッツにも受け継がれている[4]。

フランス革命の中で登場したナポレオンは，その軍事的才能をもって革命による国民のエネルギーを戦争に注ぎ込み，戦争を劇的に変化させた。このナポレオン戦争を分析して戦争理論を展開したのがクラウゼヴィッツとジョミニの2人である。次に，戦争理論とはどういうものかを明らかにするために，この2人の理論を取り上げる。

● **5-1-2 戦争理論の2つの型**

戦争の理論は，戦争に勝利するための方法論である「How to Win型」と，戦争の本質を追求する「What is War型」の2つに区分される。

アントワーヌ・アンリ・ジョミニ（Antoine Henri de Jomini：1779-1869）は，クラウゼヴィッツと同時代のスイスに生まれ，最初は銀行員になったが，ナポレオンの活躍をみて軍人になることを決意し，フランス軍に入ってナポレオン戦争に参加した。彼は，1813年にはロシアに移って皇帝の軍事顧問となり，90歳までの長い一生の間に多くの著作を残した。その代表的な著作が『戦争概論』（Jomini, 1862/邦訳, 2001）である。ジョミニは，戦争に勝利するための不変の原則があると考え，戦争という現象を政治的・社会的要因から切り離して考察した。また，『戦争概論』のような「How to Win型」の戦争に勝つための方法論は，古くから戦争理論の主流であった。軍人にとっては，戦争ですぐに役立つ戦争理論の方が，『戦争論』のような哲学的な戦争理論よりも重要だったからである。それゆえ，アメリカの南北戦争においては，両軍の士官が左手に『戦争概論』を，右手に剣を持って戦ったと言われている。現在でも，各国の軍隊における士官の教育と訓練には，ジョミニの影響が強く残っている（Bond, 1996/邦訳, 2000）。

これに対して，クラウゼヴィッツの『戦争論』は，「What is War型」の代表的な著作である。『戦争論』は「How to Win」にも触れているが，クラウゼヴィッツは，ジョミニとは反対に，どの時代にも共通する戦争に勝利するために必要な法則があるとは信じなかった。彼は，戦争という現象を政治的・社会的な要因を含めて総合的に考察した。このため，クラウゼヴィッツの「What is War型」の理論は，普遍性が高く，現代においても十分通用する。しかし，『戦争論』は，抽象的で難解な部分も多く，一般にはあまり歓迎されなかった。

● **5-1-3 戦略と戦術の区分**

クラウゼヴィッツとジョミニは，従来はあいまいだった戦略と戦術の概念をその著作の中で明確に定義した。2人の定義に大きな相違はなく，この時代になって初めて，古くから存在し

---

[3] 孫子に関する著書は多数あり，一例をあげれば，杉之尾宜生編著『戦略論大系①孫子』（芙蓉書房出版，2001年），浅野裕一編『孫子』（講談社，1997年）などがある。
[4] マキャヴェリとクラウゼヴィッツの関係については，ピーター・パレット編『現代戦略思想の系譜―マキャベリから核時代まで』p.24を参照。

ていた戦略と戦術の区分がなされたわけである。一般に，戦略とは戦争を全体的・長期的視点から計画・準備・実行する方法である。また，戦術とは，個々の戦闘を実行する方法，すなわち戦闘において軍隊の戦闘力を使用する方法である。

実際，戦略と戦術はまったく異なる機能である。戦争は長い期間に及び，広い地域や空間にわたる多くの戦闘によって構成される。このため，戦闘に勝利するための方法論である戦術だけでなく，戦争を全体的・長期的に遂行し，個々の戦闘を戦争の目的に結びつけておく活動が必要になる。このような活動が，戦略なのである。1回の大きな戦闘に勝利を得ることは重要なことではあるが，それによって戦争全体の勝利が確実になるわけではない。一般に戦術は戦略に従属しており，「戦略の失敗を戦術で補うことはできない」と言われている。クラウゼヴィッツは，戦術とは，戦闘における戦闘力の使用に関する規範であり，戦略とは，戦争目的を達成するために戦闘を使用するための規範であると定義している[5]。

ただし，戦略という概念は時代によって拡大してきた。19世紀の末になると，海洋の利用と国家の繁栄や発展までも含む理論が登場した[6]。第1次世界大戦後には，大戦略（Grand Strategy）や国家戦略（National Strategy）の概念が誕生した（Liddell Hart, 1929/邦訳，1986）。その後，第1次世界大戦の経験から，全国民が参加し，国家の全機構を動員する「国家総力戦」の概念が登場した。第2次世界大戦には，国家総力戦の様子が顕著に現れている。また，第2次世界大戦後には，核兵器の登場によって戦争を抑止するための「抑止戦略」が生まれ，さらには新しい国家戦略の概念も登場している。このようなことから，戦略を普遍的で明確に定義しようとした場合，大きな困難に直面する。戦略には，人間の情熱，価値観，信条のような計測不能な要素が含まれているからである（Murray, Bernstein, & Knox, 1994/邦訳，2007）。

● 5-2 戦争とは何か

● 5-2-1 戦争を定義する

ここで，クラウゼヴィッツの理論を紹介しよう。戦争の基本的要素は闘いであり，戦争は個人間の決闘を拡大・複雑化したものと言える。そこで，戦争を個々の決闘の集合体と考え，その一つの決闘を取り出して戦争とは何かを考えてみよう。決闘の場合，敵対する両者はともに暴力を行使して自分の意思を相手に強要しようとする。この場合，敵に自らの意思を強要することが目的であり，敵を打倒し，その後の抵抗をまったく不可能にすることによってこの目的は達成される。言い換えれば，敵を打倒することは目的を達成するための具体的な目標であり，その手段が暴力なのである。

このような個人間の決闘における目的（みずからの意思を強要すること），目標（敵を打倒すること）と手段（暴力）の関係は，決闘を拡大した戦争においても適用できる。クラウゼヴィッツは，『戦争論』の冒頭で，「戦争とは相手にわが意思を強要するために行なう力の行使である」と定義した[7]。これは，戦争の第一の定義である。

---

5) クラウゼヴィッツ『戦争論』レクラム版　p.108.
6) Mahan, A. T. (1890). *The influence of sea power upon history, 1660〜1783*. Cambridge, UK: John Wilson and Son. 邦訳には，アルフレッド・T・マハン『海上権力史論』（水交社訳，東邦協会，1900年），アルフレッド・T・マハン『海上権力史論』（北村謙一訳／戸高一成解説，原書房，2008年）などがある。
7) クラウゼヴィッツ『戦争論』レクラム版　p.22.

● **5-2-2 極限に至るという戦争の性格の否定**

　第一の定義がもたらす戦争の性格は，暴力の行使は必然的に極限に至るというものである。その理由は，相手の準備する暴力に対して，こちらもそれと同等か，あるいはこれを上回る暴力を準備することになり，敵と味方の間にエスカレーションが起きるからである。したがって，第一の定義は，理念上の戦争である絶対戦争の定義である。そして，このような戦争が生起するためには，次のような3つの条件が必要である。①戦争がまったく孤立した行為として突然に勃発し，それ以前の国家の活動と何の関係もない場合，②戦争がただ1回の決戦あるいは同時に行われる数個の決戦からなる場合，③戦後の政治的状態の見通しが戦争に影響を及ぼさない場合である。

　しかしながら，これらの条件は，現実の状況では次のようにすべて否定される。①戦争は孤立した行為ではなく，双方のそれまでの国家活動と密接に関係している。②戦争は1回の決戦では決着せず，時間的・空間的にも規模の大きい現実の戦争では，双方が1回の戦闘に注ぐ力にブレーキがかかる。③戦争の結果は絶対ではなく，交戦者相互は戦後の政治的な配慮のなかで行動する。すなわち，現実の戦争では暴力の行使が極限にまで至ることはなく，むしろ力の使用の限度をいかに定めるかの判断が重要になる。そして，現実の戦争におけるこの判断は，確からしさの法則に基づいて行われる。

　つまり，交戦する双方はそれぞれ現実の国家や政府であり，戦争はその時代の政治，経済，社会や文化を反映した独自の形態をとるようになる。そして，戦争がどのようなものになるかは，ある程度予測が可能である。そこで，交戦する双方は，いずれも相手の状況や環境などから費用対効果や予想されるリスクなどの計算，すなわち確からしさに基づいて敵の行動を見積もり，今後の自分たちの行動を定めるのである[8]。

● **5-2-3 新たな戦争の定義**

　これまで，戦争のもつ各種の性格や賭け，偶然性のなどの要素について見てきた。これらの他に，戦争には，幸運や不運，勇気，栄光や激情などの要素が含まれている。しかし，これらの要素も戦争という手段のもつさまざまな特質の一部にすぎない。あらためて戦争とは何かを考えるとき，戦争は政治と密接に関係していることに気づくであろう。クラウゼヴィッツは，「戦争は常に政治的事情から発生し，政治的動機によってのみ引き起こされる」と述べているが，戦争は1つの政治的行為なのである。

　その一方で，戦争は政治によって引き起こされた瞬間から，政治とはまったく関わりのないものとして政治に取って代わり，政治を押しのけて戦争に固有の法則のみに従うのではないだろうか。実際に政治と戦争との関係は明確でなく，多くの人々は，戦争の開始以降は戦争が政治に優先すると考えた。しかし，クラウゼヴィッツは，このような考え方は根本的に誤りであると断言している。そして，このような考察を通じて新たな戦争の定義が生まれている。

　クラウゼヴィッツは，戦争の第二の定義として，「戦争は他の手段による政策の継続にすぎない」と述べている[9]。これは，『戦争論』における戦争の代表的な定義である。つまり，戦争とは単に一つの政治的行為であるばかりでなく本来政策のための手段であり，外交などに代わる政治的交渉の延長なのである。この定義は，戦争は政治に従属するというクラウゼヴィッツの考える政治と軍事の関係を端的に示している。彼は，「全国民が参加する戦争は，常に政治的事情から発生し，政治的な動機によってのみ引き起こされる。この場合，戦争の動機となった政治的目的に最大の考慮を払うべきことは当然である」と述べて，政治と軍事のあるべき姿を明確にしている。つまり，クラウゼヴィッツの『戦争論』は，現代的な意味における政軍関係の

---

8) クラウゼヴィッツ『戦争論』レクラム版　pp.31-32.
9) クラウゼヴィッツ『戦争論』レクラム版　p.44.

原点なのである．しかし，後述するように，『戦争論』は，後世の人々によって大きく誤解されてきた．

2種類の戦争，すなわち「絶対戦争」と「現実の戦争」という概念を使用して説明する方法は，当時流行していたヘーゲルの弁証法を適用して戦争の概念を規定した一例である．ヘーゲルの弁証法では，ものごとの一つの側面がまず定義され，次いでその反対の側面が定義されてその中間にすべての現実のものごとが存在するとされる．弁証法は認識のための方法論の一つであるが，前述のように絶対戦争の側面が強調され，それによって『戦争論』が誤解され，あるいは難解なものになったことは否定できない．

● 5-3 『戦争論』とその後の影響

● 5-3-1 『戦争論』の構成

すでに『戦争論』の一部を紹介しているが，ここでは，その全体像を見てみよう．『戦争論』は，全部で8編からなる大著である．第1編「戦争の本質について」では，戦争の本質や政治と戦争の関係など『戦争論』における重要な定義や命題が含まれている．また，この編では「軍事的天才」や「摩擦」などの独特な概念も考察されている．第2編「戦争の理論について」では，戦争理論の可能性と限界や，分析のための前提条件が描かれている．第3編「戦略一般」では，戦略において分析の対象となる戦力，時間，空間などについて述べられており，ここでは戦略論が展開されている．

第4編「戦闘」，第5編「戦闘力」，第6編「防御」，第7編「攻撃」の各編では戦術論が展開されており，『戦争論』の中では量的に最も大きな部分である．しかし，現代の戦闘と当時の戦闘は大きく異なり，記述の重要性は低下している．最後に，第8編「戦争計画」では再び第1編の重要な命題が取り上げられ，戦争の政治的・軍事的指導のあり方を分析するなかで，戦争と政治の関係がより明確にされている．第8編に記述されているのは戦略論である．

クラウゼヴィッツは，1827年に記述した覚書の中で，『戦争論』の修正の必要性を明らかにしている．そこには，2種類の戦争，すなわち「絶対戦争（相手を完全に打倒する戦争）」と「現実の戦争（限定的な目的を達成するための戦争：制限戦争）」という観点を『戦争論』のすべての部分にもっと厳密に適用する意図が表明されている．クラウゼヴィッツは，現実の戦争はナポレオン戦争に見られるような激烈なものばかりでなく，中途半端な単なる武装した勢力の対峙にすぎないものまでさまざまな形態があることを公平に認めていた．また，覚書では，戦争は政治の一部であることをより明確にする意図についても示されている[10]．しかし，彼の急死によって，これらの修正は部分的にしか行われなかった．

『戦争論』が未完のまま残されたことによって，後世の人々は，『戦争論』を都合よく解釈したり，誤解あるいは批判したりした．では，『戦争論』は，なぜ，どのように誤解されたのかその一例を紹介しよう．クラウゼヴィッツは，ナポレオン戦争によってもたらされた国民を総動員する戦争の変革に衝撃を受け，それが動機となって『戦争論』を執筆した．そして，クラウゼヴィッツが『戦争論』の部分的な修正しか果たせずに死んでしまったため，ナポレオン的な「絶対戦争」の部分がそのまま残されてしまった．したがって，後世の，とくにモルトケ（Hermuth von Moltke）やシュリーフェン（Alfred von Schlieffen）のようなドイツの軍人たちは，敵の軍隊を戦場において完全に撃滅することによって有利な条件で相手に講和を強要す

---

[10] クラウゼヴィッツ『戦争論』レクラム版 pp.14-15.

るという「殲滅戦思想」のゆえに『戦争論』を称賛したのである[11]。

● 5-3-2　『戦争論』の日本における受容と解釈

　ここでは，ドイツの軍事思想の日本への影響を見てみよう。明治維新を経て近代化に乗り出した日本は，それまでのフランス式の軍事制度をドイツ式に改めた。ドイツの軍事制度を取り入れることは，ドイツ統一戦争後から第1次世界大戦までの世界的な潮流であった。このドイツ式の軍事制度は，日清・日露戦争の勝利にみられるように，日本の急速な軍事力の強化に役立った。なお，『戦争論』は，森鷗外の翻訳によって日露戦争の前年（1903年）に出版されている。また，『戦争論』の日本での本格的な出版は，昭和7年に馬込健之助（本名淡徳三郎）訳が岩波文庫に収録されてからである。

　明治11年（1878年），プロイセン・ドイツを模範として参謀本部が発足した。これにともない，明治16年に参謀将校の養成機関として陸軍大学校が設置された。そして，ドイツ参謀本部から，モルトケ参謀総長が推薦するメッケル（Klemens Jacob Mekkel）少佐が新設の陸軍大学校に招かれた。メッケル少佐は，明治18年から21年まで3年間，陸軍大学校で熱心に教育にあたり，創設されたばかりの陸軍大学校や日本陸軍全体に大きな影響を与えた[12]。しかしながら，モルトケも，メッケルもクラウゼヴィッツを本当に理解していたかどうかは疑わしい。

　明治18年（1885年），内閣制度の発足とともに「帷幄上奏」の制度が生まれた。これはドイツの制度を取り入れたもので，この制度によって軍令事項（軍隊の運用に関わること）は内閣の外におかれることになった。明治22年の大日本国憲法には，第11条に「天皇ハ陸海軍を統帥ス」と規定された。第11条は，天皇の「統帥大権・軍令大権」と呼ばれ，実際にはその権限を参謀本部と軍令部が担うことになり，のちに軍部が独走して政治による軍事の統制ができない原因となった。このように，日本はドイツの軍事制度を取り入れたが，それは『戦争論』で否定されている軍事が政治に優先する制度だった。そして，このような傾向は日本では第2次世界大戦における敗戦まで続くのである。

● 5-3-3　クラウゼヴィッツ・ルネッサンス

　第2次世界大戦後は，大戦末期に登場した核兵器に関心が集中したため，核戦略に関する理論が議論の中心になり，『戦争論』のような戦争の本質に対する関心は低かった。しかし，核戦略の理論にも政治と戦争の関係というクラウゼヴィッツの中心的な命題は生きているのである。また，核戦力が抑止力として存在していても，通常戦争や地域紛争は引き続き発生した。そして，朝鮮戦争やベトナム戦争では，政治と軍事の対立や，戦争における政府，軍隊や社会の相互関係などが問題になり，人々は再び『戦争論』に注目するようになった。

　1970年代の後半にあい次いでクラウゼヴィッツに関する著作が出版され，クラウゼヴィッツ・ルネッサンスともいうような状況が生まれた。フランスのレイモン・アロン（Raymond Aron）は，『戦争を考える――クラウゼヴィッツと現代の戦略』を著し，それまで出版されていたクラウゼヴィッツに関する論文のすべてに目を通し，改めて『戦争論』を高く評価した（Aron, 1976/邦訳一部, 1976）。また，米国のスタンフォード大学教授のピーター・パレット（Peter Paret）は『クラウゼヴィッツと国家』を出版し，広範なクラウゼヴィッツ研究の成果を世に送り出した（Paret, 1976/邦訳, 1988）。この著作は，クラウゼヴィッツの戦争理論が生み出された時代背景や彼の生い立ちに焦点を当てて解説したもので，難解な理論をより親しみ

---

11) ブライアン・ボンド『戦史に学ぶ勝利の追求』p.70. モルトケやシュリーフェンの戦略思想については，ピーター・パレット編『現代戦略思想の系譜』を参照。
12) 日本陸軍に対するメッケル少佐の影響については，上法快男『陸軍大学校』（芙蓉書房出版，昭和48年），三宅正樹『日独政治外交史研究』（河出書房新社，1996年）などを参照。

やすいものにしている。

　1976 年，ピーター・パレットとオックスフォード大学教授のマイケル・ハワード（Michael Howard）の共編・共訳による英語版の『戦争論』が出版され，1984 年にはペーパーバックとなって広く普及した。これは，すばらしい英訳で非常に読みやすい[13]。このように，『戦争論』やクラウゼヴィッツに関する研究が進み，出版物として世の中に普及することで，『戦争論』は人々に正しく理解されるようになったのである。

5-4　結論に代えて：『戦争論』とその後の戦争

　ここで，『戦争論』が出版されてからの戦争とその傾向について考察してみよう。ナポレオン戦争以降，戦争に国民が参加することが常態となった。その結果は，戦争の激烈化である。戦争の激しさは右肩上がりに増大し，第 2 次世界大戦において最高潮に達した。そして，第 2 次世界大戦においては，核兵器が使用されたのである。

　ヨーロッパでは，ナポレオン戦争以後ドイツ統一戦争を除いて平和な時代が続いた。その一方で，ドイツ統一戦争の結果ヨーロッパに新たな国民国家が成立し，ドイツ統一戦争は考えられる最もクラウゼヴィッツ的な，少ないコストで大きな利益がえられる戦争であると考えられた。すなわち，ドイツ統一戦争やその後の日露戦争を通じて，戦争は国家の発展や繁栄に寄与する有効な手段であると広く認められるようになったのである。しかし，第 1 次世界大戦では，各国の期待はまったく裏切られる結果となった。

　第 1 次世界大戦は，各国が保有する人的・物的資源を総動員して戦う歴史上はじめての国家総力戦だった。産業革命後の工業化の進展によって，砲弾などの大量生産が可能になった。戦争を支える生産活動には女子や未成年者が動員され，しかも，配給制度などの経済統制が行われ，国家の保有する資源が際限なく戦争に注ぎ込まれた。このような総力戦では，最終的に保有する資源が枯渇するまで戦争は続けられ，必然的に長期戦になって国家は崩壊に至る。『戦争論』の主張とはまったく反対に，政治的目的の価値以上に被害が甚大であるにもかかわらず，両陣営ともに軍事的勝利を追求した結果である。

　第 2 次世界大戦では，第 1 次世界大戦ではじめて登場した戦車や航空機などがさらに発達し，この大戦の様相を決定づけるようになった。科学技術の進歩は，戦争における破壊力や作戦の幅を飛躍的に増大させた半面，大量の死傷者や破壊をもたらした。第 2 次世界大戦は，クラウゼヴィッツが述べる「絶対戦争」の姿に限りなく近いように見える。戦争において敵の完全な打倒が最も重視されれば，暴力がその極限まで行使される絶対戦争に到達するのである。

　核兵器は，人類が戦争における破壊力の増大を追求した結果生み出されたものである。クラウゼヴィッツは，戦争とは「わが意思を相手に強要するための力の行使である」と定義し，この力は「技術と科学を創意工夫して準備される」と述べている[14]。この意味で，核兵器の使用は相手を屈服させてわが意思を強要するための，最高の「力の行使」と言えるであろう。ところが，相互に核兵器を使用する戦争は，戦争によって得られるいかなる利益も上回る破壊をもたらすので，政治目的の達成には寄与しないのである。したがって，クラウゼヴィッツの戦争理論からすれば，核戦争（絶対戦争）は無意味であり，政治によって回避されなければならな

---

13) Carl von Clausewitz, *On War*, ed. and trans. Michael Howard & Peter Paret (1976). Princeton, NJ: Princeton University Press.
14) クラウゼヴィッツ『戦争論』レクラム版　p.22.

いものとなる。このことから，人々は，『戦争論』を政治による戦争の制限を強調する理論として注目するようになったのである。

　そして，冷戦が終結した現在，これまで抑えつけられていたさまざまな利害の対立が表面化し，世界はより混沌としている。二度にわたる大戦を経て国際連合という集団安全保障体制ができたが，国際的なテロ活動や「ならず者国家」に対して国連が有効に機能を発揮するとは必ずしも言えない。このようなことから，「戦争とは何か」やその防止について改めて関心が集まっている。

　『戦争論』の中にも，このような問題に対する解決策は示されていない。クラウゼヴィッツは，戦争が「武力による決定」であるという冷厳な事実を指摘しただけであって，問題の解決法までは提示していないのである。右に進むべきか，左に進むべきかという困難な問題に対応し，解決に導くのはあくまで現代を生きる私たちである。そして，戦争の本質と取り組んだ『戦争論』は，問題解決に際して，人々にそのための手がかりを与えてくれるであろう。

第6章　マクナマラの戦略システム

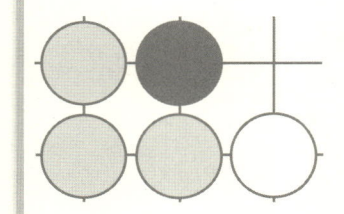

孫崎　享

戦略は軍事から出発した。

しかし今日戦略は軍事に限定されない。今日，戦略が最も求められるのは企業である。

米国の著名な大学ではビジネス・スクールをもち，経営戦略を学ぶ。この経営戦略は経済学の一分野としてスタートしたのか。あるいは軍事戦略を学ぶことからスタートとしたのか。

経営戦略は出発点では軍事戦略から学び発展している。

軍事戦略と経営戦略の融合の中心にマクナマラ（R. S. McNamara: 1916-2009）がいた。このマクナマラがどのようにして軍事戦略の大家になるか，そして経営戦略の基礎を提供することになるかを見てみたい。

マクナマラは1940年，ハーバード大学ビジネス・スクールの助教授になる。ここで，統計を教える。マクナマラの出発点は学者である。

第2次世界大戦が勃発し，米軍には何千という航空機が戦争に投入された。この管理が問われる。軍にはまだ十分な管理システムがない。ここでマクナマラが米軍に呼ばれ，管理システムの構築に参画した。爆撃機の運用にもかかわる。ここではマクナマラは対日空爆作戦にも関与した。

第2次世界大戦後，マクナマラを中心とする十人の「神童達（Whiz kids）」と呼ばれるグループが空軍の管理システムをもって，米国自動車会社フォード社に移籍し企業経営に適用した。1960年マクナマラはフォード社社長に就任する。

米国政府にとって最も重要なポストが国防長官である。とくに1960年代米ソ冷戦の最中にはきわめて重要な役職である。ケネディ大統領は大統領に就任するや，マクナマラの才能に着目し，国防長官に指名した。

マクナマラはフォード社で磨いた管理システムを今度は再び国防省に導入した。マクナマラはここで戦略システムを完成させる。

マクナマラはもともとハーバード大学と密接な関係をもっている。マクナマラの戦略システムが今度はハーバード大学ビジネス・スクールで企業戦略に利用される。今日の経営戦略は，マクナマラの軍事戦略システムと深く関連している。ダベンポート（T. Davenport）ハーバード大学教授は「マクナマラは公的，私的分野でシステム的かつ分析的に考えた最初の人物であろう」と評した。この評価が『ハーバード・ビジネス・レビュー』に掲載されている。

図6-1においてマクナマラ戦略を表示する。

私たちは戦略的に考えているという。しかし，どの程度求められるべき思考プロセスを踏んでいるか。

外部環境を客観的に分析しているか。

外部の情勢と自分のプラスマイナスを正確に把握しているか。

何をなすべきかの目標をしっかりもっているか。

目標を達成するために，複数の手段を考えているか。それぞれの比較を十分行っているか。

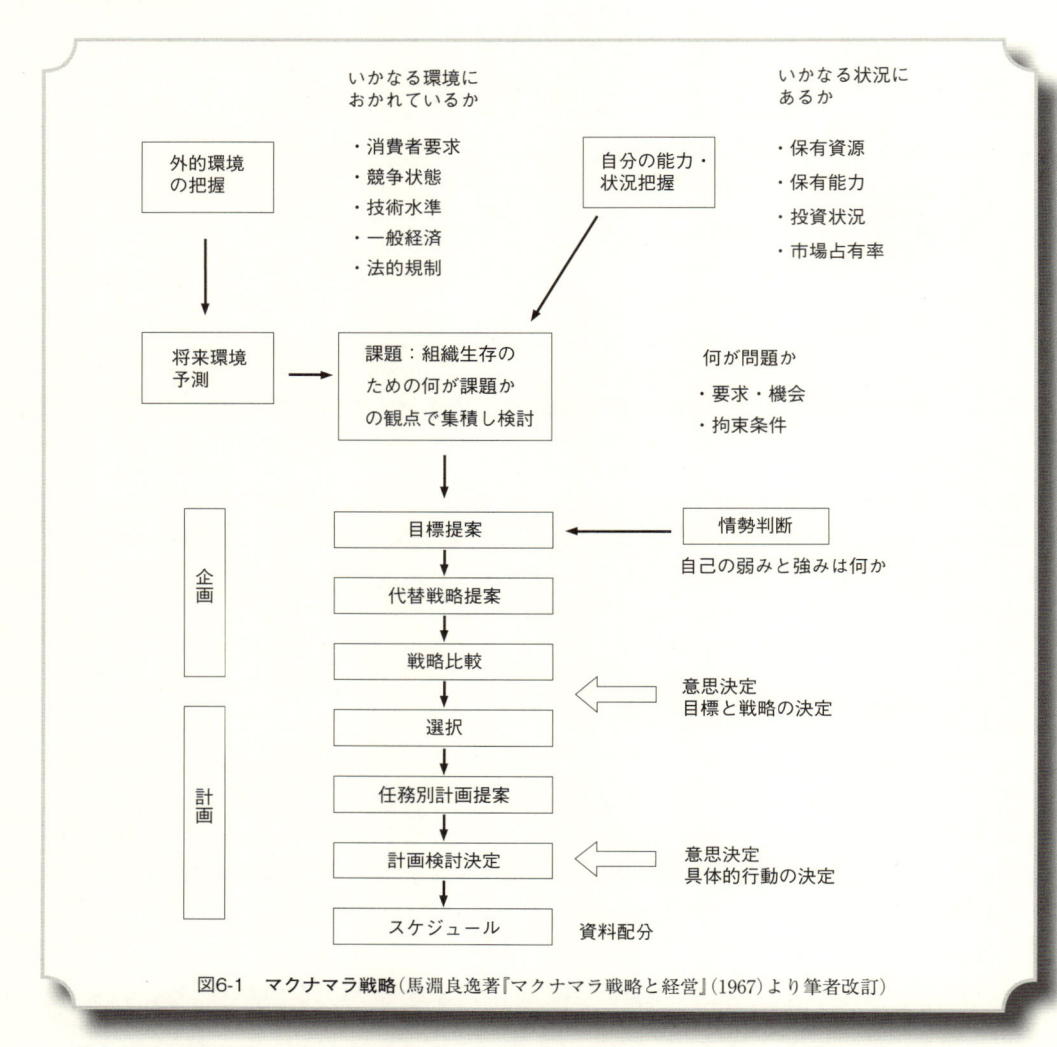

図6-1　マクナマラ戦略（馬淵良逸著『マクナマラ戦略と経営』(1967)より筆者改訂）

日本人は任務遂行計画の段階になると抜群の力を発揮する。問題は「外部環境の把握」「自己のプラスマイナスの把握」「明確な目標設定」「目標実現のための複数の手段の考察」を十分に行っているか否かである。

● 6-1　外部環境の把握

マクナマラ戦略の出発点は外部環境の把握にある。

歴史をみると，情勢分析が客観的に行われず，正しい戦略が構築されなかった例はきわめて多い。

たとえば真珠湾攻撃の時を見てみたい。

英国首相だったチャーチル（W. L. Spencer=Churchill）は，『第二次大戦回顧録』（河出書房新社，1972年）に真珠湾攻撃の日の感銘を次のように記している。

「17ヵ月の孤独の戦いの後，真珠湾攻撃によってわれわれは戦争に勝ったのだ。日本人は微塵に砕かれるであろう。私はかねて米国の南北戦争を研究してきた。米国は巨大なボイ

ラーのようなもので，火がたかれると，作り出す力に限りがない。満身これ感激という状況で私は床につき，救われて感謝に満ちたものだった」。

では，日本側はどうであろうか。

大本営の文書（大本営政府連絡会議決定，昭和16年11月13日）は「独伊と提携して先づ英の屈服を図り，米の継戦意志を喪失せしむるに勉む」「対米宣伝謀略を強化す。日米戦意義指摘に置き，米国輿論の厭戦誘発に導く」としている。「米国が途中で継戦意志を失う」という前提で戦争を実施している。

チャーチルは「真珠湾攻撃によってわれわれは戦争に勝ったのだ。日本人は微塵に砕かれるであろう。私はかねて米国の南北戦争を研究してきた。米国は巨大なボイラーのようなもので，火がたかれると，作り出す力に限りがない」と判断している。日本側は「独伊と提携して先づ英の屈服を図り，米の継戦意志を喪失せしむるに勉む」「米国輿論の厭戦誘発に導く」としている。評価は180度異なる。

なぜこの差がでるのであろうか。1つは研究の差である。チャーチルの母はアメリカの銀行家レナード・ジェロームの次女で社交界の花形であった。当然米国の内情に詳しい。他方日本はどうであろうか。筆者は第2次世界大戦中日本軍のソ連課長をしていた人を知っていたが，戦時中満州国に勤務し，南方に部隊ごと移動を命じられたので，「南方では米国と戦うことになる。米国戦略を勉強したいので資料送付を本国に頼むと，そんなものはないと言われた」と述懐した。米国を真剣に研究してきていない。

日本の通例として，しばしば政策が先に決まり，後付けとして，政策を正当化する情報が求められるケースがしばしばである。本来情報→政策となるべきところが逆に政策→情報（政策を正当化するため）がしばしば起こる。

チャーチルは「日本人は微塵に砕かれるであろう。米国は巨大なボイラーのようなもので，火がたかれると，作り出す力に限りがない」と判断した。そして拠り所として「私はかねて米国の南北戦争を研究してきた」ので「米国は一端戦争になると最後の1インチまで戦う」ことを知っているとしている。

当時の日本の軍隊で南北部戦争を研究し，ここから米国の戦争の戦い方を学んだ人がどれ位いたか。

筆者は「情勢判断の不備と敗戦」という表（p.119参照）を作成しているが，これは追って「インテリジェンス論」で紹介したい。

6-2 自己の能力・状況把握

次いで自己の能力，状況把握を見てみたい。
経営戦略の分析手段にSWOT分析がある。

SWOT分析とは，目標を達成するために意思決定を必要としている組織や個人の，プロジェクトやベンチャービジネスなどにおける，強み（Strengths），弱み（Weaknesses），機会（Opportunities），脅威（Threats）を評価するのに用いられる戦略計画ツールの1つである。組織や個人の内外の市場環境を監視し，分析している。フォーチュン500のデータを用いて1960年代から70年代にスタンフォード大学で研究プロジェクトを導いたアルバート・ハンフリー（A. Hamphrey）により構築された（ウィキペディアの解説より引用）。

フレッド・デイビッド（F. R. David）著の『戦略的マネジメント』にある TOWS マトリックスを見てみたい。

SWOT 分析で重要なことは，自分の「強み」と「弱み」を認識し，「機会」と「脅威」にどう対応するかを考える必要がある。逆に言えば，自分の「強み」と「弱み」を十分認識していない戦略は不十分なものと言える。

日本の国家戦略を論ずる時に，自分の「強み」と「弱み」を認識し，そこから戦略を組み立てる発想が弱い。自分の「強み」と「弱み」の認識は戦略の出発点である。

表6-1　TOWS マトリックス

	強み：S 強みの一覧表	弱み：W 弱みの一覧表
機会：O 機会の一覧表	SO戦略 強みを生かして機会を最大限に活用する	WO戦略 機会を最大限活用することで，弱みを克服する
脅威：T 脅威の一覧表	ST戦略 強みで脅威を最小限にする	WT戦略 弱みを最小限にして脅威を避ける

● 6-3　目標の設定

戦略は「外的環境の把握」を行い，それに合わせ，「自己の能力・状況把握」を行う。その後，目標の設定を行うが，この目標の設定が意外に甘い。

『こころにひびくことば』（PHP 研究所）は故時実新子氏（川柳作家）の「太郎を呼べば太郎は来る。花子は来ない」を載せている。時実新子氏はこの中で，「祖母からの口移しなので，出典は明らかではありません。祖母が言うには『呼べば呼んだ人が来るじゃろ？　太郎サーンに花子は来ないわな』」と記述している。

人を呼びたいと思う。太郎を呼ぶか，花子を呼ぶかで方向はすっかり変わる。しかし，太郎にするのか花子にするのかを明確にせず，漫然と人を待つことが多い。

明確な目標設定が必要である。

● 6-4　戦略比較

なぜ，日本人はなぜ戦略に弱いとされるのか。

今日，日本の首相官邸では日々，各省庁が重要政策について首相に説明をする。それぞれの省庁が各々の省庁が生存をかけていると思う政策を首相に説明し，それが国家の政策となる。この過程で，複数の可能性を説明することはない。現在の政策の意義が述べられ，その手順が説明される。日本の政策決定過程で政策比較がなされることはほとんどない。

しかし，根本戦略を比較検討する作業は，一見簡単なようで，しかし現実にはその実施はなかなか行われていない。

『ハーバード・ビジネス』（HBS, 2004年4月号）でマクナマラが述べたことを見てみたい。

「すべての大きい機関においては基本的かつ議論を呼ぶ問題はしばしば表に出てこない。デトロイトの自動車会社でもそう，ベトナム戦争に関してもそう。イラク戦争についてもそう。ベトナム戦争時代のドミノ理論（ベトナムが共産化すれば一斉に共産化するというドミノ現象が起こる。この論に基づき米国はベトナム戦争に介入）は政府の上層部で決して議論されなかった。イラク戦争も同様である」。

このマクナマラ発言を受けて2007年10月ハーバード・ビジネス・スクールはガリー・エモンズ（G. Emmons）著「政策決定で反対を奨励しよう」（Encouraging Dissent in Decision-Making）を掲載している。

「ケネディ大統領は1961年キューバ侵攻ピッグ湾作戦に思慮なくサインしたばかりに米国外交最大の失態を演じた。1996年エベレスト登山において，チームの下級メンバーはリーダー格が基本原則を無視していることを指摘できなかった。そして悲劇を招いた。2003年NASAで技術的ミスを指摘できなかった。その結果コロンビア号の事故を招いた。エドモンドソン・ビジネス・スクール博士課程学科長は『沈黙を守るという欠陥は米国の私的，公的組織で蔓延している。ハイテク企業で200人にインタビューしたが，彼らは重要と思うことでも発言しない。それは一概に悪いニュースだけではない。発言が歓迎されると思わない限り，良いニュースも発言しない。発言の結果出て来る（マイナス）コストは確実で，すぐ現れる。他方，発言の（プラス）効果が現れるのは先で，未確定なものを含んでいる。だから発言を控える』という心理が働く。一般通念への挑戦は企業や個人を混乱させる。『船を揺するな（Don't rock the boat）』や『一緒に行くことで調子を合わせられる（You get along by going along）』は時代遅れの呪文のようであるが，今も健全な助言と見られている」。

6-5　マクナマラ戦略と経営戦略

馬淵良逸著『マクナマラ戦略と経営』（1967）という書籍がある。この時期，米国においては，「マクナマラ戦略と経営戦略」が論じられていた。マクナマラ戦略は経営戦略に大きい影響を与えた。

ポーター（M. E. Porter）著『競争の戦略』（1982）は企業戦略の古典的著書である。ここでは「企業戦略策定のプロセス」を次のように示している。

A：企業が今行いつつあるものは何か
（1）どんな戦略か
（2）戦略の基礎になっている仮説（前提）は何か
B：企業環境に何が起こりつつあるか
業界分析，競争者分析，社会分析，自己の長所と短所
C：企業は今後何をしなければならないか。

マクナマラ戦略は，戦略手順をシステム化した。マクドナルドの企業課題を例にして，各々

の課題がマクナマラ戦略のどの部分に該当するかを考えてみよう（注：マクドナルドの抱える問題はポーター・ハーバード教授著『戦略読本（*The Strategy Reader*）』より引用）。

(1) 日本・インド・南米と異なる嗜好への対応を考える―「課題検討」
(2) ロシアにおける輸送の円滑化―「スケジュール」
(3) 英国での「狂牛病」対策―「外的環境の把握」「任務別計画提案」
(4) バーガー・キングなどからの挑戦―「外的環境の把握」「情勢判断（自己の強み）」「戦略比較」
(5) 訴訟への対応―「外的環境の把握」「任務別計画提案」
(6) 新製品の開発―「外的環境の把握」「自己の能力・状況把握」「課題検討」「戦略比較」「任務別計画提案」

上のマクドナルドが抱える問題点は，処理いかんで，マクドナルド社に致命的打撃を与える。日本企業もマクドナルドと類似した課題を抱えている。マクナマラ戦略はすべての組織に有益である。

6-6　マクナマラの軍事戦略：相互確証破壊戦略

国防長官としてのマクナマラの最大の功績は戦略システムの構築にあったわけではない。軍事的には相互確証破壊戦略を米国軍事戦略に定着させるという偉業を達成した点に最大の功績が見てとれる。

核兵器の出現は戦略を一転させた。キッシンジャー（Henry A. Kissinger）の『核兵器と外交政策』の説明が核心をついている。

「熱核兵器の保有が増大することによって，戦争があまりにも危険なものと言わないまでも，少なくとも割の合わないものにさせる一種の行き詰まり状態を作り出している。それはもはや，戦争が考えられる政策追求の手段ではないという見識である」。

核戦略の核心は相互確証破壊戦略である。次の図を見てみよう。

(1) 反撃能力がない場合

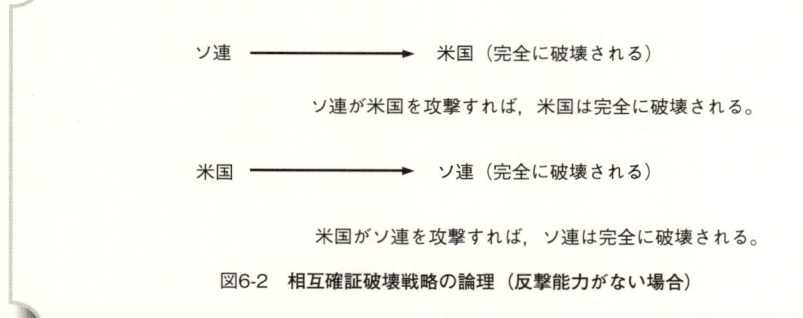

ソ連　――――→　米国（完全に破壊される）

　　　　ソ連が米国を攻撃すれば，米国は完全に破壊される。

米国　――――→　ソ連（完全に破壊される）

　　　　米国がソ連を攻撃すれば，ソ連は完全に破壊される。

図6-2　相互確証破壊戦略の論理（反撃能力がない場合）

この状態のなか，米国・ソ連とも最初に攻撃したら，相手を打ち負かせる。量・質の点でどちらが比較優位にあるかは問題ではない。最初に攻撃した方が勝ちだ。大変に危険な状況であ

る。

(2) 米国だけに反撃能力がある場合

```
ソ連 ―――――――→ 米国（米国本土は完全に破壊される）
                 ←―――
完全に破壊される   米国生き残りの核兵器


ソ連 ←――――――― 米国

ソ連は完全に破壊される。報復手段はない。
```

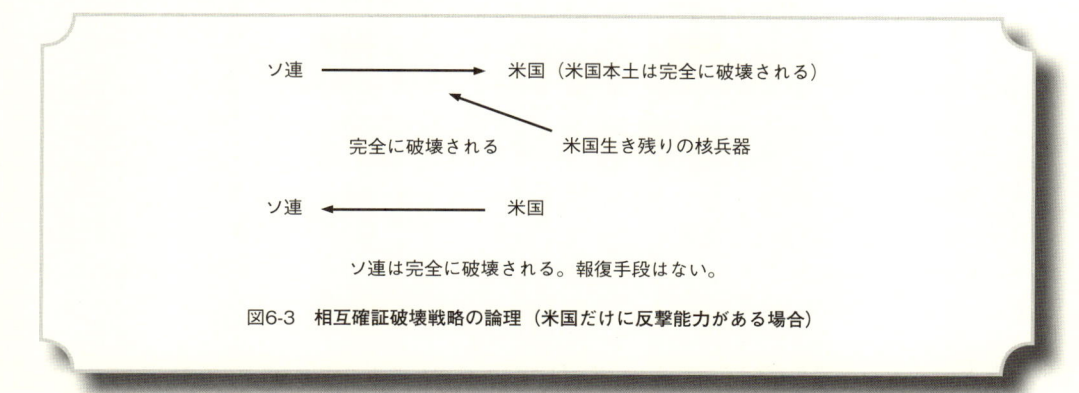

図6-3　相互確証破壊戦略の論理（米国だけに反撃能力がある場合）

米国に攻撃される位なら先制攻撃をし，ほとんど破壊して，たとえばワシントンだけ残し，米国が報復攻撃にこないことを期待する。

(3) 双方に反撃能力がある際

```
ソ連 ―――――――→ 米国（米国破壊される）
（ソ連破壊される）
                 米国生き残りの核兵器


ソ連 ←――――――― 米国（米国破壊される）
（ソ連破壊される）

ソ連生き残りの核兵器
```

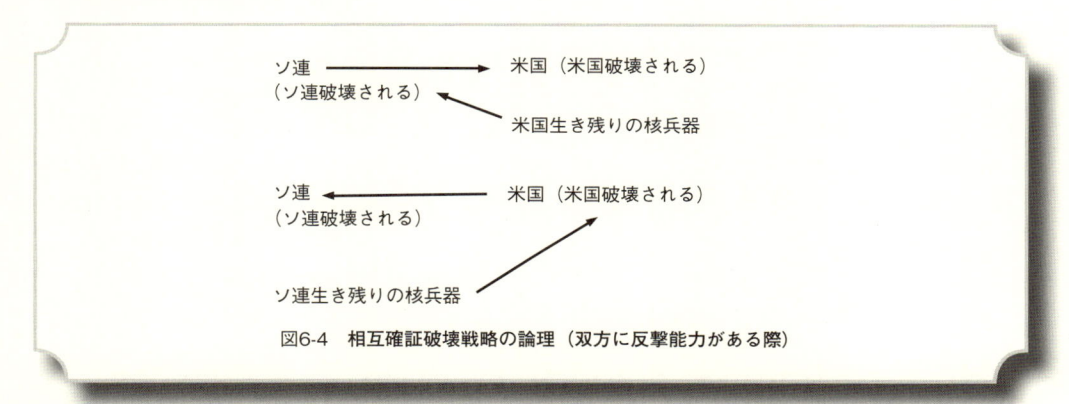

図6-4　相互確証破壊戦略の論理（双方に反撃能力がある際）

双方とも，攻撃すれば自滅することがわかる。したがって相手が先制攻撃する意味がないことを双方が理解し攻撃しない。

核兵器時代，米国にとっての悪夢は「ある日突然ソ連が核兵器で攻撃することを決めたらどうするか」である。ソ連が「米国を攻撃しよう」と思ったら，米国は完全に壊滅する。これをどう防ぐか。これが米国戦略家の最大の課題だった。

米国は戦略ミサイル搭載の原子力潜水艦を海深く潜らせている。ソ連が米国本土を攻撃してもこの原子力潜水艦は生き残る。これがソ連に壊滅的な攻撃を行う。したがって，ソ連は先に核攻撃を行うことで米国を壊滅的に破壊できるが，同時に自国も報復攻撃を受けて，壊滅的な破壊を受ける。

こうしたなかで，ソ連はどういう時に先に攻撃をするか。それは米国がソ連に先に核攻撃すると思った時である。相手が先に核攻撃をすると思ったら自分から先に核攻撃する。しかし，もし，米国が先制攻撃をしても，ソ連も同様に大量の核兵器を生き残らせることができて，依然として米国を完全破壊できる能力があるなら，米国は自国を完全に壊滅することにつながる政策はとらないだろうと確信できる。したがって先に核攻撃をする必要がない。相互確証破壊戦略とは，双方とも，相手国が先に攻撃してきても，依然としてお互いの国を完全破壊できる

能力をもつことで，先制攻撃を阻止する構想である。順を追って，考えてみたい。

「相互に」「確実に」「相手国を破壊できること」を保障しあうことにより，互いに先制攻撃を避ける戦略である。このことは，相手につねに自国を完全に崩壊させる能力を認めることである。これは人類の長い戦略の歴史のなかで初めての構想である。

マクナマラ国防長官は1965年2月の国防報告の中でもし敵が第一撃を仕掛けてきても，その敵に対して，耐えられないような大きな損害を与える反撃力を米国が保有していることをはっきり認識させ，米国に対する核攻撃を思いとどまらせる。この能力を確証破壊戦略と呼ぶと指摘した。あわせて，ソ連の核戦力に対抗する時，我々がいかに大規模な部隊を整備しても，我が国民を完全に防御することは事実上不可能であると指摘した。

マクナマラ国防長官が確証破壊戦略を確立する。こうして，核戦略は確立された。それは歴史上多くあった戦略とまったく異質のものである。「勝つための戦略」から「戦わないための戦略」への転換である。

ソ連と米国の関係は今日のロシアと米国の関係である。

同じく核兵器を次第に大量にもち始めた中国との関係でもある。

では相互確証破壊戦略をもつ時，同盟国への「核の傘」はどうなるのであろうか。

これを時系列的に眺めてみよう。

まず，米中間には，「お互いに相手から攻撃されても反撃能力を残し，先制攻撃の誘惑を断つ。したがって，どちらからも相手に対して先制攻撃をしない」という確証破壊戦略が存在していると想定しよう。

第一段階：中国は日本を核で脅す。

第二段階：日本は米国に助けを求める。

第三段階：米国は「日本を核攻撃したら米国は中国を核攻撃する」と脅す。

第四段階：中国は「それなら米国の都市を報復として攻撃する」という。米国はそれを受け入れられない。ということは米国は第三段階に移行できないことを意味する。つまり「核の傘」は機能しない。

「核の傘」に関しては米国の関係者は次のように言及している。

キッシンジャーは，代表的著書『核兵器と外交政策』の中で，「核の傘」はないと主張した。

- 全面戦争という破局に直面したとき，ヨーロッパといえども，全面戦争に値すると（米国の中で）誰が確信しうるか，米国大統領は西ヨーロッパと米国の都市50と引き替えにするだろうか。
- 西半球以外の地域は争う価値がないように見えてくる危険がある。

また，1986年6月25日付読売新聞一面トップは「日欧の核の傘は幻想」「ターナー元CIA長官と会談」「対ソ核報復を否定。米本土攻撃時に限る」の標題のもと，次の報道を行った。

「軍事戦略に精通しているターナー前CIA長官はインタビューで核の傘問題について，アメリカが日本や欧州のためにソ連に向けて核を発射すると思うのは幻想であると言明した。我々は米本土の核を使って欧州を防衛する考えはない。アメリカの大統領が誰であれ，ワルシャワ機構軍が侵攻してきたからといって，モスクワに核で攻撃することはありえない。そうすればワシントンやニューヨークが廃墟になる。同様に日本の防衛のために核ミサイルで米国本土から発射することはありえない。我々はワシントンを破壊してまで同盟国を守る考えはない。アメリカが結んできた如何なる防衛条約も核使用に言及したものはない。日本に対しても有事の時には助けるだろうが，核兵器は使用しない」。

長い間，戦略は「戦うため」の思想である。とくにクラウゼヴィッツの戦争論は戦うための戦略本である。

しかし確証破壊戦略の定着によって，戦略は戦わない戦略の思索を始める。その代表的なものの一つがすでに紹介したシェリングの考え方（『紛争の戦略―ゲーム理論のエッセンス―』）（第Ⅱ部総論参照）で，協調の可能性を大きく指摘している。

トーマス・フリードマン（T. L. Friedman）は著書『レクサスとオリーブの木』（草思社，2000）で世界を2つに分けた。1つは「オリーブの木」の世界である。1本のオリーブの木がどちらの国に属するかをめぐって戦争する状態である。今1つは，「レクサス」に代表されるようにどこで生産されたかは問わない，良いものを求める共通の価値観を追求する世界である。前者は対立の世界，後者は協調の世界である。後者が真剣に検討された背景に，戦争をしない確証破壊戦略がある。

マクナマラのシステム分析は経営戦略に発展した。マクナマラが米国戦略体系の中に定着させた「確証破壊戦略」は共存の理論を進化させた。マクナマラが戦略思想の発展に与えた功績は大きい。

第Ⅲ部
戦略論の領域

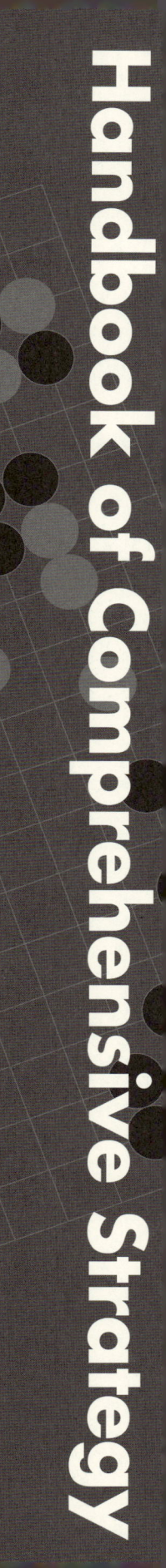

第1章　総　論

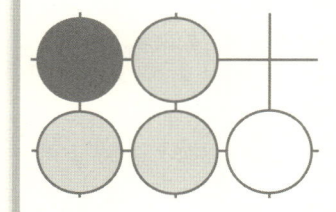

孫崎　享

　本書の特色は，ゲームの理論や孫子，クラウゼヴィッツなどの戦略理論に加えて，各分野で活動している者が戦略をどのようにとらえているかを組み込んだ点にある。
　今一度戦略の定義を見てみよう。
　戦略は「人，組織が死活的に重要だと思うことに目標を明確に認識する。そしてその実現の道筋を考える。かつ，相手の動きに応じ，自分に最適な道を選択する手段」である。
　人，組織が何を死活的に重要であるとみなすかは，人，組織によって異なる。
　自衛隊の人に聞けば，「いかに軍事的に攻められないか」と答えるであろう。
　企業の方に聞けば，「ライバル企業との戦いに勝ち，いかに安定した基盤と，販売分野を拡大していくか」と答えるであろう。
　戦略論を理論として学んだだけでは，完全でない。
　具体的に各々の活動分野に，戦略論をいかに活用するかを考える必要がある。
　本書では，さまざまの組織体にあって，戦略的思考をつねに求められる人に，戦略を語ってもらうことを企画した。
　最初は大河原昭夫・住友商事総合研究所所長である。
　今日，日本企業の中で，最も戦略的思考を求められているのが総合商社であろう。さまざまな事業で海外展開の比重がきわめて高い。外部環境は刻々変わる。それに応じて自己の能力を見極めつつ，対応策を打ち出すことが日々求められる。テンポが早いから，戦略の是非が結果としてすぐに出てくる。
　住友商事は日本の総合商社の中でも，トップに位置する。住友商事総合研究所所長を執筆陣に加えられたことは，きわめて幸運であった。
　次いで，北山禎介・三井住友銀行会長である。
　北山氏は日本の経済界の中で，最も戦略部門に関与されてきた。平成9年6月さくら銀行取締役，平成13年4月三井住友銀行設立時に統合業務の中核を担い，常務，平成17年6月三井住友フィナンシャルグループ代表取締役社長・三井住友銀行代表取締役会長の経歴をもたれている。
　北山氏の金融戦略を学ぶだけでも，この書を手にする価値がある。
　北山氏の論文を拝見して感ずることは，論理の組み立てが，見事にマクナマラの戦略システムに合致していることである。マクナマラの戦略システムにおいては，外的環境の把握，将来環境の予測から始まっている。北山氏の論文もまさにその順を追っている。戦略理論と実践の調和を北山氏の論文から学ぶことができる。
　次いで，網倉久永氏の経営戦略がある。
　戦略は軍事戦略を中心に発達した。しかし，第2次世界大戦以降，戦略論は経営分野で進化した。今日，経営戦略を学ばないで，戦略論は語れない。

経営戦略の基礎を築いた一人にポーター・ハーバード大学教授がいる。彼は著書『競争の戦略』の中で，他者に打ち勝つ戦略は，①コストのリーダーシップ（「同業者よりも低コストを実現する」），②差別化（業界の中でも特異だとみられるなにかを創造する。製品設計やイメージの差別化，テクノロジーの差別化，顧客サービスの差別化，製品特徴の差別化，ディーラーネットワークの差別化など），③集中（特定の買い手グループ，製品の種類，特定の地域市場など企業の資源を集中）のいずれかを採用する必要があるとし，戦略策定には綿密な競争者の分析が必要で，企業が依存し合っているところに企業間競争の特性があると言う。したがって，戦略が成功するには，自社の動きに対して競争相手がまともに対応するように仕向ける必要があると記述している。

経営戦略の説明はさまざまな切り口がある。いかなる流れがあるかを説明するのもその一つである。

経営戦略論の流れを見てみたい。

（1）デザイン学派（design school）：この流れは，外的環境の把握，内部の評価から戦略の創造を重視する。外部環境の変化に関しては社会的変化（顧客の嗜好変化，人口動態），政治的変化（法的枠組みの変化），経済的変化（金利，為替レート，個人所得の変化），競争状況の変化，サプライヤーの変化，マーケットの変化などがある。

（2）プラニング学派（planning school）：SWOT分析（力—Strength，弱さ—Weaknesses，機会—Opportunities，脅威—Threats）を利用し，目標，予算，プログラムに関する運用プランに落とし込む。

（3）ポジショニング学派（positioning school）：企業経営において，コストのリーダーシップ，差別化，集中のどの位置をとるのか，その各々の立ち位置によって戦略を考える。

ポジショニング（positioning）では，企業を市場成長率とマーケットシェアを軸に，花形企業（star），問題児（problem child），金のなる木（cash cow），負け犬（dogs）のいずれに位置するかを見極め各々の戦略を考えるプロダクト・ポートフォリオ・マネジメント（Product Portfolio Management：外部変数：市場や産業の成長性・魅力度などと，内部変数：自社の優位性・競争力・潜在力の2つの視点から，製品や事業ごとに収益性，成長性，キャッシュフローなどを評価し，その拡大，維持，縮小，撤退を決定する）がある。

経営戦略に次いで，本書ではドイツとイスラエルの戦略を解説する。

ドイツは第2次世界大戦後，特異な環境の下，独特の戦略を構築する。

ドイツは第2次世界大戦に敗れた。その点は日本と同じである。しかし，日本は天皇制を維持し，日本国政府をもった。その上に連合国軍司令官マッカーサーがいて指示を行う間接統治の方法をとった。しかし，ドイツは終戦後，中央政府はない。米英仏露軍の管轄する四地域に分割された。将来，統一ドイツ国家ができるのか，分割国家か，国家の有り様も定まっていない。

他方，領土は分割されている。近代ドイツの基礎はドイツ帝国にある。ドイツ帝国はプロイセンを母体にしている。しかし第2次世界大戦後プロイセンのほとんどがポーランド領になる。それに見合うポーランド領がソ連に分けられた。また，アルザス・ロレーヌ地域は仏領となった。

こうしたなかで，ドイツは軍備を強化し領土の復活を目指すのではなく，欧州の一部として生きる道を選択した。相互依存関係を強化し，国の安全を図る道である。

そうした意味で，ドイツの安全保障戦略には独特のものがある。

他方イスラエルはドイツの進み方の対極にある。

第2次世界大戦後，それまで人々の住んでいた場所に突然イスラエルという国家が建設された。当然，過去そこに住んでいた人々との間に緊張が生じる。軍事で国家を守ることが，国家で最優先される。

加えて，第2次世界大戦中のドイツによるユダヤ人迫害の歴史がある。なぜドイツによるユダヤ人迫害が起こったか，その時ユダヤ人は何をすべきであったかについてはさまざまな論議がある。一つの考え方は「力に対して力で抵抗すべきであったのに，抵抗しなかったために悲惨な歴史を生んだ」という考えがある。

　今日，イスラエルほど，自国軍の優位性で国家を維持するという決意の強い国はない。

　今回イスラエルとドイツという両極にある戦略的考えを示せたのはきわめて幸運である。

　この第Ⅲ部においては，戦略というものを強く意識して活動する人々が戦略をどのようにとらえているかを記述した。学ぶ点は多いと思う。

第2章　企業戦略

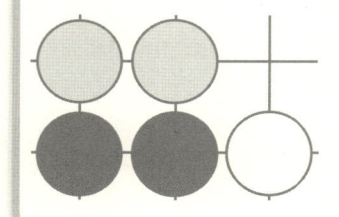

大河原昭夫

本章では最初に企業戦略について概論的に解説し，総合商社と企業戦略との関係を概観したうえで具体例として住友商事の企業戦略立案の際にどのような過程を経るかを紹介することによって企業戦略の理解を得ることを目指したい。

● 2-1　企業戦略概論

● 2-1-1　戦略の定義

本書の主題である戦略についての詳細説明は他の章に譲ることとするが，ここでは，孫崎享氏の「戦略（strategy）とは人・組織が死活的に重要だと思うことについて目標を明確に認識し，その実現の道筋を考える。相手の動きに応じ自分に最適な道を選択すること」という定義を採用することとしたい（本書序論参照）。ここでのキーワードは「目標」と「選択」だと考える。どのような戦略においても目標が大事であり，選択に込められている意味はそれが自動的なものではなく能動的なアクションを伴わねばならないということである。定義の仕方にもよるが，戦略は国家レベルでもあるし，もともと軍事的な意味合いから生まれた概念であることから軍事戦略があり，その他外交戦略，科学技術戦略，通商戦略などいろいろな意味合いで戦略という用語が使われている。いずれにしても戦略が重要だということに異論はないであろう。

● 2-1-2　企業戦略

ここからは企業戦略に話を絞って考えてみたい。前述の孫崎氏の戦略の定義には「目標」というものがあった。企業の目標が何であるかについてはいろいろな考えがあるが，筆者は企業の目標は中長期にわたる持続的な成長であると考える。なぜならば，企業がその使命を果たすためには，継続企業（going concern）でなければならないからである。そして持続的成長を4半期や1年という短期ではなく，中長期にわたって続けることによって，そこから収益を得るのが企業の目標であると考えるからである。このように「中長期にわたって持続的な成長をする」というのが企業の目標だとした場合，そのために何が必要かを考えるのが企業戦略である。そこで企業戦略とは何であるかをまず定義しておこう。企業戦略（corporate strategy）が何であるかについては類書でさまざまな定義がなされているが，アルフレッド・チャンドラー（Alfred Chandler）による「長期的視野に立った企業の目的と目標の決定及びその目的を達成するために必要な行動計画の採択と資源配分」という定義が一番しっくりくるように思われる。この定義では目的および採択という用語が用いられているが，行動計画の採択という表現に表れているように何かに対して受動的に対処するのではなく能動的にアクションをとるという定

義がまさに企業戦略に当てはまる。

企業戦略と合わせて経営戦略（management strategy）という表現も頻繁に使われる。この辺りについては厳密な使い分けがされているわけではないが，企業経営を行うにあたってはさまざまな組織上の分類や階層が成り立ち，それぞれについて戦略がありえる。すなわち，経営の全体像を眺めれば全社戦略（corporate strategy）ということになり，会社組織の中の事業部門での戦略は事業戦略（business strategy），その一環として企業の競争がキーワードになるので競争戦略（competitive strategy）も登場する。また，別の切り口でよく使われるのが機能別の戦略（functional strategy）で財務戦略，マーケティング戦略，営業戦略，知的財産戦略，IT戦略，技術戦略などいろいろな使われ方をする。いずれにしても元々軍事的な意味合いで生まれた戦略（strategy）という言葉が，企業の場でもあらゆる形で多用されるようになっている。以上のさまざまな切り口，段階で策定される戦略を統合したのが企業戦略であるとも言える。

● **2-1-3　企業戦略・立案のプロセス**

次に企業戦略立案のプロセスについて考えてみよう。戦略の定義，企業戦略の定義いずれを見ても「目標」が入っており，方向性を示すことの重要性を物語っていると言えよう。目標の設定で大切なのがビジョン（企業理念）である。企業理念は時代の変遷にかかわらずつねに通用する永続的な目標であるべきであり，各企業の存在意義を律するきわめて重要なものである。企業戦略においては能動的なアクションが大事であることを述べたが，そのアクションを効果のあるものにするには「ベクトル合わせ」をして社員が同じ方向に進まなければならない。企業戦略を実行に移す際には，社員全員が納得してあの方向に進もうという目的意識の共有が不可欠である。企業としての方向性が定まり，目的意識の共有が図られてはじめて効果的なアクションが可能となるのである。企業理念という大目標が設定されると，次に長期経営計画，中期経営計画，年度経営計画などの形でどれだけの売り上げを上げ，どれだけの利益を出すかという数値目標，あるいは業界の中でどのようなポジションを目指すかという定性的な目標が設定されることになる。企業理念に則って一定の時間軸における方向性や目標の共有がなされることになるわけである。このようにして掲げられる目標は実現可能性が低くてもいけないし，余り簡単に達成できるものでも駄目であり，多少ストレッチすれば達成可能なものであることが重要である。

● **2-1-4　企業戦略の視点**

この項では企業戦略を考える際に参考となるいくつかの視点を紹介する。

（1）ビジネスモデル

企業戦略論の一つの重要な要素であるビジネスモデルには変遷がある。ビジネスモデルには流行り廃りがあって，その時々の状況に応じて，企業・経営戦略論も変遷を遂げてきた。世界には数多くの有名大学のビジネススクールがあり，そこではその時々に注目されている企業戦略論が展開される。「ゲーム理論」などこれらの詳細説明は本書の他の章に譲ることとし，ここでは二人の著名な経営学者について簡単に触れることに留める。

まずは，ピーター・ドラッカー（Peter Drucker）である。今や「もしドラ（もしも高校野球の女子マネージャーがドラッカーの『マネジメント』を読んだら）」でその名前が一般にも知られるようになっているが，ドラッカーは企業にとって企業戦略，目標が大事だということを指摘した先駆者と言えよう。ドラッカーには数多くの著書があるが，時代が変遷するなかでこれからの世の中は知的作業者（knowledge worker）の世界になるなど先見性にあふれる名言をたくさん残しており，ドラッカー抜きに企業戦略は語れないと言えるほどマネジメント研究の大御所的な存在である。

次にハーバード大学のマイケル・ポーター（Michael Porter）である。ポーターの代表作は『競争の戦略』であり，「ファイブフォース分析」「バリューチェーン」などで知られ，現在，重視されている多くの経営戦略理論を展開してきた企業戦略論の第一人者である。

数多く存在する経営学者の中からここでは敢えてピーター・ドラッカーとマイケル・ポーターを代表例として紹介したが，企業戦略論を学ぶことによって経営の理論的基礎を学び，経営書に触れることによってさまざまなヒントを得ることは企業戦略の理解を深めるうえできわめて重要である。

(2) 5W1H

誰が，何を，いつ，どこで，どうやってという 5W1H を詰めていくことがある意味では企業戦略立案の過程そのものとも言えるのではないか。企業に限らず国やいかなる組織でもさまざまな制約の中で決断をしてゆかねばならないが，その際に頭の整理をするうえでのチェックポイントとして 5W1H はきわめて有用である。企業の場合であれば人・物・金・情報という手持ちの資源をいかにして有効活用し組織能力の極大化を図っていくかが企業戦略に直結する。

(3) マクナマラ戦略

ロバート・マクナマラ（Robert McNamara）はアメリカの自動車会社フォードの社長で，そこからケネディ政権で国防長官になり，さらに世界銀行の総裁になったという経歴の持ち主である。マクナマラは軍事戦略と企業戦略を結びつけたキーパーソンである。孫崎氏によれば，「マクナマラ戦略」（本書第Ⅱ部第5章参照）の核心は「外部環境の把握と自己の能力状況把握」が決定的に重要であるというところにあるが，この視点は企業戦略を練るうえでもきわめて重要である。「人・物・金・情報」という組織がもつ制約と外部環境がどんどん変わっていく関係の中で「今，外部環境がどのような状況なのか」を正確に把握して，それと「自社の能力がどのような状況にあるか」を照らし合わせてはじめて意味のある戦略が練られるようになる。

(4) 組織のあり方

どのような組織であれ永続する最適な組織というのは存在しない。組織を作った当初は最適であっても，その後取り巻く諸環境の変化に伴って，作った時点では良かったと思われる組織が徐々に陳腐化し，うまく機能しなくなることは日常的に起こることである。国の単位であれば中央集権か地方分権ということになるが，企業においてはある時には本社が非常に強い権限をもってビジネス展開をするという形をとることもあるし，ある時は権限を移譲してどんどん現場に任せるということもやる。本社主導が行きすぎると現場が機能しなくなり，権限移譲をして現場に任せすぎると全社戦略とずれが生じ，コンプライアンス違反が起きやすくなるなどの不都合が生じることになる。このような繰り返しをしているのが企業戦略であり，組織は自ずからそういう宿命を負っている。また，企業戦略で鍵を握るのは「人・物・金・情報」であるが，本社にどういう人間を置き，現場にどういう人間を置くかという人材配置が企業戦略の要諦をなしていると言ってよいだろう。

(5) 選択と集中

企業経営においてはさまざまな制約を抱えるなかで「トレードオフ」を踏まえたうえでの「選択と集中」が欠かせない。トレードオフとは一方を追求すると他方が犠牲になるような両立しえない経済的関係のことを指すが，企業は両立しえない状況の中でいかにして選択をするかをつねに迫られている。陳腐化した事業などを入れ替えつねに新陳代謝をすること，すなわち何を捨て，何を残すかの「選択」を行い，残った事業に資源を投入し「集中」することが企業戦略の重要な判断となる。企業が競争に打ち勝つためにはつねに差別化を意識することが重

要であり，他の企業，商品とどう違うのかということをつねに念頭におかなければならないが，その一環として重要になるのが選択と集中である。また，事業の成功においては共存共栄が図れるような優良なパートナーが大事になるが，このような選択も企業戦略の重要な要素である。

(6) 変化への対応

　刻々と変わる環境の中で企業としてどのように対応するかは企業戦略を考えるうえで絶対欠かせない重要な要素である
　環境変化への対応という観点では日本人の戦略的思考についても考えておく必要があろう。日本人と戦略的思考の関係について孫崎氏は「日本人はどうも欧米人に比べると戦略的思考が欠けている，あるいはそういった戦略論の教育がなされていないからそういう思考が備わらないのか。それとも国民性や文化，歴史的背景でそうならないのか」と問題提起している。欧米人は「環境に適応しようとするのではなく与えられた環境を変えられないものか」という発想をし，日本人・日本企業は総じて「環境に合わせよう」という発想をする傾向が強いのではないか。今や日本企業でも国際的な性格をもつ企業があるので一概には言えないが，日本企業の大半は日本人の社員で構成されているわけで，そこで育つ企業文化では，与えられた環境は与件としてとらえて，その中でどう仕事をしていくかという発想をしがちであるのに対して，アメリカ人は「自分たちがうまくいかないのは環境がおかしいのだ」という考えで対象となる市場環境を変えようとする傾向が強いように思われる。いずれにしても戦略的思考においては国民性が反映され，たとえばアメリカと日本では同じ戦略的思考と言ってもその中身は大きく違うことがあるということを念頭に入れておくことは重要であろう。
　さて，変化への対応という意味では，「東日本大震災の教訓」に言及しなければならない。大きな災害は企業戦略を考えるうえで大きな教訓の材料を提供する。近年，企業ではBCP（business continuity plan）を策定するのが一般的になった。事業継続計画と訳されるが，先行き不透明感が強まりリスクが増大するなか，企業にとって前向きな攻めの方向性と合わせて，守りのリスク管理も大事な企業戦略の一部をなすようになっている。今回の震災ではBCPの一環で策定されていたマニュアルが実際の現場では十分機能しないことを多くの企業が経験した。今後の企業戦略立案に当たっては，このようなリスク管理を十分に織り込むことも重要であるというのが東日本大震災の大きな教訓である。
　東日本大震災では福島第一原子力発電所の事故の影響で電力不足が大きな問題になったが，あわせて「サプライチェーン」の問題が浮上した。被災した東北3県，茨城，栃木には自動車産業に欠かせない部品を作っている工場が多く立地しており，それが停止したために日本国内だけではなく世界中の自動車工場の生産に影響を及ぼした。今回の震災によってグローバル化で世界がつながっていることを改めて認識させられた一例である。日本の製造業の現場ではトヨタの「ジャストインタイム」システムが，いわば業界標準になってきたが，今回の震災は生産の集中，在庫の極小化などを目標とするサプライチェーンの見直しを迫ったと言えよう。これは企業戦略においてきわめて重要な出来事である。
　次に「プランBの重要性」について述べておきたい。あらかじめいろいろな環境を設定しその中でどういう戦略をとるかについてのシナリオを策定するシナリオプラニングという手法がある。シナリオプラニングでは標準シナリオ，リスクシナリオなど数通りのシナリオを策定することになるが，企業戦略を練る際には得てしてプランAという「大体こうなるであろう」という環境設定を前提に企業戦略を絞り込んでしまうケースが多いのではないか。東日本大震災のように予期していた事態を大きく上回るようなことが起きた場合，標準シナリオだけだとまったく対応できなくなってしまうということになりかねない。そこで最悪の事態に備えたプランBもあらかじめ考えておくべきだということになる。
　2011年初からの「アラブの春」でチュニジア，エジプト，リビアなどで反体制派の動きが

伝播し,「アラブの春」がどこまで拡がるかが目下の関心事である。その中でもとくに「サウジアラビアはどうなるのか」が最大の関心事である。中東問題の専門家に聞くとサウジアラビアの体制は盤石であり,周辺諸国とは違うから大丈夫という見方が大勢を占める。サウジアラビアは世界最大の原油埋蔵量を誇る石油大国なので,もし同国で政変が起きるような事態になったら世界経済に与える影響は測り知れない。戦略を練る時に,リビアでは時間の問題でカダフィ政権が崩壊するだろうなどということは想定できるが,その影響が計り知れないほど大きくしかも差し迫った事態ではないと思われるだけにサウジアラビアを巡る混乱等は想定しないことが多い。このようなリスクを考えることはばく大なエネルギーを要することである。標準シナリオについては当然のことながら精力を傾けて精査することになるが,リスクシナリオはその可能性が低いということをも意味し,シナリオ作成のための労力は無駄になることが多い。そのようななかで,サウジアラビアの王政が変調を来すという事態は考えただけでも気が遠くなるほど多くの影響を及ぼすことになる。したがって,そのようなところまで考え抜くことはできにくいというのが現実である。これは国家戦略や軍事戦略にも通じるところがあると思われる。一定の時間軸の中で考え,ありえないことを想定しておくことが企業戦略においてきわめて重要なことであることは間違いない。いろいろな見通しを立てる際に「それは大丈夫だろう」という前提を置くことがあってもしかるべきであるが,企業の存亡に関わるような非常に影響が大きい事態については,あらかじめ考え抜いておくということが企業戦略においては不可欠である。

（7）ストーリーとしての競争戦略

住友商事総合研究所では外部講師を招いて定期的にセミナーを行っている。その一環で一橋大学の国際企業戦略研究科の楠木建教授を講師に招いたことがある。同教授が執筆した『ストーリーとしての競争戦略－優れた戦略の条件』はビジネス書としては異例のベストセラーになっている。平易に企業戦略を論じており,頭の整理の参考になるのでお勧めの良書である。同教授は「成功している企業の事例分析」としてアマゾンやスターバックスなどのアメリカ企業や日本のマブチモーターなどの企業がなぜ成功したかについて分析している。そこから見えてくることは「ストーリーの流れを作る因果論理の『強さ』『太さ』『長さ』の重要性であるとしている。要するにコンセプトを大事にすることで,大きな,筋の良い戦略ストーリーを使って,それを他の領域にどんどん広げていくのが成功する企業の秘訣であるというものである。スナップショット的に戦略を立てるのではなく,しっかりとしたコンセプトに基づいてそれぞれの打つ手がちゃんとつながったストーリーを作ることによって,企業としての持続可能な収益を上げることが可能になるというのが同教授の主張だ。とくに印象に残ったのは「経営は理屈が２割,理屈では説明のつかない勘が８割」という部分である。理屈が２割というところにポイントがあって,基本は押さえたうえで最後は勘だという話である。経営や戦略というのは科学や数式ではないという見方には説得力がある。経営は科学というよりアートという人間系のところが大事であり,それが企業戦略の面白いところでもある。

同書でもうひとつ印象に残ったのは「現象は変わるが論理は変わらない」という主張だ。世の中の環境はつねに変わるもので,それに対して企業は対応していかなければならない。そのようななかでこういうことで当社はやっていくのだという論理を変えてはいけないというのが楠木教授の主張である。基本的な論理は変えずにいかにして環境変化に対応していくかがポイントになる。

よく「会社は誰のものか」という議論がなされるが,楠木教授は戦略の目標はあくまで長期的利益の維持であり,それを達成する指標が顧客満足だと言う。顧客満足をしっかりと達成できればシェア,成長,従業員満足,企業価値,社会貢献というのはあとからついてくるものだという理屈である。一時,株主を尊重しなければならないとして,利益総額をとにかく上げれ

ばいいという説が流行したが，それを目標としてしまうと完全に誤る，そういうものは結果としてあとからついてくるものだと楠木教授は説いている。

また「戦略の2つの本質」として，「差別化」して違いを作りそれを太く長く強いストーリーに「つなげる」ことが大事であり，それぞれが相関関係，因果論理でつながっていなければならないという見方も提示されている。

楠木教授はまた，差別化の方法として「位置取り」（SP：strategic positioning）と「やり方」（OC：organizational capability）という例を紹介している。他社と何か違うことをするのは「位置取り」（doing different things）であり，他社と同じことをしながら，その中でどうやって「やり方」をよくするか（doing things differently）という勝負の仕方もあるということである。どこで勝負するか，どちらの方向に重きを置くかは企業の経営戦略そのものである。

● 2-2　総合商社と企業戦略

● 2-2-1　総合商社の変遷

ここからは企業戦略を総合商社の例に当てはめて検証してみたい。総合商社は世界に類を見ない日本固有の業態だということが言われる。確かに韓国等で似た企業はあるが，日本の総合商社ほど，その存在感のある企業群は他国では見られないように思われる。それでは，日本でなぜ総合商社が今日の隆盛を誇っているのであろうか。総合商社については見方がいろいろあるが，①広範・多岐にわたる取扱商品，②グローバルで多様な取引形態，③巨大な経営規模というのが共通した主な特徴であろう。

日本の総合商社は，その生い立ちを抜きには語れない。資源に乏しい日本が世界中の資源を輸入し，加工貿易を指向するなかで，歴史の必然として商社は生まれた。その後，世界経済の動きに合わせて日本の産業が大きく変化するなかで，商社は「商社冬の時代」「商社不要論」

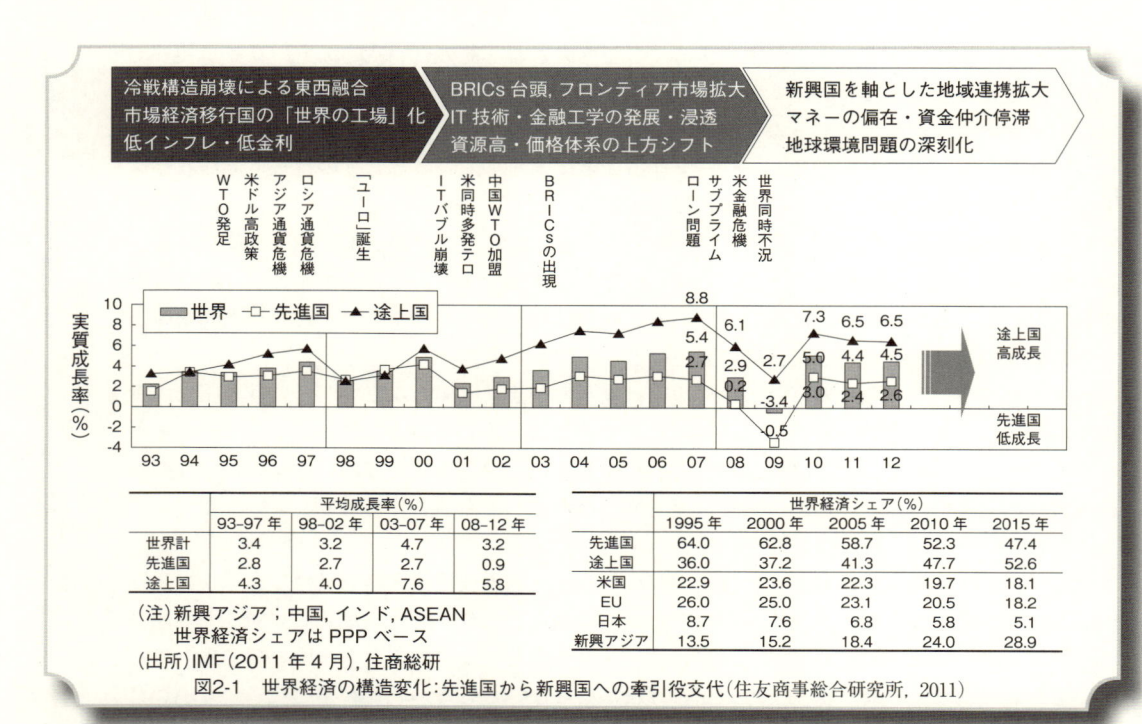

平均成長率(%)				
	93-97年	98-02年	03-07年	08-12年
世界計	3.4	3.2	4.7	3.2
先進国	2.8	2.7	2.7	0.9
途上国	4.3	4.0	7.6	5.8

世界経済シェア(%)				
	1995年	2000年	2005年	2010年	2015年
先進国	64.0	62.8	58.7	52.3	47.4
途上国	36.0	37.2	41.3	47.7	52.6
米国	22.9	23.6	22.3	19.7	18.1
EU	26.0	25.0	23.1	20.5	18.2
日本	8.7	7.6	6.8	5.8	5.1
新興アジア	13.5	15.2	18.4	24.0	28.9

（注）新興アジア；中国，インド，ASEAN
　　　世界経済シェアはPPPベース
（出所）IMF（2011年4月），住商総研

図2-1　世界経済の構造変化：先進国から新興国への牽引役交代（住友商事総合研究所，2011）

等々を乗り越え発展してきた。日本で最初の商社ともいわれる坂本竜馬が結成した亀山社中（後の海援隊）の時代から時流の変化に立ち向かい，新しいことにチャレンジするのは商社のDNAである。また，総合商社はピーター・ドラッカー教授の言う「ナレッジワーカー」の集合体であり，メーカーがつねに新製品を開発しなければ生き残れないのと同様，商社は市場開発，金融，物流等々の機能を高度化することで変化に対応して事業を拡大してきた。このような過去の積み重ねを経て今日の総合商社は貿易投資会社として，個々を見れば他業態と競合しつつも，他の業界では果たせないリスクテーカーとしての重要な役割を発揮するに至っている。その基盤となっているのは，事業の多様性と規模の大きさである。すなわち，あらゆる分野において幅広くビジネスを行うことで世界的なビジネスネットワークを築くとともにリスク分散を図り，その事業規模の大きさによりリスク耐久力を強化している。また，世界に張り巡らされた情報網からもたらされる営業現場での生きた情報が新規ビジネスにつながり，またリスクマネジメントの重要な要素をもなす。このような特性をもった総合商社は一朝一夕に真似できるビジネスモデルではなく，それゆえに，総合商社業界への参入障壁はきわめて大きいと言える。今日の複雑化し，変化の速度が加速する世の中でシーズとニーズを結びつける機能はますます重要になっていると言えよう。官界において，省庁横断的で総合的な政策立案および執行が求められ，学問領域においても学際的な研究の必要性が叫ばれるのと同様，ビジネスの領域でも総合的なソリューションを提供する総合商社の存在感は今後ますます高まってゆくことが予想される。

　このように総合商社の歴史は変化への対応そのものである。冷戦構造崩壊後のこの20年を見ても，世界経済には大きな構造変化が起きている（図2-1）。このような劇的な変化の中で総合商社は対象とする市場や取扱商品を変えつつ，その機能を拡充し，高度化させることによって生き延びてきた。時代の変遷とともに的確な企業戦略を以て変化への対応能力を維持できる限り成長モデルとしての総合商社モデルは確固たるものとして生き残るのではなかろうか。

● **2-2-2　住友商事の経営理念**

　企業戦略を練る際には，目的やビジョン，方向性を確立することが必要であり，それにはまず経営理念を掲げることから出発しなければならないということは前述のとおりである。住友商事の場合は住友400年の歴史に培われた「住友の事業精神」を基にした「住友商事グループの経営理念・行動指針」がその価値判断の拠り所となっている。この経営理念・行動指針を前提として戦略の立案がなされることになる。

● **2-2-3　住友商事の経営戦略**

　企業戦略の一例として住友商事の中期経営計画を見てみよう。現在の中期経営計画エフクロス $f(x)$ は2011年度と2012年度の2年間が対象となっている。この中期経営計画の基本方針は「10年後を見据えて策定した前中期経営計画（FOCUS'10）の基本方針・諸施策を踏襲しながら，価値創造の経営理念に基づき，時代が求めるビジネスモデルへの高度化・転換を実行し，全てのパートナーとともに地域・世代・組織の枠組みを越えた成長を目指す」というものである。外部環境に対する内部課題としては「地軸，産業構造軸，機能軸など多様な視点からの中長期戦略ビジョンの構築」が挙げられている。たとえばアメリカで食料品の小売店を経営している事業をインドに移すなら，地軸の変化であり，売るものを食料品ではなく，化粧品にするなら，産業構造軸の変化である。さらに従来は企業が所有，販売していたものをフランチャイズ化するとしたら機能軸の変化になるというわけである。このように変化する外部環境に合わせて内部課題を克服していこうというのがその主旨である。

　このような計画を策定する背景には前述の世界経済の構造変化によって世界経済の牽引役が先進国から途上国にシフトしているという外部環境の変化がある。世界経済に占める日本経

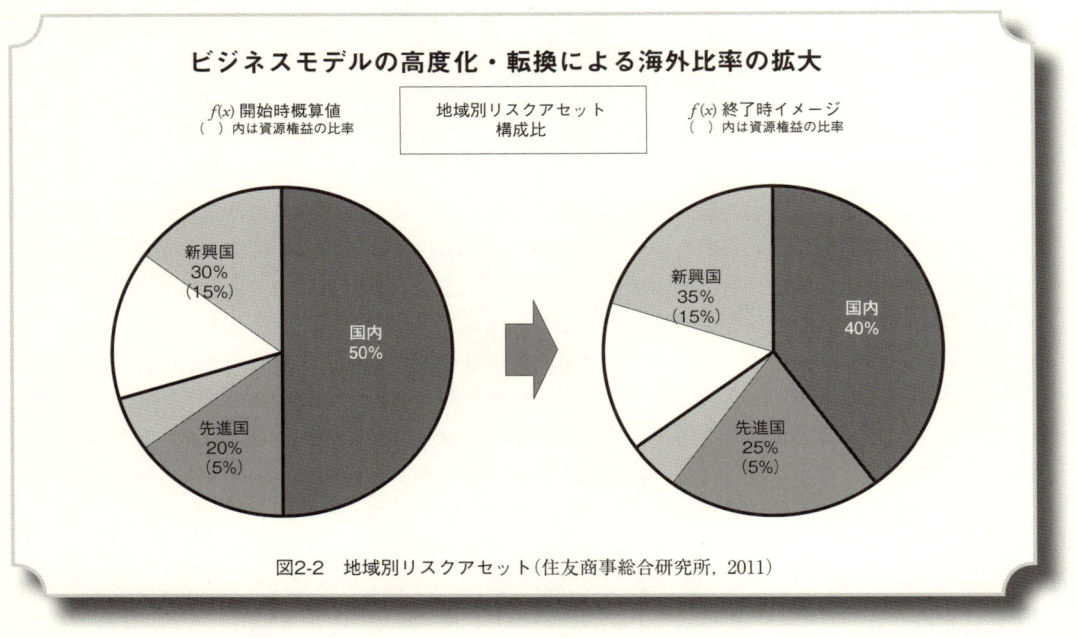

ビジネスモデルの高度化・転換による海外比率の拡大

$f(x)$ 開始時概算値
（　）内は資源権益の比率

地域別リスクアセット構成比

$f(x)$ 終了時イメージ
（　）内は資源権益の比率

[左円グラフ]
- 国内 50%
- 新興国 30%（15%）
- 先進国 20%（5%）

[右円グラフ]
- 国内 40%
- 新興国 35%（15%）
- 先進国 25%（5%）

図2-2　地域別リスクアセット（住友商事総合研究所, 2011）

済のシェアは徐々に下がってきている。この流れの中で地域別リスクアセットの見直しを行い、現在国内50%、先進国20%、振興国30%となっている比率を中期経営計画期間中の2年かけて国内40%、先進国25%、新興国35%に変えていこうという計画である（図2-2）。次に中期経営計画のより具体的な内容を見てみよう（図2-3）。ここでは縦軸が「長期の収益性」を表し、上に行けばいくほど収益性が高く、下に行けば行くほど収益性は低くなる。一方、横軸は「長期の成長性」を表し、右に行けば成長性が高く、左に行けば成長性は低くなる。「トレンドウォッチ」「再構築」「役割確認」というアルファベットのL字型になっている3つの領域のビジネスラインの構成比の引き下げを目指すべきであるというのが問題意識である。たとえば「トレンドウォッチ」は収益性は高いが先を考えるとあまり成長性はなさそうだという領域、「役割確認」は長期の成長性は期待できるが、収益面ではあまり多くは期待できないという領域である。このバランスを考えるのは困難ではあるが、長期的視点で各々の業界環境を分析して成長性があると見込まれる地域、産業に向けて、しかもより高い収益が得られることが期待される領域

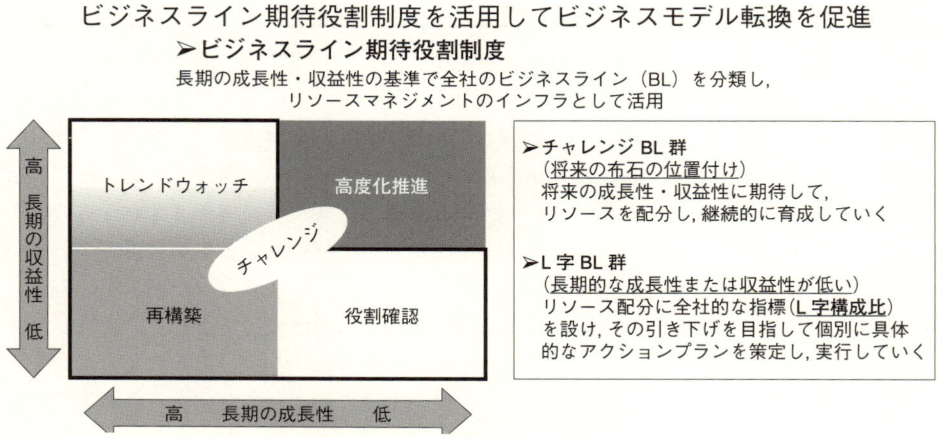

ビジネスライン期待役割制度を活用してビジネスモデル転換を促進

➤ビジネスライン期待役割制度
長期の成長性・収益性の基準で全社のビジネスライン（BL）を分類し、リソースマネジメントのインフラとして活用

[マトリクス図]
縦軸：長期の収益性（高／低）
横軸：長期の成長性（高／低）
- 左上：トレンドウォッチ
- 右上：高度化推進
- 中央：チャレンジ
- 左下：再構築
- 右下：役割確認

➤チャレンジBL群
（将来の布石の位置付け）
将来の成長性・収益性に期待して、リソースを配分し、継続的に育成していく

➤L字BL群
（長期的な成長性または収益性が低い）
リソース配分に全社的な指標（L字構成比）を設け、その引き下げを目指して個別に具体的なアクションプランを策定し、実行していく

図2-3　ビジネスライン期待役割制度（住友商事総合研究所, 2011）

にシフトしていこうというのが基本的な考え方である。現時点でL字型の領域に割り当てられている資源をより成長性が高く収益性も高い「高度化推進」の領域にシフトしていこうというのがこの中期経営計画の目標である。

　これまで述べてきたように，企業は「人・物・金」という資源（リソース）を有している。これからはこのリソースをどう活用するかというリソースマネジメントが企業戦略で益々重要になってくる。今日，世界的な資源価格高騰の恩恵を受けて総合商社は業績が好調であり，さらなる成長を期して資源分野での投融資が活発になっている。しかし，資源分野は総じて巨額な投融資を伴うのでバランスシートを適正規模に維持するリスクアセットマネジメントの重要性が益々高くなっている。

　戦略手法の一つにポートフォリオ・マネジメントがあるが，企業が有する「人・物・金」という資源をいかにして最大限に有効活用するかがリソースマネジメントであり，時代に即したこれら資源の戦略的配分こそが企業戦略である。なかでも多くの企業にとって一番のボトルネックは人材不足であり，限られた人材をより収益の高い領域にシフトしていくことが，今日の企業戦略の大きな課題である。

● 2-3　おわりに

　ビジネスに絶対ということはありえず，さまざまな要因によって事態が事業計画どおりに進捗せず，失敗することも当然起きる。しかし，的確な計画を基にビジネスを遂行することによって，やみくもに取り組むことに比べれば成功の確率は上がる。これこそが企業にとっての戦略の重要性を意味する。グローバル化が加速し，世界経済の一体化が進むなか，ビジネス環境の変化は激しさを増すばかりである。総合商社のみならずすべての企業にとって的確な状況判断に立脚した自社の強みを活かす企業戦略の重要性がますます高まっている。

第3章　金融戦略

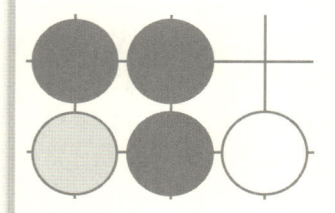

北山禎介

●はじめに

　世界経済のグローバル化や自由化の急速な進展に伴い，金融機関の競争は益々激しくなっている。このようななか，われわれ銀行にとっても，持続的な成長という目標を達成していくうえで，優れた戦略の策定はこれまで以上に重要性を増している。そこで，本稿では，戦略策定の基本的なプロセスに則り，戦略策定の前提となる，われわれ邦銀を取巻く現在の業務環境と，将来のマーケット予測について説明したうえで，金融機関の戦略のケーススタディとして，三井住友フィナンシャルグループ（以下，SMFG）が2011年4月からスタートさせた中期経営計画の概要を紹介する。

● 3-1　過去の歩み：わが国の金融の流れ

● 3-1-1　資金フローの変化

　はじめに，わが国における過去の金融の流れから説明する。まず，資金フロー（資金の貸し借り）を見ると，資金の借り手，貸し手は歴史的に大きく変わってきている。

　企業部門は，1990年代後半までは，全体として資金不足（資金の借り手）だったが，2000年代に入ると，恒常的な資金余剰（資金の貸し手）に変わっている。これは主に，1990年代後半に，日本の成長期待が低下するなかで，企業が設備投資などを抑制したことによるものである。

　一方で，家計部門は，従来，先進国の中でも高い貯蓄率を誇っていたが，1990年代後半以降，その低下が明確になり，毎年の資金余剰幅を縮小させている。もっとも，引続き資金余剰であることに変わりはなく，現在は，企業も家計も全体として見れば資金余剰となっている。

　そして，こうした変化に見合う形で，政府部門が資金不足となっている。このようなマクロの資金フローの変化は，貸出の低迷，国債運用の増加といった形で，日本の銀行に大きな影響をもたらしている。

　さらに，大企業を中心に有利子負債に占める社債・CP（直接金融）の比率が少しずつ高まっ

---

1) 直近では企業の有利子負債の80％が借入，20％が社債・CPとなっている。これは中小企業を含めた数字だが，大企業はさらに社債・CPの割合が高くなっている。

てきており[1]，銀行としてはグループに証券会社をもつことで，こうした企業のファイナンス形態の変化への対応力を強化している。

● 3-1-2 邦銀の収益構造の変化

次に，銀行の収益構造について見ると，資金フローの変化を反映し，この10年間で着実に変貌を遂げている。粗利益に占める手数料収入（役務取引等収支）の割合は，2000年度に10％程度であったが，2009年度には14.5％と約1.5倍となっている[2]。これは，銀行業務の規制緩和により，金融サービスの多様化が進んだことを反映している。

銀行の収益の屋台骨であった預貸金利鞘は2000年代に入ってから，縮小傾向にある。これは，企業の資金需要が弱いことが大きな原因であるが，日本経済のデフレ脱却に向け，大幅な金融緩和が進められ，金利が低下したことも影響している。

● 3-1-3 邦銀の地位低下

こうしたなか，邦銀は1990年代の後半以降，合併やグループ化を通じた再編を進めてきたが[3]，それと同時に，海外でも，欧米を中心に，スケールの大きな再編が繰り広げられてきた結果，この20年間で邦銀の総資産ランキングは大幅に低下している。2009年時点での総資産ランキングの上位5行はすべて欧州系となっており，1990年に上位6行がすべて邦銀であったのと対照的な状況となっている。

もちろん，銀行経営というのは資産規模が大きければ良いというものではないが，一般的にも，1990年以降，邦銀は，国際的な地位を下げてきたと見られている。以下では，その要因を3つに絞って説明する。

まず，第1の要因としては，日本経済の低迷が挙げられる。銀行は，預金者から集めた資金を企業に貸し出し，利鞘を得ることで収益を上げているが，貸出先の企業の業績は，母国経済の景気動向により左右されるため，銀行の業績も母国経済の動向に大きく依存することになる。

1990年以降，米国やEUが4％程度の成長を維持する一方で，日本はバブル経済の崩壊により，デフレ経済に突入した。この結果，邦銀は多額の不良債権処理を余儀なくされ，90年代半ば以降，大幅な赤字を喫することとなった。

第2の要因については，日本の金融市場の構造的な問題として邦銀の収益性の低さが指摘できる。過去20年間，米国の預貸金利鞘は5％程度である一方，わが国では2％弱で推移しており，邦銀の利鞘は一貫して，米銀に比べ大きく下回っている。

この背景としては，わが国がオーバーバンキング（経済規模に対して銀行の数が多過ぎる）の状況にあるため，優良な貸出先をめぐる過当競争が発生し，銀行はリスクに見合った金利を確保することができないということが指摘されている。

最後に，第3点目として，規制面からの要因を指摘できる。1992年末に銀行に対する自己資本規制，いわゆるBIS規制が導入された結果，銀行は，貸出に対して，一定の自己資本を積むことが求められた。この結果，相対的に薄い利鞘で大規模な貸出を主体とするビジネスを行っていた邦銀は大きな打撃を受けることとなった。

また，わが国では，1990年代半ばまで，銀行の倒産を回避する「護送船団方式」と呼ばれる政策が維持され，金融機関同士の競争が抑制されていた。加えて，バブル崩壊に伴う厳しい環境下で，不良債権処理や公的資金の返済が重荷となり，邦銀は前向きな投資が遅れたという面

---

[2] SMBCについてみれば，役務取引収支の割合は，2000年度の10％から2009年度の20％（19.7％）と，約2倍となっている（2000年の値については，旧行合算ベース）。

[3] 1990年3月時点で，大手行は22行あったが，現在は，3つのメガバンクグループを含め，7つのグループに集約されている。

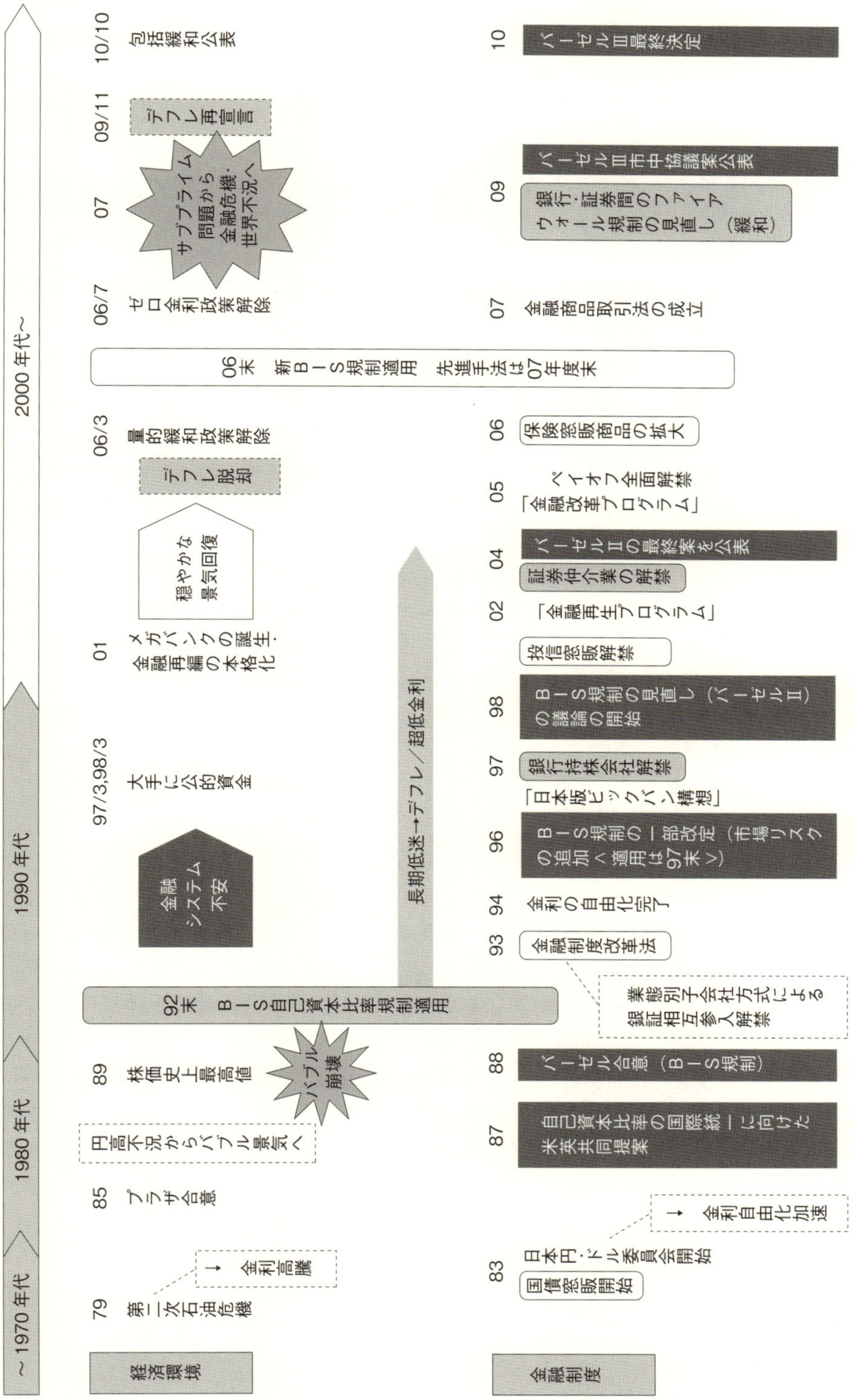

第 3 章　金融戦略　83

図3-1　銀行を取巻く規制・業務環境の推移

【経済環境】

- 〜1970年代
  - 79　第二次石油危機　→ 金利高騰
- 1980年代
  - 85　プラザ合意
  - 円高不況からバブル景気へ
  - 89　株価史上最高値
  - バブル崩壊
- 1990年代
  - 92末　BIS自己資本比率規制適用
  - 金融システム不安
  - 97/3,98/3　大手に公的資金
  - 長期低迷→デフレ／超低金利
  - 01　金融再編の本格化・メガバンクの誕生
  - 穏やかな景気回復
  - デフレ脱却
  - 06/3　量的緩和政策解除
- 2000年代〜
  - 06/7　ゼロ金利政策解除
  - 07　サブプライム問題から金融危機・世界不況へ
  - 09/11　デフレ再宣言
  - 10/10　包括緩和公表

【金融制度】

- 83　国債窓販開始
- 日本円・ドル委員会開始　→ 金利自由化加速
- 87　自己資本比率の国際統一に向けた米英共同提案
- 88　バーゼル合意（BIS規制）
- 業態別子会社方式による銀行・証券相互参入解禁
- 93　金融制度改革法
- 94　金利の自由化完了
- 96　BIS規制の一部改定（市場リスク）追加〈適用は97年末〉
- 「日本版ビッグバン」構想
- 97　銀行持株会社解禁
- 98　BIS規制の見直し（バーゼルII）の議論の開始
- 投信窓販解禁
- 02　「金融再生プログラム」
- 証券仲介業の解禁
- 04　バーゼルIIの最終案を公表
- 05　ペイオフ全面解禁
- 「金融改革プログラム」
- 06　保険窓販商品の拡大
- 06末　新BIS規制適用　先進手法は07年度末
- 07　金融商品取引法の成立
- 09　銀行・証券間のファイアウォール規制の見直し（緩和）
- バーゼルIII市中協議案公表
- 10　バーゼルIII最終決定

は否定できず，好調な母国経済を背景に積極的な投資を行ってきた欧米銀との格差は大きく広がってしまった。

しかしながら，足元において，金融危機の反省から，過剰なリスクテイクの抑制に向けた規制強化等，競争環境の変化が起きており，このような状況は，邦銀が外銀にキャッチアップするチャンスと見ている。

3-2　現在の業務環境：不確実性を抱える世界経済と金融規制改革の方向性

次に，戦略策定の前提となるわれわれ邦銀を取巻く現在の業務環境について，世界経済，金融規制の順に説明する。

3-2-1　世界経済の不確実性

世界経済は，2008年の金融危機から徐々に回復はしているものの，不確実，不透明，不安定な状況がしばらく続くと見込んでいる。

不確実性については，足元における各国の景気対策の息切れや，景気循環的な要因も影響しているが，それ以上に，構造的，中期的な問題が底流として続いていることが問題である。

最新のIMF「ワールド・エコノミック・アウトルック（2011年4月号）」では，世界経済の抱えるダウンサイド・リスクとして，以下の4つが指摘されており，これらが世界経済の不確実性を生み出す要因とされている。

① 先進国不動産市場の低迷
② 先進国の財政赤字問題
③ 新興国経済の過熱と調整
④ 中東政情不安を背景とした原油価格等の高騰

各々の要因について順を追って説明すると，まず，1点目としては，今回の金融危機のきっかけともなった，米国の住宅価格・住宅ローン債務の調整には，まだかなりの時間を要する可能性があるということである。IMFの分析によると，米国の住宅ローンの焦げ付きは，峠を越えたとしているが，正常レベルに収束するには，今後数年かかる見通しである。その間，銀行貸出の低迷等により米国の個人消費や建設投資は，中期的に抑制されると見込まれる。

2点目は，先進各国における政府の財政赤字と，その削減の動きである。金融危機による税収の減少と景気対策により，各国の財政赤字は2009年に大幅に拡大した。このため，多くの先進国で財政赤字を削減するための緊縮財政が打ち出されている。これらの先進国においては，中期的に民間・政府のバランスシート調整に取り組まざるをえないため，成長の回復が後ズレする懸念が強まっている。

3点目は，新興国の一部で景気過熱やバブルの懸念に伴う金融の引き締めが始まっているということである。インフレやバブルといった不均衡の発生は，高成長国でしばしば生じる現象だが，新興国経済への依存がますます強まっているだけに，世界経済全体にとっても大きな影響がある。

最後に，4点目は，中東・北アフリカ情勢の緊迫化による供給懸念の高まりを背景とした，コモディティ価格の高騰である。中期的には，新興国を中心として原油需要の増加が見込まれるなか，こうした供給懸念により，原油価格が不安定化することは，世界経済にとって大きなリスクと言える。

なお，こうした世界経済が抱える不確実性に加え，日本経済の先行きについては，東日本大

震災・福島原子力発電所事故の影響により不透明な状況が続いている。

● 3-2-2　国際的な金融規制の強化

一方，国際的な金融規制強化の動きも，大きな前提の変化，一つの不確実性となっている。2010年12月，国際的な金融規制の検討を行うバーゼル銀行監督委員会において，国際的に活動する銀行を対象とする，新たな規制案が示された。これらの規制強化の項目は多岐にわたるが[4]，その中でとくに影響の大きい自己資本規制の強化について，ポイントを絞って説明する。

銀行は，株式や内部留保等により構成される自己資本と，預金等により集めた他人資本を合わせて，貸出等で運用している。通常，貸出金の回収ができないというような場合には，自己資本を取り崩して処理することになるが，自己資本が大幅に減ると，銀行の経営が困難になり，預金を払い戻すことができなくなってしまう。こうした事態を未然に防ぐため，銀行に対して，貸出等で運用しているすべての資産の一定割合以上の自己資本を保有させることで，銀行経営の健全性を確保しようというのが自己資本規制の大まかな考え方である。

現行規制では，銀行は，保有する資産の種類ごとに，リスクの大きさに応じた一定のウェイト（掛け目）を掛けて，それらを合計したリスクアセットに対して8％以上の自己資本を保有することが求められている。さらに，リスクアセットの2％以上は，普通株式や内部留保といった質の高い資本，いわゆるコアTire1（狭義の中核的自己資本）により構成される必要がある。

これに対して，新規制案では，コアTire1がリスクアセットの7％以上求められることになる。従来のコアTier1が実質2％であったのに比べると，3倍以上に引き上げられることになる。

このように，銀行には，より高い自己資本比率が求められることとなり，収益性を維持・向上させていくためには，資産の効率的な活用，リスク・リターンの改善がより重要になっている。

● 3-3　将来のマーケット予想：邦銀にとっての成長機会

続いて，戦略策定の2つ目の前提となる将来のマーケット予測に関して，国内外のマーケットの中長期的なトレンドを踏まえながら，邦銀にとっての成長機会を見ていくことにする。

● 3-3-1　マーケットの中長期的なトレンド

わが国では，今後，高齢化がさらに進展し，貯蓄率の低下や労働人口増加率の低下が進んでいくため，しばらくの間は，低い経済成長が続くと見込まれる。

また，低成長が続くなか，グローバル化や技術革新，マクロ環境・産業構造の変化に対応できる企業と，そうでない企業との間で二極化が進展していくと考えている。実際，足元では企業全体に占める赤字法人の割合が高まる傾向にある。

これに対して，世界経済は，IMFの今後5年間（2011年時点）の予測によれば，先進国が平均2％，新興国が6％と，新興国を中心とする成長が予想されている。これを金融危機前の

---

[4] 規制強化項目としては自己資本規制強化，プロクシリカリティ抑制，証券化・トレーディング資本規制強化，システム上重要な金融機関への規制強化，レバレッジ比率規制導入，流動性比率規制導入が挙げられる。

10年間と比べると，新興国が世界経済を牽引する成長パターンが，より鮮明化すると同時に，新興国のプレゼンスが大きく高まってきていることがわかる。実際，世界のGDPに占めるシェアを10年単位で比較すると，新興国のシェアは，10年前は20％程度だったものが，現在は33％程度に上昇している。そして，2020年には，さらに新興国のウェイトが増し，50％に接近する見通しである。

● 3-3-2　邦銀の収益機会

こうした中長期のトレンドを踏まえ，今後，どのような金融ニーズが見込めるかについて，個人，法人に分けて説明する。

まず，個人顧客については，内外の成長率の格差を背景に，家計の国際分散投資の流れが続くと見ている。また，さらなる高齢化の進展に伴い，相続件数の増加が続き，年間60－80兆円程度の資産が相続される見通しである。これに伴い富裕層の相続対策をはじめ，金融資産の移転，遺言信託，不動産処分など，相続を切り口とした金融ニーズが拡大していくと考えている。

次に，法人顧客については，国内における経営者の高齢化に伴う事業承継や，国内市場の成熟化を背景とした事業再編，企業の海外進出の増加などにより，M&A（Mergers&Acquisitions：合併と買収）が高水準で推移することが見込まれる。また，こうした動きに連動したファイナンス需要が高まると見ている。一方，大企業の資金調達については，長期金利が低水準で推移するなかで，直接金融へのシフトが進行すると見込んでいる。

海外においては，アジアを中心とした新興国にて，地場企業の成長が見込まれ，これらの企業のファイナンスニーズの拡大が考えられる。アジア展開を強化し，グローバルなネットワークを有する金融機関にとって，大きなチャンスと見ている。

とくに，アジア各国の成長に伴い，域内の商流の拡大が見込まれ，それに付随する金融ニーズの増大が期待される。この10年間で，アジアから欧米に向けた輸出は4,600億ドルから9,800億ドルへと，大きく拡大した。こうした輸出の拡大は，たとえば東南アジアや日本から中間財が中国へ輸出され，中国で組立て輸出する，といった形で，アジア域内の貿易フローも増加させている。

今後も，アジアは世界貿易・投資の一大センターとして成長すると見込まれている。アジア域内の消費市場の拡大と，関税などのさまざまな障壁を撤廃し，物やサービスの自由な貿易を促進するFTA（Free Trade Agreement），EPA（Economic Partnership Agreement）の進展が，そのドライバーとなる。こうした商流の拡大は，貿易金融や資金決済サービスへのニーズをさらに高めていくことになると見ている。

● 3-4　ケーススタディ：SMFGの戦略

次に，金融機関の戦略のケーススタディとして，SMFGが，これまで見てきた業務環境分析や将来のマーケット予測を踏まえて実際に策定した「中期経営計画」の概要を簡単に紹介する。

● 3-4-1　中期経営計画の概要

SMFGは，2011年度から2013年度までの3年間を計画期間とする中期経営計画を策定し，本年5月に対外発表を行っている。今回の中期経営計画で目指すべき銀行像については，従来の考え方を踏襲し，「先進性」「スピード」「提案・解決力」の極大化により「最高の信頼を得ら

経営方針	「先進性」「スピード」「提案・解決力」の極大化により「最高の信頼を得られ世界に通じる金融グループ」を目指す。

経営目標	
戦略事業領域における トップクオリティの実現	新たな規制・競争環境に対応した 財務体質の実現

経営環境		
マクロ経済動向	金融マーケット動向	グローバルな金融規制動向
・国内低成長の長期化、円高進行 ・アジアを含む新興国の高成長持続 ・欧米等先進諸国の財政問題、新興国のインフレ懸念等のリスク	・日本企業の資金需要減少、海外展開加速 ・新興国を中心とした海外の金融ニーズ拡大 ・国内人口の高齢化進展等に伴う個人の運用調達構造の変化	・新たな自己資本規制（バーゼルⅢ規制）の導入 ・「システム上重要な金融機関」に対する追加的資本賦課の議論

図3-2　SMFGの中期経営計画の概要

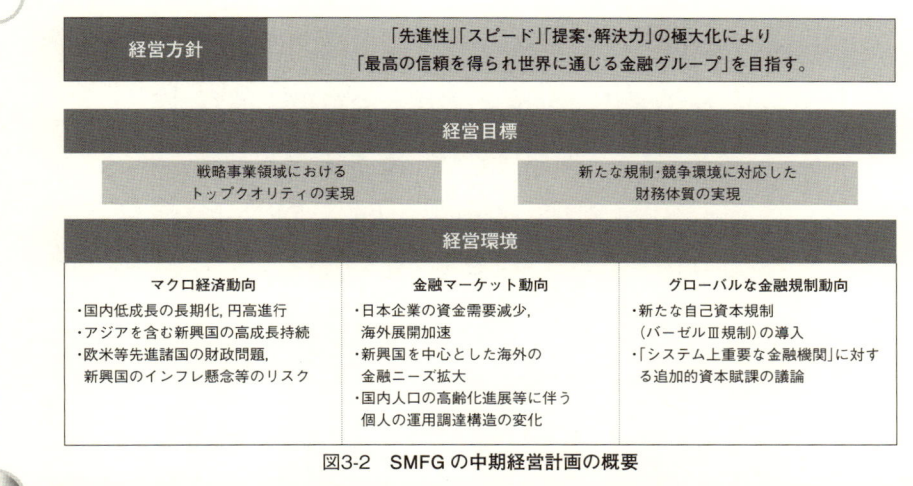

れ世界に通じる金融グループ」を目指すという経営方針を掲げている。

今回の中期経営計画では，今後（2011年時点），3年間で目指す方向性として，「戦略事業領域におけるトップクオリティの実現」「新たな規制・競争環境に対応した財務体質の実現」という2つの経営目標を設定した。

まず，1つ目の経営目標である「戦略事業領域におけるトップクオリティの実現」については，5つのビジネスを戦略事業領域に選定し，メリハリの効いた取組みを強化していくことを計画している。

具体的に説明すると，第1の戦略事業領域は，個人の国際分散投資や相続ニーズの増加を踏まえた「個人向け金融コンサルティングビジネス」，第2は，企業の海外進出や，事業承継等といった複雑なニーズの増加に対応した「法人向けトータルソリューションビジネス」，第3は，新興国の高成長の取り込みを目指した「アジアを含む新興国における商業銀行業務」，第4は，M&Aニーズの拡大や，大企業の直接金融へのシフトに対応するための「証券・投資銀行業務」，そして第5は，規制強化によるリスク・リターンの重要性を踏まえ，当グループが資産や所要自己資本を必要としない「非アセットビジネス（決済・アセットマネジメント等）」である。

つぎに，2つ目の経営目標である「新たな規制・競争環境に対応した財務体質の実現」について説明する。今後，規制強化に対応していくためには，従来以上にリスク・リターン，コスト・リターンを重視し，中長期的に安定して収益を維持・拡大していく必要がある。また，日本国内に確固たる事業基盤を確保したうえで，高成長が見込まれるアジアを中心とする海外での収益機会の拡大を目指していくことが求められている。

このような認識のもと，「健全性」「収益性」「成長性」のバランスの取れた安定的な向上を図る，という考え方に基づき，コアTier1比率8％，連結当期純利益RORA0.8％，連結経費率50％台前半，単体経費率40％台後半，海外収益比率30％程度という財務目標を採用した。

● **3-4-2　中期経営計画における主要な取り組み**

中期経営計画の概要については以上であるが，こうした戦略に具体的なイメージをもってもらうため，5つの戦略事業領域にまたがる主要な取り組みとして，「銀証連携」「グローバル展開」という切り口から，個別の業務戦略について説明する。

まず，銀証連携についてだが，わが国では，歴史的に銀行業務と証券業務を分離する規制がなされてきたものの，近年の規制緩和により，銀行，証券が一体となり，ワンストップで商品・サービスを提供する流れが進んできている。こうしたなか，個人向け金融コンサルティングビ

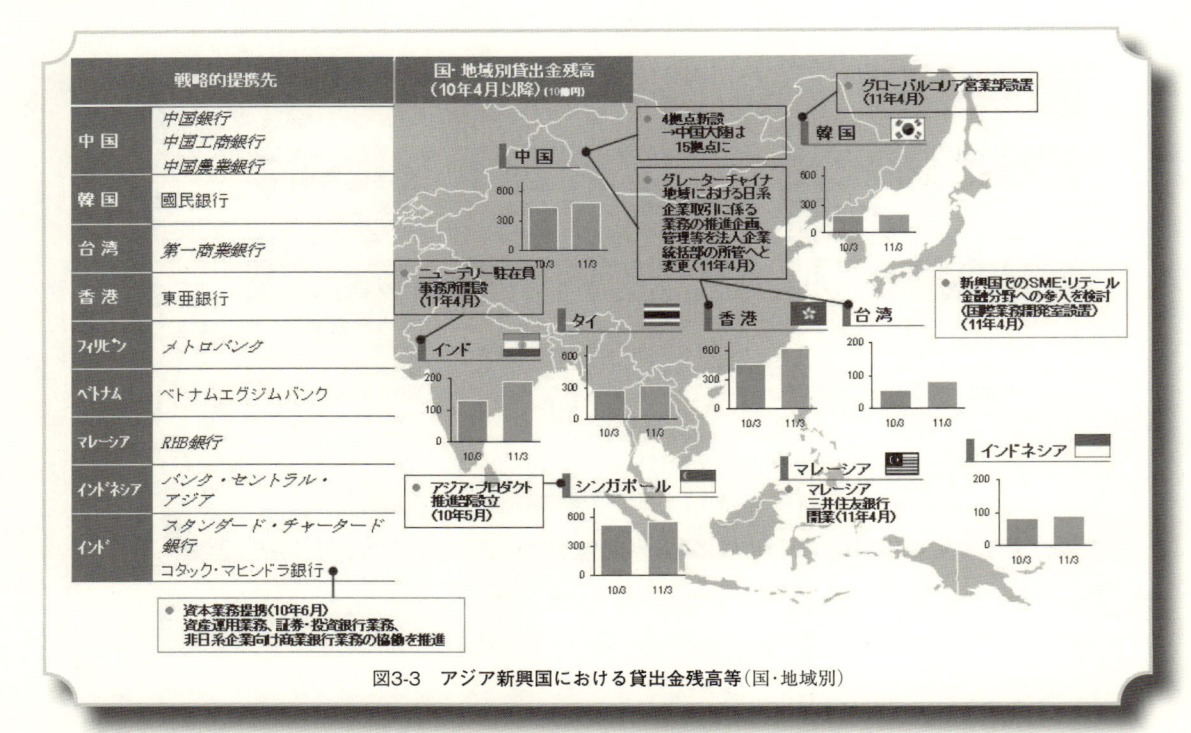

図3-3 アジア新興国における貸出金残高等（国・地域別）

ジネスや，法人向けソリューションビジネスの拡大が重要と考え，2009年10月に日興コーディアル証券をSMBCの100％子会社としてグループに迎え入れ，SMBC日興証券とした。

現状，SMBCからSMBC日興証券への紹介案件数は着実に増加しているが，今後は，個人向け証券業務では，SMBCがSMBC日興証券に株式や債券の注文を取り次ぐ証券仲介の拡大等により，グループ全体でみた個人預り資産を，3年間で10％程度引き上げたいと考えている。

また，法人向け証券業務では，顧客ニーズにマッチしたソリューションを提供する能力を強化することで，株式・債券引受業務やM&Aへの対応力を強化し，銀行と証券の連携収益を，3年間で2倍にしたいと考えている。

次に，もう一つの主要な取り組みである「グローバル展開」について説明する。最初に，当行のチャネル戦略について，今後の成長が見込まれるアジアを例に説明すると，当行は，自前の支店・現法等の拠点拡充と，現地金融機関との事業・資本提携を組み合わせたネットワークの拡充を並行して進めている[5]。

業務展開については，われわれは，海外の日系企業やグローバル企業との取引を強化してきたが，今後は，SMBC日興証券の海外拠点強化とも合わせ，「法人向けトータルソリューションビジネス」として，より幅広いプロダクツ・サービスを，グローバルに提供する方針である[6]。

また，今後，さらなる商流の拡大が見込まれるアジアを含む新興国において，トレード・ファイナンスや，キャッシュ・マネジメント・サービス等の決済業務などの商業銀行業務に注力していくほか，中小企業取引やリテール金融分野への参入等を検討している。

さらに，プロジェクトファイナンスについても，マーケティング力，オリジネーション力を

---

[5] 2011年6月現在，中国大陸の拠点は15拠点。2011年には，マレーシアで現地法人の業務を開始，インドでも駐在員事務所を開設。中国，韓国，マレーシア等において有力金融機関との事業・資本提携を推進。

[6] 当行グループの2010年度の海外収益比率は23％だが，これを2013年度に30％程度にまで高めたいと考えている。

[7] アジア開発銀行の推計によると，アジアでは急速な経済発展を背景に，道路や鉄道，水道，電力等のインフラに対する需要が拡大し，2010年から2020年の間に8兆ドル近くのインフラ投資が必要となる見込み。

一段と強化し,ビジネスチャンスを積極的に取り込みたいと考えている[7]。

●おわりに

　最後に,筆者自身の経験を踏まえて,戦略策定・実行に関してポイントとなる点を整理する。まず,戦略策定・実行にあたっては,経営陣で,銀行の目指すべき方向性・ビジョンを最初の段階で十分共有しておくことが重要である。そして,いったん共有した認識については,戦略策定・実行においてもブレないことが肝要と考えている。

　次に,戦略策定について,誰が責任をもって,いつ策定するか,ということもポイントの一つである。とくに,今回の中期経営計画では,筆者が翌年度に新しい世代にバトンタッチする可能性が高いということを想定し,新しい世代の人達に主体性をもたせて戦略を策定させた。これにより,結果的にトップ交代時に,現在の頭取・社長が考え抜いた新しい戦略を対外的にも打ち出すことができた。

　さらに,環境変化に応じた柔軟な戦略の見直しの必要性を指摘したい。たとえば,1年間の計画を遂行するにあたっては,7月に4-6月を振り返り,7-9月の計画を見直し,9月には,上期を振り返り,下期の計画を見直すといったことが重要である。これは,どこの会社でもやっていることだと思うが,当行としても,PDCAを考え続けることで,環境変化に応じて柔軟に施策等を見直すこととしている。

第4章　経営戦略

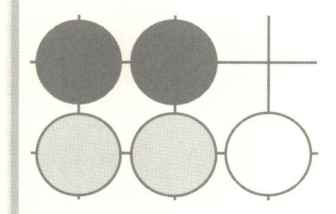

網倉久永

● 4-1　経営戦略とは

　経営学において「戦略」が議論されるようになったのは，さほど古いことではない。戦略という概念をビジネスの世界に持ち込んだのは，「ボストン・コンサルティング・グループ（Boston Consulting Group；略称BCG）」創設者のブルース・ヘンダーソン（Bruce Henderson）だとされている（Kiechel III, 2010）。1963年に創設されたBCGは，1960年代後半から1970年代にかけて，「経験曲線」や「成長マトリックス（製品ポートフォリオ・マネジメント）」などの新しい概念・分析ツールを広報誌『Perspective』に次々と発表した。BCGは，汎用性の高い概念・分析ツールに基づいた新しい経営のあり方を「戦略的経営（Strategic Management）」と称した。

　1970年代以降，「経営戦略（Management StrategyもしくはBusiness Strategy）」と称されようになった経営方針・手法に最も近いものは，それ以前は「経営計画（Business Planning）」や「経営政策（Business Policy）」などと呼ばれていた。ピーター・ドラッカー（Peter Drucker）は，1964年の著書『創造する経営者（原題：Managing for Results）』のタイトルを，当初は『ビジネス戦略（Business Strategy）』とする予定だったが，「誰に聞いても戦略は『軍事作戦か政治キャンペーンの用語で，ビジネスの用語ではない』という返事が返ってきたため，出版社と相談してタイトルを変えた（Kiechel III, 2010/ 邦訳, 2010, p.53）」と言う。

　元来「戦略」は，ギリシヤ語で「軍隊を統率する」を原義とする軍事上の概念であった。軍事戦略論では，個別の戦闘において敵に打ち勝つための「戦術（tactics）」と，最終的に戦争に勝利するための全体計画としての「戦略」を区別している。ビジネスの世界への「戦略概念の輸入」は，ビジネス上の競争を戦争になぞらえる発想から行われたものと考えられる。戦争と戦闘を区別するように，ビジネスの個別局面でライバルに打ち勝つことと，最終的なビジネス上の成功とを区別することができる。戦争で勝利を収めるために軍事戦略が重要であるのと同じように，最終的なビジネス上の成功のためには，基本方針・全体計画としての「経営戦略」が重要になる。

　ビジネスの世界に輸入された戦略概念は，その後広く人口に膾炙し，今日では多様な使われ方をするようになってきた。「戦略的」という表現は，ビジネス上の成功要因として重要であるという意味あいで用いられることもあれば，「計略」や「はかりごと」に同義であると扱われる場合もある。

　実務の世界での多様な用いられ方を反映して，経営学，とくに経営戦略論の研究分野でも，経営戦略の定義には多様なものがありうるものの，その中にもいくつかの共通点を見出すこと

ができる。網倉・新宅（2011）では，先行研究における経営戦略の定義において，以下の三点を共通点として抽出している。

① 到達すべき「目標」や「ゴール」
② 企業外部の「環境要因」と企業内部の「資源・能力」
③ 目標に至るための長期的・包括的な「道筋」や「シナリオ」

これらの共通点を踏まえて，同書では，経営戦略を「企業が実現したいと考える目標と，それを実現させるための道筋を，外部環境と内部資源とを関連づけて描いた，将来にわたる見取り図（網倉・新宅, 2011, p.3）」と定義している。本章では，上記の定義に従って，経営戦略の具体的内容について議論したい。

4-2 経営戦略の階層性

「経営戦略とは何か」を議論する際に注意すべきなのは，経営戦略は計画文書のような「実体」として存在するわけではない点である。経営戦略としての「将来にわたる見取り図」は，計画文書のような形で示されていることもありうるが，そうでない場合のほうが多い。

また，戦略とは，特定の意思決定や行動を指すわけでもない。たとえば，ヤマト運輸にとって，1971年の個人向け宅配サービスへの進出という決定は，同社の戦略上非常に重要なものであった[1]。しかし，同社が個人向け宅配という新しい事業分野で地歩を固めることができたのは，この意思決定に引き続く一連の計画や，実際の活動・行動によってであった。「新事業分野への進出」という単一の意思決定だけを取り出して，それが「戦略そのもの」であると指摘するのは難しい。戦略とは，特定の意思決定や具体的な計画そのものではなく，一連の経営活動の背後にあって，それらに一貫性をもたらすロジックとしての「見取り図」，活動全体を導く「ガイドライン」や「シナリオ」である。

こうした「見取り図」・「シナリオ」としての経営戦略の具体的な内容は，全社戦略・事業戦略・機能戦略という三階層で把握されるのが一般的である。これら三階層は，「事業部制組織」における，トップ＝マネジメント，事業部，機能部門という階層レベルに対応している。

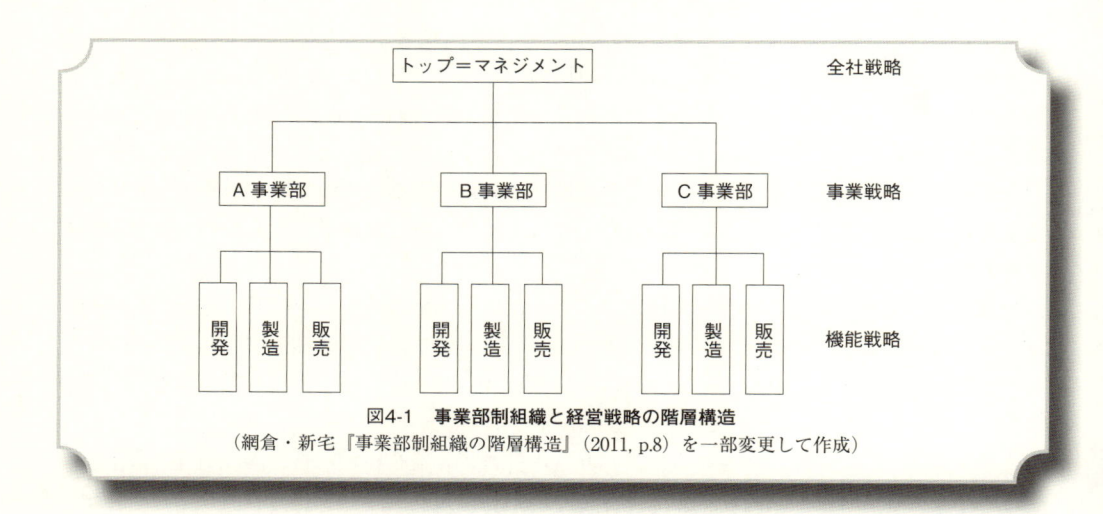

図4-1　事業部制組織と経営戦略の階層構造
（網倉・新宅『事業部制組織の階層構造』(2011, p.8) を一部変更して作成）

● **4-2-1 全社戦略**

「企業戦略」と呼ばれることもある「全社戦略（corporate strategy）」は，企業全体としての活動領域の設定に関する基本方針である。多くの企業は複数の事業を手がけている。企業全体として「どこで競争するか」，どの事業を自社の事業構成に組み込むかに関する全社戦略上の決定は，トップ・マネジメントが判断すべき事項である。

全社戦略がカバーする主なトピックは，①企業の活動領域の設定，②全社的な資源配分に大別される。企業の活動領域の設定には，「多角化」と「垂直統合」についてそれぞれの水準の決定が必要とされる。多角化とは，これまで手がけていなかった新しい市場分野へと進出することを意味している。

垂直統合とは，これまで市場での取引関係にあった活動単位に進出することを意味する。特定の製品やサービスを製造・販売するためには，研究開発・原材料調達・製造・販売など一連の活動が必要になる。企業は，これらすべての活動を自ら手がけているとは限らない。たとえば，自動車メーカーが自ら製造している自動車部品点数は10％程度でしかない。外部の部品メーカーから購入していた自動車部品を自ら内製する例に代表される，「取引関係にあった活動単位」まで活動の範囲を拡大することが垂直統合と呼ばれる。

企業の活動領域に関する従来の議論は，多角化にせよ垂直統合にせよ，活動領域を広げることが前提となっていた。しかしながら，近年では「選択と集中」というフレーズが象徴するように，特定事業から撤退したり，自ら手がけていた活動をアウトソースする例が増えてきた。そこで，活動範囲の拡大だけでなく，逆方向の活動縮小も同時に扱えるような概念として，網倉・新宅（2011）では，「企業活動領域（corporate activity domain）」を提唱している。従来の多角化は，企業活動領域の「水平的拡大」に，垂直統合は「垂直的拡大」に相当する。逆に，事業撤退などは「水平的縮小」，製造アウトソースなどは「垂直的縮小」となる。

また，多角化した企業は，資源配分を工夫することによって，専業企業よりも有利なポジションに立てる場合がある。たとえば，将来的な成長機会に富んだ新しい事業では投資資金が不足することが多い。そこで，資金は豊富であっても，将来性が見込めない事業から，将来有望な事業へと資源を振り向けることで，企業全体としての成長性や収益性を高めることが可能になる。BCGが提唱した「製品ポートフォリオ・マネジメント（Product Portfolio Management）」はこうした考え方に基づいている。

● **4-2-2 事業戦略**

「事業戦略（business strategy）」は，「競争戦略（competitive strategy）」とも呼ばれ，特定の事業で「どのように競争していくか」に関する基本指針である。単一事業のみを手がける「専業企業」においては，競争戦略がトップ・マネジメントの管掌事項となっている例も多いが，事業部制を採用している「多角化企業」においては，事業部レベルでの検討事項になるのが一般的である。

競争戦略の主要トピックは，「競争優位（competitive advantage）」の実現と持続である。競争優位とは，ライバル企業との競争を自社に有利に展開できるため，ライバルに比較して収益性が高い状態[2]である。競争優位実現のために，優位性の源泉を解明することが競争戦略の重要なテーマになる。

---

1) ヤマト運輸の個人宅配事業についての詳細は，網倉（2009）を参照のこと。
2) たとえば，外部環境の急激な変動，経営陣の無能などの要因から，ライバルに対して優位であったとしても収益性が高くならない場合もある。そのため，「潜在的な収益性（収益ポテンシャル）」が高い状態を競争優位と呼ぶのがより正確な表現である。

(1) 競争戦略の定石：差別化とコスト・リーダーシップ　競争優位を実現するための，基本的な方策としては「差別化」と「コスト・リーダーシップ」がある。差別化とは，自社が提供する製品・サービスが他社のものとは違うことを認識してもらい，その「違い」に価値を認めてもらうよう顧客に働きかけることである。他方，コスト・リーダーシップとは，同一製品・サービスのコスト水準が，業界で最も低い「コスト・リーダー」の地位を実現することである。

製品・サービスの購入意思決定に際して，価格は非常に重要な要因である。特定の製品・サービスを低価格で提供するために最も有利な立場にあるのは，業界の価格決定権を握るコスト・リーダーである。ライバルよりもコスト水準が低ければ，自社は一定の利益を確保しながら，ライバルを赤字に追い込むような価格を提示できる。一般に，業界での価格決定権は，「最低価格を提示する」という切り札を繰り出しうるコスト・リーダーが手にする[3]。

コスト・リーダーの地位は，「規模の経済」「範囲の経済」「経験曲線効果」[4]などによって獲得できる。規模の経済は，活動規模が拡大するにつれて単位当たりコストが減少することを指す。範囲の経済は，製品・サービスの取り扱い範囲の拡大が経済性をもたらす，すなわち複数の製品・サービスを扱う場合の費用が，それぞれの製品・サービスを個別に取り扱う費用の合計よりも小さくなることを指す。経験曲線効果とは，累積生産量が倍増するごとに一定の割合で単位当たりコストが減少する現象である。これらの低コスト実現要因は，直接・間接に活動規模の拡大とリンクしているため，コスト・リーダーの地位を目指す企業にとっては，売上規模拡大を通じた成長が重要な目標となりうる。

他方，差別化は「製品・サービスが異なっている」ことが前提となる。顧客に自社の製品・サービスにライバルとの「違い」を見出してもらい，その違いに対して支払意欲をもってもらうことが，差別化を志向する企業の目標である。たとえ競合製品・サービスよりも高価格であったとしても，その価格差を容認してもらえるよう顧客ロイヤリティを高めることが差別化の目的である[5]。

製品・サービスを差別化し，顧客ロイヤリティを高めるためには，「顧客は誰なのか」，「顧客は何を欲しているのか」を正確に理解することが不可欠である。正確に顧客を理解するためには，「マーケティング戦略」の考え方が参考になる。

マーケティング戦略とは，「類似のニーズを持つセグメントのうち，目標とするターゲット市場を探り出し，ターゲットに影響力を行使するために，統制可能な変数を組み合わせていく活動（網倉・新宅，2011，p.128）」である。顧客のニーズやウォンツは均一ではないが，一人ひとりまったく異なっているわけでもない。顧客ニーズにはある程度の共通性を見出すことができる。共通したニーズをもつ顧客グループに顧客を細分化することを「セグメンテーション」と言い，細分化された顧客グループを「顧客セグメント」と呼ぶ。

顧客セグメントのうちから，自社がターゲットとする顧客グループをピックアップする作業が「ターゲティング」である。ターゲット顧客に対して，自社製品・サービスの違いをアピールし，「価格プレミアム」を受け入れてもらうように働きかける活動が「マーケティング・ミックス」の構築である。

企業がターゲットに対して影響力を行使するために用いる，統制可能な変数の集合体をマーケティング・ミックスと呼ぶ。マーケティング・ミックスには，企業がコントロールできるありとあらゆる要因が含まれるが，類似したいくつかのグループに分類することができる。なか

---

[3] コスト・リーダーは，業界内部での価格決定の主導権を手にしても，最終的な価格決定権をもつとは限らない。たとえば，メーカーは最終的な価格決定権をめぐって流通業界と競い合っている。エレクトロニクス製品などで，定価を明示しない「オープン価格」が増えているのは，価格決定権が流通側に移っていることを示している。

[4] これらの低コスト実現要因の詳細については，網倉・新宅（2011）第5章を参照のこと。

[5] 差別化の詳細については，網倉・新宅（2011）第4章を参照のこと。

でも，最もよく知られているのが「マッカーシーの4Ps（McCarthy, 1960）」である。「4つのP（4Ps）」の名称は，ターゲット顧客に対して影響力を行使するために統制できる変数を，「製品（Product）」「流通（Place）」「プロモーション（Promotion）」「価格（Price）」という「P」から始まる4単語のラベルのもとに分類したことから命名されている。

(2) 競争優位の持続：競争優位・劣位・均衡　競争優位の源泉には，長期間にわたって有効なものと，短期間で有効性を失うものがある。競争プロセスでは，競合企業がさまざまな対抗策を打ち出してくる。特定企業の優位の源泉が明らかになると，ライバルはそれを無力化させようと努力する。競争優位の源泉を模倣することによって，ライバル企業との差をなくすことに努め，旧来の競争優位の源泉が役立たないように「競争のルール」を変えようと試みる。

競争優位は，ライバルとの相対比較のうえでのみ成り立つ。ライバルと比較して収益ポテンシャルが高い状態が競争優位と呼ばれるのに対比して，相対的に収益ポテンシャルが低い状態を「競争劣位（competitive disadvantage）」と呼ぶ。さらに，競争優位・競争劣位の中間で，ライバル企業と同等・同条件にある状態が「競争均衡（competitive parity）」である。

市場の成熟や技術革新などによって「コモディティ化」が進展すると，競争優位を持続させるのは難しくなる。「コモディティ（commodity）」と呼ばれる，性能・機能・品質などの属性で差別化できない商品の場合，価格以外に競争の焦点を見出すことはできない。完全なコモディティにまでは至らないにせよ，多くの製品・サービスではコモディティ化が進展していく。たとえば，液晶やプラズマなどの「薄型テレビ」は，デジタル化によって画質などの違いを出しにくくなり，劇的な速度で価格低下が進行している。たとえ，一時的には高品質をアピールして差別化に成功しても，コモディティ化の進展によって「違い」が消滅してしまうと，競争優位を持続させることはできず，競争均衡もしくは劣位に甘んじるしかなくなる。近年，急速なコモディティ化によって，競争優位の持続期間が短くなり，企業の収益性が圧迫される傾向が強まっている。

たとえば，2000年代前半には，デジタルカメラ（Digital Still Camera; DSC）が急速に小型化していったことに伴い，「手ぶれ」が大きな問題となっていた。そこで，パナソニックやソニーなどのエレクトロニクス企業は，ビデオカメラなどで培った技術を応用して，「手ぶれ補正」機能を搭載した製品を投入した。導入当初，手ぶれ補正機能は，強力な差別化要因として作用した。しかし，キヤノンやニコンなど，銀塩方式一眼レフカメラを扱っていたメーカーも技術蓄積を活用して，手ぶれ補正機能を搭載した製品を発売するようになってくると，手ぶれ補正は，導入からほんの数年で，競争優位を実現するための差別化要因ではなくなっていった。2000年代半ばには，手ぶれ補正は搭載されていて「当たり前」の機能となっていた。手ぶれ補正が搭載されているからといって，顧客の支払意欲が高まるわけではない。その一方，カシオや富士フィルムなど，手ぶれ補正技術へのキャッチアップに遅れた企業は「同じ土俵に乗る」ことができず苦戦していた。

競争優位を実現できても，それを持続させるのは難しい。また，競争劣位にある企業が，競争優位を目指して努力しても，競争均衡の状態から抜け出すのは容易ではない。今日では，DSCメーカーにとって，手ぶれ補正は競争優位の実現要因ではなくなっている。手ぶれ補正をアピールしても，顧客にとっては「当たり前」であり，差別化要因とはなりえない。だからといって，手ぶれ補正が不要なわけではない。手ぶれ補正機能が搭載されていないDSCは購入対象にさえならないことが多い。2000年代半ばには，手ぶれ補正技術を保有しなかった企業は，競争に伍していくためには，多大な努力を払って技術を蓄積する必要があったものの，蓄積した技術が収益に結びつくわけではなかった。

今日の日本企業，とくにエレクトロニクスなどの製造業に属する企業の多くは，これに類似した状況に直面している。努力しなければ競争劣位に陥ってしまうものの，努力しても競争優

位を実現することはできず，最善でもライバルに伍していく競争均衡にしか到達できない。日本企業は技術力に優れていても，低収益に甘んじていると指摘される原因の一端は，こうした競争ダイナミクスの変化に対応しきれていないことに求められる。

● 4-2-3　機能戦略

「機能戦略（functional strategy）」は，企業が行っているさまざまな活動を種類ごとに分類した「機能」もしくは「職能」，たとえば研究開発・購買・生産・販売・マーケティング・財務・人事などの各機能部門における基本方針である。企業は，付加価値を生み出すために，一連の活動を手がけている。製造業であれば，製品を企画・設計し，原料・部品を調達し，製品を生産し，出荷・販売し，補修修理等のアフターサービスなどを行っている。これら一連の活動が，付加価値としての「利益マージン」の直接の源泉である[6]。

研究開発戦略・生産戦略・人事戦略・マーケティング戦略・財務戦略などの各機能分野における戦略は，事業全体の戦略方針と密接に関連している。たとえば，製造部門の活動基本方針は，大規模生産によって低コストを実現する場合と，差別化を志向したユニークな製品を製造する場合とでは異なってくる。同一市場で競争していたとしても，事業戦略が異なっていれば，各機能部門での基本方針も自ずと変わってくる。

● 4-3　経営戦略の策定：各階層間での相互作用

全社戦略で「どこで競争するか」を検討し，競争戦略で「いかに競争するか」の方針を定め，機能戦略で「各機能分野で何をすべきか」を決定することによって，ガイドラインや見取り図としての「経営戦略」が具体的な活動に結びついていく。こうした表現からは，競争戦略では全社戦略が最上位にあり，その下に競争戦略，最下位に機能戦略という階層構造になっているような印象を受けるかもしれない。最初に全社戦略を策定し，次いで競争戦略を，最後に機能戦略を策定すべきであるという印象を与えるかもしれない。

しかし，全社戦略・競争戦略・機能戦略は相互に密接に関連しており，必ずしも全社戦略を最初に策定すべきであるとは限らない。全社戦略・競争戦略・機能戦略は，概念的には別階層に切り離して議論することができるが，現実には相互に深く関連・依存していて，切り分けることは難しい。現実の企業運営では，トップ・マネジメント，事業部，各機能部門を切り離して，独立して活動することは不可能である。同様に，全社戦略・競争戦略・機能戦略も，それぞれが独立して存在し，別個に機能することは難しい。

たとえば，インターネット書籍販売大手のアマゾン・ドットコム（Amazon.com）では，創業初期から自社で物流設備を保有する方針を堅持してきた。これは，顧客からの注文にすばやく応えるために，自社で在庫を管理することが重要だとの考えに基づいた経営判断である。自社で物流設備を保有する際に，同社では「十分な余裕」を確保するよう努めてきた。設備能力の余裕は，時には「身の丈に余る」と揶揄されることさえあったが，同社の事業分野を拡大する推進力となってきた。2000年にアメリカ玩具大手「トイザらス」と提携し，同社製品のインターネット販売を手がけて以降，園芸用品・ベビー用品など，次々と製品の取り扱い範囲を拡

---

[6] 企業活動は，付加価値に直結する「主要活動」だけで成り立っているわけではなく，それらを間接的に支える，技術開発・人的資源管理などの「支援活動」も必要である。Porter（1985）は，こうした企業活動を，付加価値を生み出す一連の「価値連鎖（value chain）」として整理している。

大してきた。

　さらに「マーケット・プレイス」と呼ばれるサービスでは，「C to C（Customer to Customer）」と呼ばれる一般消費者間での電子商取引仲介を行っている。手持ちの書籍やCDなどを中古品として販売したい顧客に，アマゾンの商品ページに出品してもらい，取引成立時には決済・顧客対応などの手数料をアマゾンが受け取る。こうしたビジネス・モデルは，楽天などのインターネット・ショッピングモールと直接競合している。アマゾンの脅威に対応するために，従来は物流機能をもたなかった楽天も自ら物流を手がけるようになってきた。この事例は，物流という機能部門での基本方針が全社戦略（多角化・垂直統合）に影響を及ぼしたり，新たなビジネス・モデルへの移行を促したりすることがありえることを示している。全社戦略・競争戦略・機能戦略は，現実には緊密に関連しており，それぞれ別個に策定することは難しい。

4-4　むすびに

　本章では，経営戦略の具体的内容について，全社戦略・事業戦略・機能戦略という三階層ごとに検討してきた。紙幅の制限から，三階層での具体的な内容について十分に議論できてはいない。本章を読むことで経営戦略に興味をもった読者には，網倉・新宅（2011）などの入門書を手がかりに，さらに学習を深めてもらいたい。

第5章　安全保障・防衛政策：ドイツ

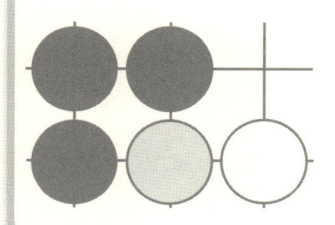

ヨアヒム・グートー
[訳] 岩村偉史

● 5-1　はじめに

　「ドイツには安全保障政策上の国家戦略があるのだろうか。安全保障政策を実施するうえで，明確に認識できる戦略があるのだろうか」。ドイツの安全保障政策に関し，このような根本的な疑問がしばしば提示される。

　軍事史研究家クラウス・ナウマン（Naumann, 2010）はこれに関し，次のような主旨のことを述べている：「ドイツの安全保障政策は，目標に向けた戦略的思考ではなく，留保の政治を戦術とする安全保障政策である。そこで，決定責任は政治レベルではなく，実にしばしば軍の指導部に負わされる。この政治的なものを回避しようとする態度は責任とは正反対のものである。かくして，当然の帰結として，軍の上層部に過大な負担がかかることになるのである」。

　米国，英国，フランス，そしてEUまでも，国家安全保障戦略をもっている。ドイツには国防省の白書があるだけだ。このように，ドイツでは国全体としての基本的方針，つまりは広範に及び，将来を見据えた包括的安全保障戦略が欠落しているように見える。そしてさらに，戦略的思考とは，まさに安全保障政策の分野において，個別の機関がその管轄分野に従って独自に考えることである，との思いが払拭できない。

　以上が本論の出発点ともなるべき問題提起である。少々挑発的に聞こえるが，わが国ドイツの一般市民も同じような感想をもっているのではないだろうか。

● 5-2　安全保障の概念と安全保障政策

　安全保障および安全保障政策は，「平和」「防衛」「外交」などと異なり，ドイツの憲法において系統的な位置を占めてはいない。ドイツの憲法である基本法のどこにも，国家機関が（国内治安とは違って）「対外的安全保障」に気を配らなければいけないとは記されていない。むしろ，平和思想が国内政治および外交政策における中心的課題として重要な位置を占めている。「世界の平和に奉仕する意思」が憲法前文に謳われている。これが，具体的行動と変動する個別戦略の基礎となる戦略的目標なのである。平和政策という中心的思想の他に，当然のことながら基本法には，ドイツの国土が武力による攻撃を受けたり，あるいはそのような攻撃の危険が差し迫っている場合についての規定がある（基本法第115a条　防衛事態）。興味深いことに，こ

こにおいては，安全保障の概念が集団的安全保障制度（基本法第24条2）の関連でのみ語られている。冷戦ならびにこれと結びついた核の脅威という新たな次元により，安全保障の概念に新たな意味が付与され，40年以上にわたって安全保障政策論議の中心に据えられることとなった。基本的には，安全保障は危険の不在としてしばしば定義される。わが国ドイツの安全保障を世界の他の地域に投影することが正か否かについては，意見の対立が顕著になってきている。

本論においては，いわゆる「広義の安全保障概念」を出発点とする。この概念により，軍事的手段を用意されている手段のうちの一つにすぎないとみなすことができるのである。つまり，安全保障政策は，国土の不可侵と社会の安定に対する脅威を回避または終結することを目的として，国家がとりうるあらゆる措置を含むものである。

● 5-2-1　ドイツの安全保障政策の規定要因／戦略の歴史的背景／再統一以前の安全保障政策：抑止と緊張緩和

以上のことを背景にして，ドイツの安全保障政策を再統一前と後とで比べてみると，安全保障政策の対象が大きく変化したことがすぐに見て取れる。

1990年以前の時代は，「自由の中での平和」が歴代ドイツ政権にとって安全保障政策上の最上位の目標とされていた。脅威の規模と種類は冷戦の各段階において異なってはいるものの，この外的脅威の根源はどの時期にあっても明確であった。東西間の軍拡競争とイデオロギーの対立により，平和ばかりでなく，自由と平等を基盤とするドイツの政治システムもまたつねに脅かされていた。そのため，基本法に明記された，「自由な自己決定で，ドイツの統一と自由とを完成する」という目標は，長い間，ドイツの安全保障政策がビジョンとして追い求めるものであった。冷戦時代にあっては自由と平和の維持は自らの努力や一国の単独行動で実現できるものではない，ということもまた明白であった。この経験と，そこから導き出された結論であるドイツの安全保障政策の多国間システムへの組み入れとが，今日に至るまでドイツの安全保障政策の原則となっている。

● 5-2-2　1948年以降の外交・安全保障政策上の関心事項

基本法に示された原則である自由，平等，平和，ドイツ統一による国家主権の回復，そしてそこから派生する経済的繁栄と国土不可侵への希求は，ドイツの中核的国益ということができる。この国益の追求がドイツの戦略である。この戦略は冷戦時代の40年以上にわたって存続してきた。西欧同盟並びにNATOへの加盟，そしてこれから帰結するドイツの西側への参入は，この国益と合致する形できわめて意識的に行われたのである。

● 5-2-3　ドイツ連邦共和国の西側への参入

通常兵力において東側陣営が優位にたつなかで，NATOが追求した核抑止戦略または東西対立の決定的な解決策としての「軍備競争」によってのみ平和と自由を守ることができると，長い間考えられていた。この戦略は，それが失敗に終わった場合には，東西両ドイツが核戦争の舞台とならざるをえないという悲惨な結果を秘めているものであるから，まさにドイツにとってはアンビバレンスなものであった。このため，60年代と70年代において，武力衝突の危険を回避するために，いわゆる「緊張緩和」に向けた政治的努力が必要だとする考え方が重要性を帯びてきた。この努力とはたとえば，武力不行使協定，軍備管理の取り決め，CSCE（Conferenceon Security and Cooperation in Europe）を始めとする包括的東西対話などである。

● 5-2-4　安定の移転と危機管理：再統一後の安全保障政策

平和確立のための従来の手法は，90年代に入って世界秩序が多極化するのに伴い，多くの人が思い描いていた以上に速いスピードで変化していった。90年代と21世紀初頭とを比較する

なかでとくに際立った変化は、軍事的手段の利用と投入を新たに考えなおさなければならなくなったことである。再統一後初の国防白書では、安全保障環境はヨーロッパ中央部において根本的に改善され、ヨーロッパ全体としては持続的な平和秩序構築の好機に恵まれている、と述べられている。同時にまたこうも述べている：「大規模戦争のリスクに変わり、別の種類のリスク要因が多数」現れてきており、「それゆえに、紛争を早期に把握できるよう、以前にも増して、外交や安全保障政策上の広範な手段を投入すること」が求められている。今日では、一つの国の国際的影響力を決めているのは、軍事力よりもむしろ、経済力、技術革新性、将来の市場や資源をめぐる競争力といった要素である。そのため、リスク分析はヨーロッパにだけ限定していればいいのではなく、ドイツとその同盟国に関係してくると思われる社会的、経済的、環境政策上の動きも考慮に入れなくてはならなくなった。

　脅威をめぐる状況が著しく変化したなかで経費を大幅に減らすべきか、あるいは反対にこうした安全保障環境の中で軍隊や軍事的手段を新たに規定しなおすべきか、という戦略上のジレンマが生まれた。領土の保全は依然として堅持すべきものではあったが、これが脅かされているとは考えにくかったので、このように変化した安全保障環境の中でドイツにとって安全保障とは何であるかということについて、新たな考察が必要となった。

● 5-2-5　1990年以降平和戦略の一部として「安定の移転」に向け踏み出したドイツ、とくに連邦国防軍の役割

　このことは、「安定の移転」に関する規定の中で根拠づけられている。50年以上にわたって自国の存立のため同盟国の支援を頼みとしてきたドイツは、初めて安全保障を輸出できる立場になった。ドイツは、自国外の価値あるものを守るに値するものとみなし、これが脅かされたときにはその防衛のため一層の協力を行う能力も意思もあり、同時にその義務をも認識していた。誰がどのような条件のもとでこの輸出品を享受できるのか、またこの輸出をどのように実現していくかなどの点が、戦略上の新たな課題となった。加えて、自国がどのような利益を受けることができるのかなどの視点も必要だった。そうではあっても、NATOの枠内における従来の条約上の義務は相変わらず最優先課題であった。このようにして、ドイツ連邦国防軍のNATO域外への派遣が、質的にも量的にも重要性を増してきた。

　すでに1990年以前にも、連邦国防軍は小規模の国連平和維持活動の枠内で国外に派遣されていた。PKO部隊や平和執行部隊がより規模の大きな形で派遣されるようになったのは、1994年7月に連邦憲法裁判所がそれまで認められていた憲法解釈を退ける判断を下してからのことである。憲法裁判所の判決によれば、基本法第24条第2項は集団的安全保障体制への加盟を認めており、国連だけでなく、NATOもこの安全保障体制と理解することができる、ということである。これにより、政府は連邦議会の承認のもと、積極的に行動することができるようになった。その結果、武力行使を抑えるための軍事作戦への連邦国防軍の参加が目に見えて増大した（SFOR；ボスニア・ヘルツェゴビナ／KFOR；コソボ／SA；アフガニスタンなど）。いずれにしろはっきりしていることは、90年代においてドイツの安全保障政策のパラメーターが地理的に拡大を続け、役割のうえでも新たな位置づけが行われてきたということである。

　役割について言えば、抑止と国土防衛に代わって、「危機予防」ないしは「危機管理」が重要な位置を占めるようになり、90年代半ばからは軍事的手段の投入を最終手段として含むことが多くなってきた。この結果、連邦国防軍に関しては、その役割を新たに定義することになった。その任務が国土防衛に限定され、同盟国の支援を頼みとする抑止の軍隊から、バルカン半島、アフガニスタン、ソマリア沖などに派遣される軍隊へと変わっていったのである。

　このような新たな方向性にもかかわらず、ドイツの安全保障政策の原則は相変わらず存続している。「自由の中での平和」という方針においては、「自由」が「国際社会の自由」へと拡大しただけのことである。

● 5-3 新たな挑戦的課題／脅威／ドイツの安全保障政策の答え：安全保障のネットワーク化／戦略

　国際テロ，大量破壊兵器とその運搬手段の拡散，宇宙，サイバー，移民，エネルギー安全保障，水資源の確保，海賊などに対する交易路の防衛，非対称紛争，感染症大流行といった，国際的状況の重大な変化や新たな脅威のシナリオは「根本的な転換」を指し示している。これは，国際社会とドイツに予防的かつ一層積極的な外交政策を求めているのである。しかしながら，いかなる条件のもと，そしてどのような形で，危機あるいは紛争が早期の対応を必要としているのかは，今なお明確になってはいない。ここでもまた，軍事的介入がつねに求められているわけではない。「非軍事大国ドイツ」という旧来からの考え方が依然として重要な位置を占めており，安全保障のネットワーク化という観点からこの考え方を絶えず革新的に発展させてゆくことになる。

● 5-3-1　ドイツの安全保障政策の基本である多国間主義と「統合化」

　「統合化」はドイツの安全保障政策の一角をなしており，戦略的要素またはその規定要因とみなすことができる。その具体的な例を挙げるとすれば，EU，NATO といった西欧の中核的制度に近隣諸国を組み入れることである。NATO と EU で繰り返されてきた拡大もまた，この戦略の表れである。ロシア（NATO・ロシア協議会，NATO 新戦略構想において長期的戦略パートナーとして位置づけ），トルコ（EU 協力協定），南東ヨーロッパ（バルカン半島安定化協定），北アフリカ地域（EU のいわゆるバルセロナ・プロセス，地中海諸国対話）との連携なども，この戦略の一環である。

● 5-3-2　安全保障のネットワーク化

　上に述べたような新たな挑戦的課題に対して，ドイツの価値観や国益を守るためには，今日では以前にもまして早期に危機予防のための行動を起こさなくてはならない。つまり，ドイツの安全保障・防衛政策における戦略は，平和に奉仕するという使命とともに，危機予防を最優先とするというものである。それゆえ，目標とするのは，外交的，経済的，法的，社会的，途上国支援政策上のあらゆる手段を使って，危機をその発生段階で防止または阻止することである。その際，脅威を抑え込むためには，武力の投入が国内において最終手段としてあるだけでなく，国際法の枠組みの中でも早期に必要ともなる。安全保障政策は，国内においても，また国際的にも，以前にもましてネットワーク化を促進しなくてはならない。しかし，このことはまた，平和を支援するための作戦や活動はその計画段階からすでに，早期にかつ連携して進められなくてはならないことを意味している。その際，多国間システムへの加入は，依然としてドイツの安全保障政策の基本原則である。

● 5-3-3　サイバー対処と宇宙利用

　「安全保障のネットワーク化」という観点から，ドイツ国防省は他省庁と調整したうえで，目下のところ以下のような長期的課題に取り組んでいる：
　　① 宇宙空間の軍事利用
　　② サイバー対処
　　③ 核問題への取り組み
　　④ ミサイル防衛
　　⑤ 温暖化との関連でのエネルギー安全保障

⑥ 国際テロ

　以下では，代表的なものとしてサイバー対処および宇宙空間の意義と利用について軍事的観点から述べることにする。

(1) サイバー対処　　まず始めに，これまでの事例やデータのうち代表的なものを挙げると，
　① 2007 年エストニア政府と銀行に対しサイバー攻撃が行われた
　② ドイツの行政機関に対し，スパイウェア「トロイの木馬」を送り込もうとする試みが繰り返し行われている
　③ ドイツ温暖化ガス排出権取引所に対してフィッシング攻撃が行われ，その攻撃は目的を達成した
　④ 非常に巧妙に作られたワーム「Stuxnet」の猛威もまだ記憶に新しい
　⑤ ネット利用者数は現在約 15 億人に達する
　⑥ 毎日最大 2000 億通ものメールが送られている
　⑦ クレジットカード決済の中断により何十億ドルもの被害が出ている

　この分野でのセキュリティ確保の問題はますます大きなものとなっている。サイバー攻撃対処や作戦遂行・情報収集の手段としてのサイバースペース利用に関しては，新たな法制度は必要ではない。憲法に定められている緊張事態，防衛事態，緊急事態に関する規定が，サイバー攻撃および場合によってとられる対処行動についても適用される。将来的には，軍事的衝突ないしは通常兵器による攻撃の際につねにサイバー運用と組み合わせられた形態が考えられる。その際，効果的に防御を行うためには，国際的協議や緊密な意見調整が重要となる。NATO は協力態勢強化にあたって適切な枠組みとなる。加えて，現在のところ EU や国連においてもこれに向けた動きがある。しかしながら，軍隊がその手段を通じて貢献できるのは，全体の枠組みの中の一部分だけである。サイバーセキュリティとは，安全保障政策の面から言えば，国民，経済界，政府といったサイバースペースに関わるすべての関係者が共同で対処しなくてはならない，安全保障対策の一分野と見るべきものである。

(2) 宇宙利用　　この分野はもともと一般の注目をあまり浴びてはいないが，まさにドイツの安全保障政策にとっては重要な意味をもっている分野である。

　「宇宙空間の意義と利用」(2010 年 11 月 30 日に閣議決定され，翌日 12 月 1 日に発表された) という新たな戦略を通じて，宇宙関連技術がドイツの将来に対してもつ意味の大きさを強調し，宇宙工学の助けをかりて，温暖化防止，機動性，情報通信，安全保障といった中心的課題に取り組もうというものである。その際，ドイツは，継続性と欧州内および国際間での緊密な協力体制を重視している。

　上述の戦略ではさまざまな重点項目が定められている。それはたとえば，統一的な法的枠組みの創設，宇宙研究の拡充，新たな市場の開拓，欧州内の宇宙関連機関・団体の協力体制，独自技術と宇宙へのアクセスの確保などである。宇宙空間を利用したシステムは，危機の早期発見やドイツ政府の決断にあたっても重要な役目を果たすことになる。ドイツから遠く離れた地域における軍など人員の効果的配置・投入が可能になり，迅速な支援措置実施に向け重要な情報を入手することができる。軍事分野においては，人工衛星を使ったシステムは不可欠なものとなってきている。地理的距離を越えて戦略的情報収集能力と指揮・統制能力を発揮することが，現代の軍隊に求められている。その際，重要なことは，その国自前の情報通信・情報収集能力の保持である。

　これらの能力は，ドイツが国際平和活動において長期的に貢献を行い，国際政治に相応の貢献を果たすための前提条件となるものである。しかしまた，宇宙空間における能力は，軍の展開力にとってますます重要なものとなっている。ドイツ内外における安定は，宇宙空間にある

ドイツのインフラがいかに機能するかに左右されるようにもなってきている。これにより，意図的あるいは意図せざる妨害行為（電子妨害，敵対勢力による人工衛星の占拠など），さらには宇宙利用を基礎とする重要な能力を狙って仕掛けられる破壊行為に対して，脆弱になっている。ドイツの安全保障に向けた努力は，将来的にこれらのインフラ体制の防衛にも押し広げていかなくてはならない。

基幹技術と独自の軍事衛星運用能力の確保は，ドイツ国防省にとってきわめて大きな意義をもっている。この分野では，「SatcomBW」および「SARLupe」という人工衛星システムにより重要な成果を上げた。宇宙の平和利用は，軍事的観点からも，基本的戦略の一部となっており，この戦略は次世代が平和と繁栄を享受できる前提条件を長期的に整備していくものである。

5-4 まとめ

以上のことを総括すると，戦略というものは必ずしも刊行物の形をとる必要がないということである。あらゆる場合を想定し，軍投入計画を完璧に整えてあるような戦略などない。国家理性を統一性ある国家の行動に移す試みとして戦略をとらえるなら，ドイツの国家戦略は基本法により明確に定義されている。ドイツの国家としての使命は，基本法の定めるところにより，ドイツの国民のために法秩序，自由，民主主義，安全，繁栄を維持し，危険から国民を守り，主権と領土不可侵を確保することである。これに加えて，NATOやEUなどの加盟国として世界の平和に寄与するという役目や義務がある。しかしこれは，ドイツの国家戦略を実現するための手段である。

この国家戦略には以下の点が含まれている：
　① 全世界における人権の尊重に寄与する
　② 自由，民主主義，法秩序の拡大に寄与する
　③ エネルギーおよび天然資源の安定供給を含めた自由貿易体制を確保する

このために必要なことは，
　① EUおよびNATOの結束と政治的・経済的・軍事的行動力の強化
　② 共通の目標と価値観を有する国々との関係の促進
　③ 戦略的パートナーシップの深化
　④ 国際法を基礎とし，実効性ある多国間および国際的秩序の強化

以上が，21世紀初頭におけるドイツの戦略的目標である。

第6章　国家の安全保障：イスラエル

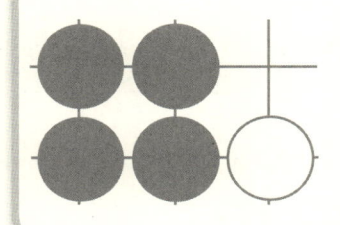

ニシム・ベン シトリット
[訳]菅生素子

　多くの国は，国家の安全保障は主に単独の要因に基づいており，それは軍事力であると考える傾向がある。このアプローチは，多くの国を，他の同様に重要な目的を犠牲にし，軍事力を強めることに駆り立て，その結果完全な崩壊へと導いた。

　今日，国家の安全保障は，等しく重要なさまざまな原則に基づくべきであり，防衛の強化は，その中で最重要の原則ではないと私は考える。

　国力が高く影響力のある国家として，国際社会の一員になりたいと考える国は，次の3つの分野に重点を置く必要がある：教育，経済，防衛。これら3つの要因は相互に関連しており，国力の柱をなし，1つの要因は他の要因なくしては成立しえない。

● 6-1　教　　育

　イスラエルの教育システムは，国民の識字率が高い（96.9%）という結果につながっている。言い換えるならば，イスラエルに読み・書きができない者は存在しないということである。

　建国の初期に，義務教育が法律で定められ，18歳までの大半の年数を，さまざまな枠組みで学ぶことが義務づけられている：幼稚園，小学校，中学校，高校，そして18歳で軍隊に招集されるまで続く。

　広義の教育は当然18歳で入隊することで終わるわけではなく，兵役中も継続し，除隊後も自然に，科学技術から文化芸術に至るまで，さまざまな学術分野の専攻に進むことになる。

● 6-1-1　文化芸術

　教育分野の中でも，それなしでは国がそのもつ可能性を十分に実現できない重要な分野があり，それが文化芸術分野である。

　国は，付加価値としての文化芸術を世界に発信すること抜きには，何であれ工業生産のみに依存することはできない。さまざまな国々が，その文化的発展およびその世界への発信の結果として，世界に多大な影響を与えてきた。

　テレビの生産は重要であるが，そこに放映されるコンテンツもそれに劣らず重要である。イスラエルは，安全保障上の困難がありながらも，高い水準の文化芸術を創造することに成功し，それはイスラエル社会の精神的な豊かさを示すものである。

● 6-1-2　科学技術

　イスラエルは，今日までに科学分野でノーベル賞受賞者を8名も輩出してきたことを誇りに

している。これは国の人口比にして前例のない数である。

　この数はまた，とくにイスラエルに天然資源が少ないという現実に照らし，科学技術への投資の重要性を何よりも示している。唯一の顕著な天然資源は，人的資源であり，イスラエルは，国民ひいては全人類へ重要な貢献ができるような人材を育成する挑戦を，果敢にも行っている。

　科学技術分野におけるイスラエル人の科学者たちの実績はめざましく，グローバルな重要性をもっている。その貢献はとくに遺伝子工学，コンピューターサイエンス，化学，物理，電子工学，光学，農業工学，エンジニアリングなどの分野で顕著である。

　イスラエルはハイテク産業を振興してきており，ベンチャー企業と技術集約型産業は，イスラエル経済において重要な構成要素である。米国に次ぐ第2のシリコンバレーをイスラエルに見るには訳があるのである。

6-2　経　　済

　安全保障上の不確実性のもとでも，イスラエルは数十年の内に安定し強固な経済を生み出すことに成功した。

　GDPは2,130億ドルで，1人当たりGDPは29,531ドルである。経済発展により，イスラエルは2010年にOECDに加盟承認され，世界の先進国のうち17位にランクされている。

　これらはすべて，非常に限られた天然資源と，長年にわたる防衛上の困難にもかかわらず成し遂げられた。これらはすべて，農業および産業技術の発展のための政策を規定し，イスラエルを自国産物の独立した消費者たらしめた，ここ数十年になされた正しい判断の結果である。

　加えて，イスラエルは水の消費量削減および地熱エネルギーの分野，そしてもちろんハイテクの分野で世界のリーダーとなり，そのことでハイテクの分野ではとくに，世界の巨大企業がイスラエルに開発センターを置くまでになっている。

　健全な経済政策の結果，先進国の中でも，イスラエルの対外債務は最も低い部類である。

6-3　防　　衛

　イスラエルは世界の他の国々と比較して，人口に対して規模の大きい軍隊に依存してきた。

　イスラエルの軍隊は，主に正規軍に依存しており，その大部分は徴兵による。国家予算のかなりの部分（15%）が防衛のために充当されるが，それは複雑な安全保障の状況が，イスラエルの防衛に関する認識に影響を与え，イスラエルが地域でのあらゆる脅威や安全保障上のリスクから，外的要因の関与の必要なしに自衛するという決定を導きだした結果である。

　イスラエルでは，徴兵法により，18歳以上の若者は男性が3年間，女性が2年間，兵役に就くことが義務づけられている。この決定は，若い世代を，イスラエル国家の防衛と強化を担う世代とし，そのため彼らはその成長の時期をイスラエル社会のための貴重な貢献に費やすのである。

　兵役服務は実際のところ，若者たちが3年という期間，出自の違いを超えて共に過ごす，るつぼのような場所となる。この時期は自己の向上や能力の開発のための，あらゆる機会が目の前に開かれているのである。

イスラエル軍は，高度なテクノロジーと，最先端の設備を特徴としている。そうしたテクノロジーに，若い徴兵兵士たちは触れることになり，こうして彼らはテクノロジーの分野での自らの能力を高め，将来民間市場に出て行くための準備をすることができる。

兵役を終えた兵士は自由市場に出る時には，より成長し，より教養をもっている。つまり，一方で彼は自らの貢献が国の防衛に寄与したことを自覚し，他方で国が，彼のその後に役立つ最高レベルの専門技術を与えたことになるのである。

双方が互いの貢献を享受できるこの方法は，軍事技術を市民社会の役に立てるために応用した数々の発明をもたらし，世界中でさまざまな分野でその例を見ることができる。コンピューター，医療機器，通信業界，自動車，その他多くの分野である。

● 6-4 まとめ

国家の強度はさまざまな要素に基づいており，それぞれがそれ自体で重要ではあるが，全体の最適な組み合わせが，その国を国際社会の中であるべき地位に押し上げるのである。

イスラエルは，63年もの間生存を賭けて戦い，一瞬たりとも平穏のなかった国として，大変興味深い例であるが，それにもかかわらず，自らを世界で最も，社会的にも経済的にも，成功した例の一つとすることができたのだ。

第7章　同時並列的文化関係構築戦略の課題

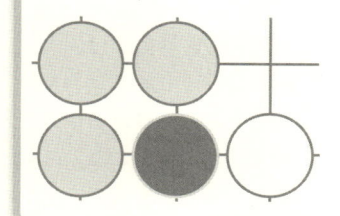

渡辺文夫

◉ 7-1　はじめに

　フィリピンのさまざまな地方を訪れて気づくのは，少し大きな町の構造が同じことだ。町の中心部にはカトリック教会，その前には広場，隣には教会附属の学校がある。大学（college）が隣接してある教会もある。

　東西南北ヨーロッパの町もそうだ。町の中心には大きな教会があり，その前に広場がある。ヨーロッパの中央部から北部，東部では，これらの教会は，今は，博物館，プロテスタントや正教の教会になっていたり，英国では，英国国教会の教会になっていたりする。18世紀末のフランス革命さらには16世紀の宗教改革以前の古代ローマ帝国や神聖ローマ帝国時代において，ヨーロッパ全域で，ローマ・カトリック教会が町造りの中核になっていたことがわかる。

　フィリピンの町の造りがヨーロッパと同じなのは，360年ほどの間スペインの植民地だったからだ。1521年にマゼランがフィリピンのサマール島に上陸した。そののち，当時のスペイン皇太子がフィリペ2世であったことから1542年に「イスラス・フェリピナ」と名づけられ，フィリピン諸島は，スペインによって植民地化されていった（鈴木, 1997）。

　植民地づくりは，中南米を徹底的に直接植民地支配したスペイン軍が，メキシコから船でやってきて行った。ローマ・カトリック教会の修道士[1]たちを伴ってのことだ。カトリック教会を街の中心部に作り，植民地体制を築いていった。当時のスペイン総督は，修道士たちを使って，フィリピンを統治した（池端, 1977；鈴木, 1997；Steinberg, 1994/邦訳, 2000）。これは，アジアの他のヨーロッパの植民地支配の方法と比べると，大きな違いの一つだ。その後フィリピンは，1902年から1946年までアメリカの植民地となった。アメリカ＝スペイン戦争でアメリカが勝ったためだ。

　フィリピン人の精神，伝統，歴史，文化，社会を知るためには，スペイン人がフィリピン人をどのように植民地支配したか，またフィリピン人が，どのように植民地支配されてきたか，両側からの理解が必要となる。

　また，アメリカへの理解も求められる。フィリピンは，第2次世界大戦中の日本による占領を経，戦後アメリカから独立した。しかし，法制度，学校教育，ビジネス慣習，文化においてアメリカの影響が現在も色濃く見られる。共通語の一つは，英語だ。英語ができることもあっ

---

1) イエズス会創立者の一人で，日本に初めてキリスト教を伝えたフランシスコ・ザビエルたちは，これらのスペイン軍に伴ってフィリピンに着き日本に来たのではない。彼は，マラッカ経由でフィリピンには立ち寄らず，鹿児島に直接入った（Lécrivain, 1991/邦訳, 1996）。

て，フィリピンの人たちは，世界中でさまざまな仕事に就いている。ルソン島北部の海抜1,500メートル以上の山岳地帯に行くと，かなり年をとった少数民族の老人たちが，なまりのないアメリカ英語を話すので，驚くことがある。プロテスタント系のアメリカ人宣教師たちが，直接英語教育をしてきたためだ。

戦前には，ハワイにフィリピンの人たちが移民として渡った。ベトナム戦争時代には，フィリピンのスービックにアメリカの海軍基地，アンヘレス北部には世界最大級のアメリカの空軍基地があった。この時代に，多くのフィリピンの人たちが，アメリカ軍の軍人や軍属になり，アメリカ国籍を取った。また，医師や，看護師，技術者などとして，アメリカに移民した人たちも多い。フィリピン系アメリカ人の数は，2000年の戸籍調査によれば，1,850,314人で，アジア系アメリカ人の中では中国系に次いで多い。混血も含めると約2,500,000人になる。その7割は西海岸に住む[2]。

フィリピン系アメリカ人の多くは，家族をアメリカに呼び寄せ，フィリピンに残った家族や親せきに仕送りをし，フィリピンにも家を建てる。フィリピンで出会う人たちの家族や親戚に，アメリカ国籍をもつ人がいることはめずらしくはない。アメリカ国籍を取り，フィリピンに住む人たちもいる。フィリピンとアメリカは，生活の現状において連続している。現在のフィリピンの人たちを知るためには，アメリカの文化と歴史も同時に知らなければならない。

中国のことも知らなければならない。

2011年7月発行の経済誌 Forbes Asia には，フィリピンの億万長者番付の記事が載っている。その多くは，中国系フィリピン人だ。フィリピンには，大昔から，中国大陸からさまざまな中国人がフィリピンに移り住み，交易も盛んに行った。スペインの植民地時代には，中国の絹製品をマニラに集め，中国の大型帆船（ガレオン船）で，そこから黒潮と季節風に乗ってメキシコのアカプルコに運び交易をした（鈴木, 1997；Steinberg, 1994/ 邦訳, 2000）。フィリピン独立の英雄ホセ・リサールも中国系フィリピン人の5世だった（Steinberg, 同書）。中国で毛沢東軍と蒋介石軍が戦ったときに，フィリピンに避難した中国人も多い。その中には，カトリックの信者もいて，その人たちは，今でも，フィリピンのカトリック教会を通してではなく，直接バチカンと関係をもっている。

山岳地帯に太古から居住していた少数民族とミンダナオのムスリムを除けば，平地に住むほとんどのフィリピンの人たちは，マレー系，中国系，スペイン系の混血だ。しかし，タガログ語を基礎として作られた国語のピリピノ語や共通語の英語が日常会話で混在しているにしても，80以上あると言われる言語圏は，いまだに維持されている。それぞれの言語圏で伝統的な家庭料理が，今でも毎日の食卓に乗る。食文化も異なるのだ。フィリピンの人たちの姓も，南ヨーロッパ系，中国系，マレー系などさまざまだ。ニックネームは，アメリカ人と同じものをよく耳にする。顔などの身体的特徴だけでは，その人が，どのような民族的背景をもっているのかは，わかりにくい。

フィリピンの都市部では，北部山岳地帯のバギオ市も含め，スカーフをかぶったムスリムの女性の姿を見かける。2-30年前にはなかったことだ。2000年の統計によると，フィリピン国民の中で一番多いのは，ローマ・カトリック教徒で80.9％，2番目はムスリムで5％[3]だ。

一般的に言えば，欧米や中国をわかり，植民地主義や戦争のことをわかっている日本の人たちの方が，フィリピンの人たちとは腹を割った話ができる。キリスト教とイスラームをわかっていると，フィリピンの人たちとは同じ目線に立てる。

フィリピンで仕事をしたり生活をする場合，世界の歴史，宗教，経済，政治，文化などつい

---

2) http://www.abs-cbnglobal.com/Regions/USA/Products/AdSales/FilipinoAmericanPopulation/tabid/630/Default.aspx（2011年11月25日）
3) http://www.indexmundi.com/philippines/demographics_profile.html（2011年11月25日）

ての自らの考えをもっていないと，フィリピン人の友人たちとの深い関係が築けない（渡辺，1991）。

7-2 アジアと欧米との同時並列的文化関係構築の必要性と戦略的課題

上で述べてきたことをさらに普遍化すると，「欧米諸国に植民地支配されたアジア[4]の人たちと信頼関係を築くためには，欧米についても知らなければならない」という命題が導き出される。アジアや欧米の人たちとの同時並列[5]的な関係を築くことが重要だ，という命題だ。

日本で生まれ，日本で成人まで育った一般的な日本人（このような人たちを本章では「日本人」と表現する）が，仕事や生活の中で，この命題に戦略的に取り組むときの課題を次に示したい。

筆者は，40年近くもの間，海外で仕事をしている日本人の異文化接触の問題とその問題への方略[6]（strategy），異文化接触での諸問題に対応する資質（competence）研究と教育を行ってきた（渡辺，1993，2002；Watanabe, 2005）。この間に，これらの問題を取り巻く歴史，政治，経済，国際関係などについて，さまざまな書籍を読み，訪れた諸外国（東アジア，東南アジア，ヨーロッパ，米国，イスラエル）での同僚，友人，知人たちと出会い議論をし，現地視察をして学んできた。ここで述べる課題は，そこから得られたものだ。

7-2-1 日本人の歴史的経験の特異性への認識

日本人は，他の世界の人々と比べると，次に述べるような意味において，特有な歴史的経験をしている。

たとえば，日本は，タイ，イラン，ロシアなどの国々と同じように，現在の国土全体が植民地になったことや，他国民・他民族に長期にわたり直接支配された歴史的体験がない。沖縄を除き，日本は，第2次世界大戦後米国に占領されたが，これは一時的な占領であった。

また，多くの国々と違って，他国・他民族と陸続きではない。フィリピン，インドネシア，ミクロネシア，メラネシア，ポリネシアなどの島々は，陸続きではないが，大昔から，船による交流が盛んで，海洋大陸と言ってもいい。日本は島で構成されているが，そうではなかった。

沖縄を除き日本全体が，他民族による殺戮の場になったこともない。

日本人が，世界の人たちと関係を築くときに，このような歴史的，地理的に特有な日本の条件を認識することが必要となる。

7-2-2 「500年」，「2000年」単位での世界全体と地域の歴史の理解

筆者は，1976年に調査のためにフィリピンに訪れた。その後，土着的心理学者として世界的に著名なフィリピン大学文理学部心理学科のエンリーケス（Vergilio Enriquez）教授をカウンターパートとして，毎年フィリピン大学に滞在し，人種意識の発達についての日本とフィリピンの比較研究を行った。1980-81年にかけて，コロンボプランの一環で政府間協定に基づき，

---

[4] 中近東は西アジアとも呼ばれる。本章では，アジアは，東アジア，東南アジア，南アジア，中央アジア，西アジアを意味する。
[5] 同時並列という概念は，ニューロコンピュータの開発研究の基礎となってるコネクショニズムで用いられてきた（麻生，1988）。
[6] 多くの日本の心理学者は，これまでstrategyを「方略」と訳してきた。近年「戦略」と訳される事例も見られる。

日本人とフィリピン人との価値観の比較研究のためにフィリピン大学に滞在した。この間，同大学大学院心理学研究科の博士後期課程で，異文化間心理学（Cross-Cultural Psychology）の授業も担当した。この間，さまざまなフィリピン人と出会い，さまざまな場で論議をし，さまざまな場所で人と歴史と文化を学んだ。約400年間もの間スペインとアメリカに植民地支配されたフィリピン人の視点から世界の歴史を見た。それまで日本や欧米の側から理解していた歴史を世界の反対側から見る経験だった（渡辺，1991）。

1492年にコロンブス（Christopher Columbus）が，バハマ諸島についた時が植民地主義の始まりで第2次世界大戦後の各植民地の独立をその終りとするならば，植民地主義時代は，おおよそ500年続いた世界の歴史での出来事だ。このような歴史の区切りで見ると，1603年から1867年まで265年間続いた江戸幕府が，鎖国をしたのは，欧米から植民地支配されることを回避するためであり，開国したのは，回避しきれなかったと見ることができる。1858-67年に江戸幕府が欧米諸国と結んだ通商条約は，領事裁判権を認め，関税自主権を放棄した不平等条約だ。日本は，1895年に台湾，1910年に朝鮮半島，1932年に満洲を植民地支配した。

この500年の間に，日本のみならず，世界のほとんどの地域の人々が，植民地主義を経験したことになる。支配する側とされる側となってのことだ。

世界のユダヤ教徒，キリスト教徒，ムスリムにとっては，過去2000年が意味をもつ。約2000年前にユダヤ教徒の中からキリスト教が生まれた。610年頃に天啓を受けたとされるマホメットが，イスラームを生む。この3つの宗教は，ユダヤ教の聖書（旧約聖書）のすべて（キリスト教）あるいは部分（イスラーム）を共有する。

人は歴史の中でしか生きられない[7]。人は歴史的記憶と知識，慣習で動く。世界全体と地域の歴史を，500年単位，2000年単位で自分の言葉で理解し説明できるかが，日本人が世界の人とつながるときに問われる。

● 7-2-3　旧植民地宗主国ヨーロッパと被植民地への理解

アジア，アフリカ，南北アメリカ，オセアニアなどの人々と土地は，多くのヨーロッパの国々によって，年数の違いはあれ長期に植民地支配されてきた。視点を逆にすれば，この間，ヨーロッパの多くの国々は，アジア，アフリカ，南北アメリカ，オセアニアなどの人々と土地を植民地支配してきた。

この歴史的経験により，植民地支配されてきたアジアの人々と植民地支配してきたヨーロッパの人々は，立場は逆だが，お互いに直接的に深く知り尽くしている。日本は，ヨーロッパを植民地にしたことはないし，ヨーロッパの被植民地になったこともない。日本人は，植民地支配してきたヨーロッパの人たちと，これらのヨーロッパ諸国に植民地支配されてきた人たちを，同じようにわかることが，この人たちと関係を築くために求められる。

● 7-2-4　ヨーロッパの植民地主義と奴隷制への理解

歴史の中で長い間，南西アジア・地中海諸国では，さまざまな種類の奴隷が奴隷制の中に存在してきた（ブリタニカ国際大百科事典，1996）。古代ローマ帝国の奴隷制

---

[7] このことについて歴史学者のロバーツ（J. M. Roberts）は，次のように述べている。「私が一貫して主張してきたのは，過去の歴史が私たちの生活にいかに大きな影響をおよぼしているかということ，そして人間は歴史をコントロールできると考えがちですが，その巨大な流れはそれほど簡単には変化しないということです。（中略）私たちの現代の生活は，あきらかに遠い過去から大きな影響を受けており，そこには先史時代の影響さえ含まれているのです」（Roberts, 2002/邦訳, 2003）。

（Hanoune & Scheid, 1993/ 邦訳, 1996）は，帝国の拡大とともに，広くヨーロッパ地域に浸透していった。奴隷あるいは奴隷的存在が社会に存在しながら，歴史が流れていった。旧約聖書は，ユダヤ人がエジプト人の奴隷となり，解放され，その後何が起きたかを記述した書だ。

奴隷とは，「他人に所有され，権利と自由の多くをまたすべてを奪われている者をいう」。「したがって，これは財産奴隷と呼ばれ，法的な個人財産を意味する。奴隷は，その所有者の恣意の下に従属し，一般に所有者はいかなる種類の役務労働をもこれを課すことができ，少なくとも原理的には，その生命も奪うことができた」（ブリタニカ国際大百科事典, 1996）。奴隷制は，「ある個人集団が，他の個人または集団を彼らの意志に反して強制的に労働させる仕組みが社会的に承認されている場合，これを奴隷制という」（ブリタニカ国際大百科事典, 1996）と説明できる。

2006年に，ブレア（Tony Blair）英国首相が，過去の奴隷貿易への遺憾の意を表した[8]ことは，「謝罪ではない」という批判[9]はあったが，歴史的に大きな意味をもつ。

日本においては奴婢や散所のような奴隷的存在はあった。古代ギリシヤ，古代ローマ帝国にみられたようなさまざまな種類の奴隷の存在が日本にも制度化されてあったかどうかという問題については，さまざまな議論がなされてきた（吉田, 1989；五井, 1996）。奴隷・奴隷制が，長い歴史の中で社会の基礎的構成の一つとなっているヨーロッパの人たちの植民主義，植民地と植民地の人々に対しての見方，態度，感覚，ヨーロッパの人たちに植民地支配されてきた人々の世界への認識，態度，感覚は，一般の日本人には理解が難しい。

● 7-2-5　宗教への理解と信仰と宗教の区別

日本の隅々に神社があり，寺院がある。世界のどこにでも，寺院，教会，会堂と呼ばれるものがある。人々はそこに通う。そして，祈り，拝む。世界は宗教で満ち溢れている。宗教を自分の言葉で理解し説明できるかが，日本人が世界の人々とつながるときに問われる。

第1次世界大戦と第2次世界大戦は，ヨーロッパにおいてはキリスト教徒同士の凄惨な殺戮だった。お互い「神」に祈りながら，殺しあった。近年，ムスリム同士の殺戮が，西アジア，中央アジア，北アフリカで起きている。お互いに「神」に祈りながら殺しあっている。

南アジア，東南アジア，西アジア，アフリカでは，異なる宗教の信者たちが殺しあってきた。お互い「神」に祈りながら，「ブッダ」を拝みながらだ。

宗教は，時に政治的で，時に残虐だ。しかし一人の人にとっては，信仰は救いであり，平和だ。宗教と信仰は重なるが，時に離れる。

信仰と宗教の区別と重なりとを理解し説明できるかが，日本人が世界の人々とつながるときに問われる。

● 7-2-6　国家についての理解

古くには，さまざまな帝国があり，都市国家があった。現在の世界中の国家や国境線のほとんどは，先に述べた500年間の植民地主義時代に作られた。国家は作られたものだ。日本人の多くは，日本は太古からあった一つの国家だと感じているが，世界の国々の状況は異なる。国家で栄え，国家で滅び，国家で戦い，殺しあう。国家とは何かを自分の言葉で理解し説明できるかが，日本人が世界の人々とつながるときに問われる。

---

8) http://news.bbc.co.uk/2/hi/6185176.stm （2011年11月25日）
9) http://www.dailymail.co.uk/news/article-418943/Blairs-slavery-sorrow-claim-activists.html （2011年11月25日）

● 7-2-7　部分と全体が相互作用しているシステムとしての世界への理解

　世界の片隅での出来事が，為替や株，先物取引の相場に即座に影響を与える。為替取引，株取引，先物取引，ファンドの動きが，世界の庶民の生活を変える。あるところで貧しい露天商の男が自殺をし，差別を受けている人が暴行されている映像が世界を駆け巡り，暴動が起こり，デモが起こり，それが国全体，他国，地域，世界に波及していく。

　他の国がある国に戦いを挑むと，地球の裏側の同盟国が動き出す。地球の裏側の同盟国の意向で，ある国が戦い出す。

　ある国のある地域に住む歌手が，世界の動きを感じ取り，世界の人々の魂を揺り動かす歌を謡う。ある国の路上で死を待つ人たちを救う一人の修道女が，世界の人たちの生き方を左右させる。

　社会の要請を敏感に感じ，ある人たちは，小さなコンピュータ，携帯電話，インターネット上のソーシャル・ネットワークを作る。この人たちが作った，小さなコンピュータ，携帯電話，インターネット上のソーシャル・ネットワークを，世界中の人たちが手にし，人々がつながり，連帯しあい，攻撃しあう。

　母が父が，子どもたちを母国に置き，地球の反対側で働き，送金をし，子どもたちを養う。その子どもたちは，異国で働く親の仕送りを待ち，叔父，叔母たちと暮らす。お金をたくさんもった人たちが，国々が，世界中で利益を上げ，一夜にして失う。貧しかった人たちが，世界の大きな流れの変化に乗り，事業を成功させ，瞬く間に大金持ちになる。

　金，資源，情報，もの，人などが，同時並列的にぐるぐる回りの関係で，世界中を動き回っている。どのように動き回っているのかを自分の言葉で理解し説明できるかが，世界の人たちとつながるために求められる。

● 7-2-8　日常的価値への理解

　人々は，国，宗教，歴史，文化，社会状況などが違っても，何かを大切にしながら毎日を過ごしている。何を大切にするかは，人によって違うこともあれば，似ていることもある。

　異なる文化圏で生活をし仕事をしている時，自分が大切にしていることと，自分のカウンターパートが個人として日々の生活で大切にしていることが，一緒だったり，一緒でなくてもよくわかったりすると，親しみを感じるようになる。

　人は何かを大切にして生きている。人が，自分が，何を大切しているのかを自分の言葉で理解し説明できることは，地球上でさまざまな人に出会いつながるきっかけを作る。

● 7-3　おわりに

　上に述べた課題と試行錯誤しながら取り組んでいると，国，民族，宗教，思想を超えて，お互いに尊敬し，信頼していると感じる人たちと時に出会う。そのような人たちを，筆者は，「きょうだい」と呼んでいる。日本にも，フィリピンにも，イタリアにも，デンマーク，ギリシヤ，アメリカにもいる。「きょうだい」の家族は，自分の「延長家族」となる。この人たちを通して世界とつながり，生活や仕事がさらに充実し，拡大する。

第IV部
インテリジェンス論

第1章　総論：インテリジェンスとは何か

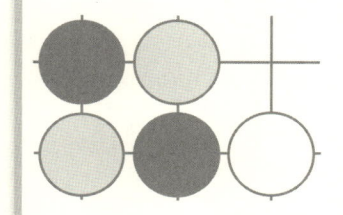

孫崎　享

　インテリジェンスとは何か。
　別の言葉で言えば「インテリジェンス (intelligence)」と「インフォメーション (information)」はどう違うか。
　米国にロバート・ボウイ（Robert Bowie）という人物がいた。彼は国務省政策企画部長で，アイゼンハワー大統領の対ソ連政策に関与した。後，ハーバード大学教授になる。さらにハーバード大学を辞めた後，ターナー CIA 長官の下，CIA の分析部部長となった。学者，政府の情報分野，政府の政策分野のいずれもの分野で最も重要な地位を経験している。
　このロバート・ボウイは「インテリジェンスとは何か」について，名言を述べた。「インテリジェンスとは行動のためのインフォメーションである」。
　具体例で考えてみよう。新聞にさまざまなニュースがある。これは多くの人にとり，インフォメーションである。これが外交や軍事の行動を前提にして集められると「インテリジェンス」になる。
　大学教授が中国の軍事について講義する。この段階では中国軍事情勢は教育の材料に留まる。学生には，インフォメーションである。しかし，防衛省が尖閣列島の防衛のために，この大学教授から中国軍事情勢を聞けば，インテリジェンスになる。同じ内容でも，行動を前提とするか否かで，インテリジェンスとインフォメーションに分かれる。
　何も大上段に振りかざす必要はない。日常生活でも私たちは一種の「インテリジェンス」を活用している。年末帰省するとしよう。東名高速の混み様はどうか。帰省せず東京にいる人には東名高速の混雑予測は単なるインフォメーションである。しかし，帰省する人には，自分の最適な行動を決める重要な情報になる。
　2011年ギリシヤ，イタリアに端を発し欧州の金融危機が叫ばれた。この時，一般の人がテレビの前に座ってニュースを見ていれば，これは単なるインフォメーションである。もし，日々株式投資を行う人がいれば，株式の売買に直接影響を与えるインテリジェンスになる。欧州の金融危機は日本企業の株価にすら影響を与えている。
　私たちはいろいろな行動をとる。この行動を正しいものにしたい，効率的なものにしたい，目標の実現に貢献したいという目的に供するのが情報である。
　私たちの行動はさまざまなものがある。通勤を考えよう。毎朝傘を持っていくべきかチェックする。これもインテリジェンスの分野に入る。
　しかし，この本で問題になるのは戦略との関係のインテリジェンスである。筆者は戦略論を「人や組織に死活的に重要なことをどう処理するか」を考える学問とした。「死活的に重要なこと」に関する行動のためのインフォメーション，それがこの本で求められるインテリジェンスである。

1-1　戦略におけるインテリジェンス

　ここで，これまで戦略を論じてきたなかで見てきた情報とインテリジェンスの関係を復習してみたい。

1-1-1　マクナマラ戦略におけるインテリジェンス

(1) 紛争解決論におけるインテリジェンス　マクナマラ構想で，戦略部門の重要性に特化して考えてみたい。

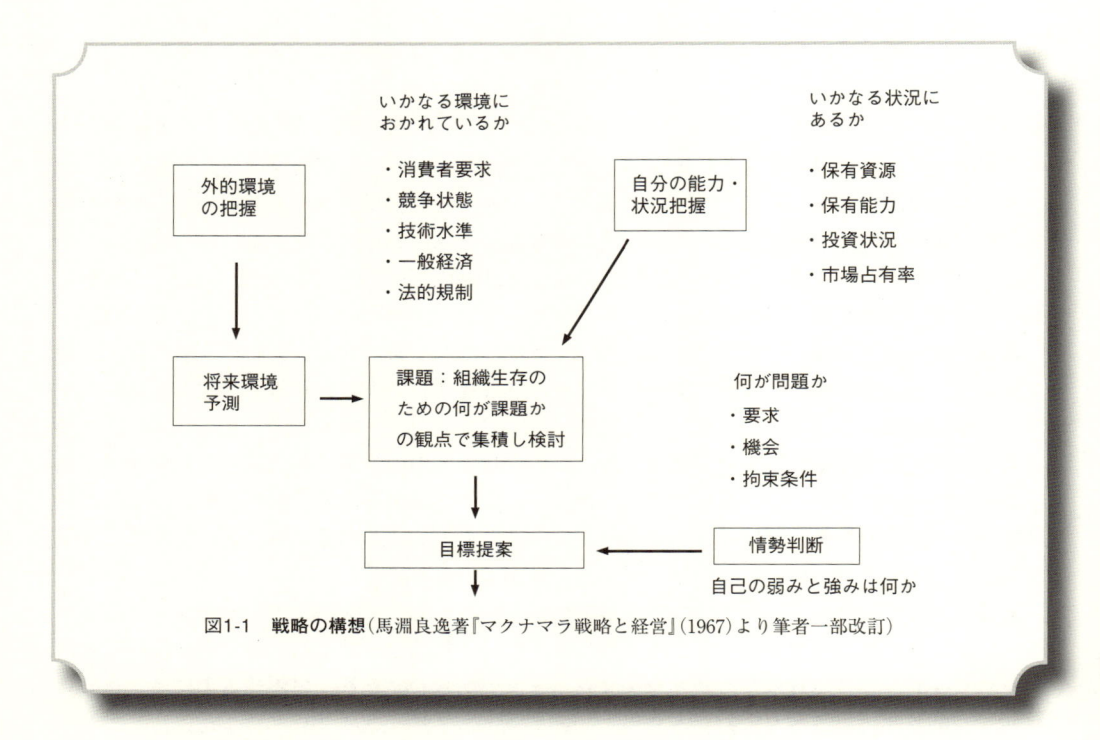

```
                    いかなる環境に              いかなる状況に
                    おかれているか              あるか

  ┌────────┐        ・消費者要求   ┌────────┐   ・保有資源
  │ 外的環境│        ・競争状態     │自分の能力│   ・保有能力
  │ の把握  │        ・技術水準     │・状況把握│   ・投資状況
  └───┬────┘        ・一般経済     └────┬───┘   ・市場占有率
      │              ・法的規制          │
      ↓                                  │
  ┌────────┐      ┌──────────────┐      │      何が問題か
  │ 将来環境│─→   │課題：組織生存の│ ←──┘      ・要求
  │ 予測    │      │ための何が課題か│             ・機会
  └────────┘      │の観点で集積し検討│           ・拘束条件
                   └──────┬───────┘
                          ↓
                    ┌──────────┐        ┌──────────┐
                    │ 目標提案 │ ←──── │ 情勢判断 │
                    └──────────┘        └──────────┘
                                         自己の弱みと強みは何か
```

図1-1　戦略の構想（馬淵良逸著『マクナマラ戦略と経営』(1967) より筆者一部改訂）

　マクナマラ戦略の出発点は外部環境の把握にある。この部分が不正確であれば，後の戦略構想の過程がいかに優れていても，その戦略は破綻する。

　マクナマラのチャートで見れば，外部環境の把握がいかに重要な役割を占めているかがわかる。

　ついで，これもすでに記述した紛争解決論を見てみたい。

　私たちはラムズボサム著（O. Ramsbotham et al.）『現代世界の紛争解決学』の「紛争への5つのアプローチ」を見た。

　「譲歩」「問題解決」「妥協」「撤退」「競争」の各々の姿勢は「自身への関心」と「他者への関心」の度合いによって決定されるという考えである。

　競争（対立）は「自身への関心」がきわめて高く，「他者への関心」がきわめて低い時に生ずる。

　完全な問題解決は相手側への関心が100％あり，自己への関心が100％ある時に起こる。

　相手の事情を知ることは単に知識が増えたことを意味するだけではない。戦略的アプローチを「競争的，対立的」なものから真の「問題解決」へ進む大前提条件である。

逆に言えば，「死活的に重要なことをどう処理するか」という戦略で，「インテリジェンス」を軽視する人，組織では，最も望ましい問題解決がはたされることはない。

私たちはマクナマラの戦略とラムズボサム著『現代世界の紛争解決学』の「紛争への５つのアプローチ」を見て，相手を正確に理解することが正しい戦略を築くうえで不可欠なプロセスであることを学んだ。

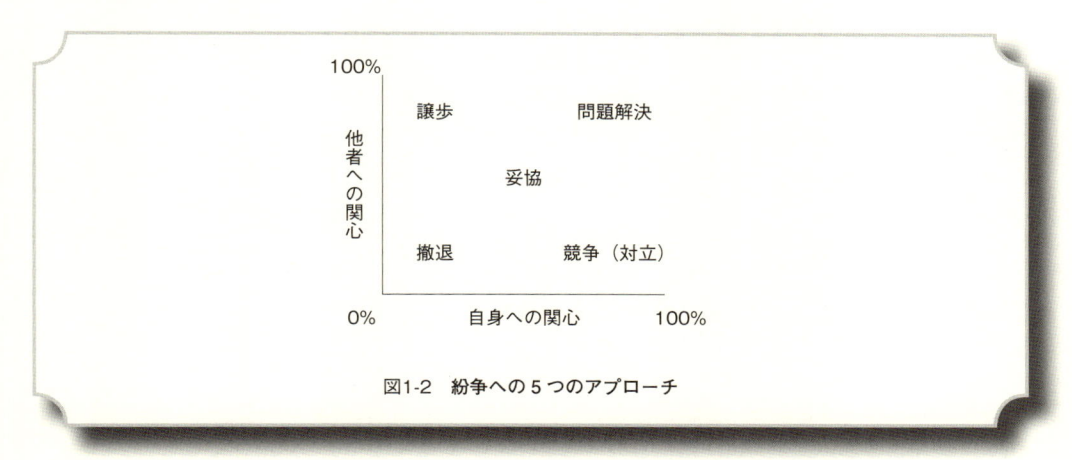

図1-2　紛争への５つのアプローチ

(2) 歴史上の戦略と情報の関係　歴史上の戦略と情報の関係はどうだったのか。それを簡単にまとめてみた。各々の事象はそれで１冊の本になる大事件である。その原因を１，２行で書くのは余りにもリスクが大きい。

それでも明確なことがある。それは，「日本を含め世界の歴史上で，相手を正確に理解しないで不幸を招いた事例がいかに多いことか」ということである。それは逆に言うと，相手を理解することがいかに困難かということでもある。

そして，多くの場合，いわゆる「wishful thinking」に大きく左右されているということであ

表1-1　情勢判断の不備と敗戦

カルタゴの滅亡	カルタゴを抹殺しようとするローマの意思の認識欠如
ナポレオンのロシア遠征	ロシアの抵抗を過小評価
南北戦争の南軍	リンカーンの謀略に対する南軍の認識欠如
ナチのソ連攻撃	ソ連の抵抗の過小評価
日中戦争の長期化	日本軍の中国抵抗の過小評価
ミュンヘン宥和	欧州制覇を目指すヒットラーの戦略への認識欠如
三国同盟（1940年9月：日・独・伊，同盟条約を締結）	米国の反発，誤認識
ノモンハン事件	ソ連軍の力の過小評価
真珠湾攻撃	米国が第２次世界大戦において欧州戦線に突入するためには，米国の中立政策が必要で，日本に先制攻撃をさせる動きをしていたことへの認識欠如
朝鮮戦争	北朝鮮による米国の意図の見誤り（1951年1月アチソン前国務長官「米国はアリューシャン列島から日本，沖縄，フィリピンに至る線を防衛の第一線」）
ベトナム戦争	ベトナムの抵抗の過小評価
ソ連のアフガニスタン戦争	アフガニスタンの抵抗の過小評価
イラク戦争	イラクの抵抗の過小評価
アフガニスタン戦争	アフガニスタンの抵抗の過小評価

る。

　「wishful thinking」とは何か。Wikipediaの説明を見てみよう。

　「証拠や理性や現実に立脚するのではなく，好ましいとみなすことに従って信念を築いたり，決定を行うこと」とある。

　私たちが行動をとるとき，本来，情報→行動といかなければならないのに，多くの場合，行動が先に決まっている。ここに不幸を招く原因がかくれているかもしれない。

　この第Ⅳ部では情報が戦略形成にいかに重要かを述べる。メディア，国際協力，外交さらには各宗教事情等について，他の方々の論述を見てみたい。

第2章　インテリジェンスのための メディアリテラシー

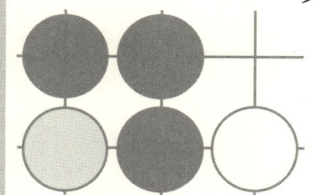

音　好宏

● 2-1　はじめに

　私たちが日常生活のなかで，社会のさまざまな事象を知るにあたっては，メディアからの情報に依存している部分は多い。言い換えれば，私たちの生活は，メディアを経由した情報によって，社会の出来事を知るといったことが，恒常的に行われている状況にある。加えて，それらの事象に対して，メディアが示す解釈や解説によって理解を深め，また，その事象の価値づけについても，少なからず影響を受けていると言える。私たちは，これらのメディアを介した情報を拒否すれば，自ずと現代社会のなかで見ることができる範囲は極端に狭まることになる。実際には，そのような選択の下で生活していくことは，不可能であろう。私たちが生活する現代社会とは，メディア・システムに取り囲まれ，それらに依存した社会なのである。そのようなことからすれば，現代の社会を「メディア社会」と呼ぶことができよう。

　では，そのようにメディアに依存した社会のなかで，私たちは，それらのメディア・システムからどのような影響を受けているのであろうか。

　カナダのメディア研究者であったマーシャル・マクルーハン（M. McLuhan）は，メディアそのものが，ある種のメッセージ性を既に含んでいることに着目し，「メディアは，メッセージ」という有名な言葉を残している。

　元来，英文学者であったマクルーハンが，メディア研究者として活躍したのは，1950年代以降の約20年ほどであったが，その時代環境もあって，彼がとくに注目したのは，テレビであった。この時期，テレビ放送が急速に一般家庭に普及・浸透し，大衆メディアとしての地位を揺るぎないものにしていった。そのようななかで，この時代のメディア研究の重大な関心として，「テレビとは何か」に注目が集まっていたのである。

　メディアが現実再現を行うときに，そのメディア特性によって，その再現内容が規定されてしまうのは，マクルーハンが指摘したとおりである。そのことからすれば，テレビは映像と音声によって，私たちが現場にいて見聞きしたかのごとく事象を表現するため，一見，ありのままの姿を映し出すようにも見える。しかし，テレビ受像機に映し出される「現実」は，あくまで「テレビ的現実」である。テレビに映し出されるメッセージは，テレビというメディアの特性によって規定された内容にならざるをえない。

　もちろんこのような問題意識は，マクルーハンに限らず，当時のメディア研究者には少なからずあった。たとえば，ラング夫妻のように，テレビによる現実の再現が，リアルな現実とは異なることに早くから着目し，「テレビ的現実」のもつ特性をメディア・コミュニケーション研究のなかで位置づけようとした。ラング夫妻は，1951年にシカゴで行われたダグラス・マッカ

ーサーのパレードのテレビ中継と，パレードに実際に集まった人々へのインタビューを検証することで，テレビの現実再現の特性について論及した研究（Lang & Lang, 1984/ 邦訳, 1997）は，初期のテレビ研究のなかでも古典的研究とされるものであった。

このように「テレビ的現実」が，「現実」とは同一ではないことは，メディア研究では早くから指摘されていたが，一般的には，それまで視聴覚メディアが身近になかったこともあり，テレビは「ありのまま」を映し出す装置として，人々の生活に受け入れられていった。

2-1　テレビは「ありのまま」を映し出すのか

「百聞は，一見にしかず」という諺があるように，テレビの映像力は大きな力をもっている。それゆえに，テレビはありのままを伝えてくれると認識してしまうことがあるのもまた確かである。

その端的な事例として思い出されるのが，佐藤栄作総理の退陣会見であろう。

1972 年 6 月 17 日，当時の佐藤栄作総理大臣は退陣を表明。その記者会見にあたって，内閣記者会の記者と衝突。佐藤首相は，新聞記者を排除し，テレビカメラのみの取材による会見を行ったことは有名である。

自らの退陣表明の会見場に集まった記者に向かって佐藤首相は，「新聞記者の諸君とは話ししないことになっている。テレビカメラはどこかね。僕は直接国民に話したいんだ。文字になると違うからね。僕は偏向的な新聞は大嫌いなんだ。やりなおそうや。帰ってください」と挑発。会見場に集まった内閣記者会の新聞記者は，その場を後にする。

新聞記者の退席した記者会見場で，佐藤首相は一人テレビカメラに向かって，退陣の弁を語りかけることとなった。この佐藤首相の孤独な退陣会見で興味深いのは，佐藤首相は，テレビは「ありのまま」の自分を国民に伝えてくれるという認識があったことである。もちろんそれは，佐藤首相の新聞というメディアに対する相対的な価値判断であり，また，当時の政治報道の中心的存在が，何と言っても新聞というメディアであることから，為政者にとって「鼻持ちならない」存在であったはずの新聞に対する当てつけという意味も含んでいよう。他の多くのメディアもあるなかで，佐藤首相がテレビを選んだということは，テレビというメディアが「ありのまま」を映してくれるとの期待があったからに他ならない。

近年，インターネットが普及するなかで，類似の事象が起こっている。

インターネット上での動画配信サービスが一般化し，動画投稿サイトを用いて誰もが映像を公開することが可能となる一方で，動画配信業者が独自の番組提供を積極的に展開。新聞，テレビといった既存のマスメディアに対するアンチテーゼとして，ネットユーザーから支持をされる状況がある。

そのようななかにあって，この動画投稿サイトの積極的な活用を試みる政治家も現れている。その一人が，元・民主党代表の小沢一郎氏であろう。小沢氏は，新聞，テレビといった既存メディアからの取材に，非協力的な姿勢を示す一方で，「ニコニコ生放送」といった動画配信には，積極的に出演。独占的に，インタビューに応じている。

小沢氏側からすれば，これらのネット・メディアは，新聞，テレビといった既存メディアに比べて，紙面や番組枠という時間の制約に縛られずに，自らの考えや主張をそのまま国民に訴えられるという。

もちろん，メディアと政治家との緊張関係のなかで，メディアの主体性や編集権の独立を担保することは，民主主義制度を維持していくのには，基本的な要件とされてきた。他方におい

て，新聞，テレビといった既存メディアに対する批判として，その巨大化ゆえに，メディア事業者としての利害が，その報道内容に影響を与えているとの声がある。それゆえに時間的な制約を気にせずに，動画を流し続けられるネット・メディアの方が，より「ありのまま」を伝えられるというのだろう。

　しかし，時間的な制約がないインターネットによる動画配信と言えども，その映像制作にあたっては，その制作者の意志やカメラ・フレームによる制約を受ける。ネット・メディアと言えども，マクルーハンが指摘したとおり，その特性によってメッセージは制約を受けるのである。

2-2　メディアからの情報をどう読み解くべきか

　米国のジャーナリズムに多大な影響を与えたとされるウォルター・リップマン（W. Lippmann）は，その著書『世論』（1922／邦訳，1987）のなかで，「擬似環境」という概念を定義し，マスメディアは，現実の複雑な構成要素を正確にシンボル化して伝えることはできず，そこで伝えられるのは，現実を抽象化した「疑似環境」であると指摘している。メディアからの情報に依存せざるをえない私たちは，この疑似環境のなかで暮らしていくしかない。藤竹暁（1968）は，このような擬似環境に囲まれた現代社会における私たちの状況を「疑似環境の環境化」と呼んだ。

　では，私たちが社会のさまざまな事象を知るにあたって，メディアからの情報に頼るケースが圧倒的に多くなっている現状のなかで，どのようにメディアと向き合えばよいのか。「疑似環境の環境化」といった言葉に象徴されるように，現代人たる私たちの日常のなかで，メディアとの向き合いを抜きに生活することはできないし，また，そこから逃れることもできない。とすれば，メディアから得た情報により，現実には，どのようなことが起こっているのかを類推するしかないのである。メディアに現れる事象は，社会の出来事のごく一部だけといった見方もあろうが，他方において，メディアシステムが高度化した現代社会においては，社会的な事象の多くは，メディアに現れる公開情報によって一定程度把握することができるという意見は多い。

　外務省で情報分析官として，「インテリジェンス」を専門としてきた佐藤優氏は，手嶋龍一氏との対談のなか（手嶋・佐藤，1997）で，「秘密情報の98％は公開情報を再整理することによって得られるという。北朝鮮に関して控えめに見積もって東京で熱心に情報収集活動をすれば，インテリジェンス専門家が必要とする情報の80％を入手することができる。ただし，それを行うためには情報に通じた案内人が必要だ」と述べている。

　外交や軍事の分析官，経済分析のアナリストといった職業として情報分析を行う者でなくとも，現代のメディア社会で生活する私たちは，誰もがメディアを介して手に入れた情報をもとに，社会のありようを判断せざるをえない。そうであればこそメディア・システムの仕組みやメディアの特性を理解することで，自らが接した公開情報をもとに，社会で起こっている事象をより深く理解し，その全体像を類推することができるのではなかろうか。

　そこで求められるのは，メディア・メッセージを読み解く能力である。このような能力のことを「メディアリテラシー」と呼ぶ。メディアリテラシーについては，研究者や研究領域によって，その定義や範囲も若干異なるが，ここでは，とりあえず「メディア・メッセージを批判的，主体的に読み解く能力」としておこう。

メディアリテラシーへの取り組みは，各国のそれぞれの事情もあって異なった発達を見せるが，日本では，1990年代に青少年による犯罪が世間の注目を集めるなかで，青少年へのテレビの悪影響が問題視され，視聴する側のテレビへの抵抗力としてメディアリテラシーが関心を集めるようになる。青少年犯罪とテレビの関係が問題視された際に，当初，行政から提起されたのは，「Vチップ」の導入であった。VチップのVはViolence＝暴力のことで，暴力シーンや性的な刺激の強い映像の含まれる番組の視聴を自動的に制限する装置を指す。このVチップのシステムを簡単に説明すると，Vチップをテレビ受像機に内蔵することで，番組に付与された評価の度合いに応じて，視聴制限が可能となる。番組内容の暴力描写度，性描写度などの評価に関しては，映画で行われている年齢制限によるレーティング・システムと同様に制作者側が事前にレーティングを行い，その評価データを放送波とともに送信する。受信世帯の側では，その家庭の考えに応じて，Vチップを起動させるもよし，使わないという選択もできる。このように，このVチップの利用については，各家庭に任されているので，表現を制限するものではないとの認識から，米国やカナダでは，このVチップが早々に導入された。他方，日本では，行政から提起されたVチップ導入案に対し，メディア側や研究者からは，「表現の自由」を制限する恐れがあるものとして，強い反発が起こった。

　そのような経緯を経て，日本では，Vチップの代替策として浮上したのが，メディアリテラシー教育である。メディアリテラシーについては，英国やカナダ，オーストラリアなどでは，早くから議論がなされており，とくにカナダでは，80年代から初等・中等教育の学校カリキュラムに組み込まれていった歴史をもつ。ちなみに，カナダにおいてメディアリテラシーがカリキュラム化されたのには，隣国に米国というメディア産業が発達した国があり，米国製の番組が容易にカナダに流入してくることに対する文化政策的な懸念と，カナダでは，学校カリキュラムの決定など，教育制度の運用については，その中心的な権限を州政府がもっているため，教育制度の改革が容易ということがあげられよう。

　そのような背景もあって，日本では，放送行政やメディア研究の領域において，カナダなど海外でのメディアリテラシーの取り組などが紹介される一方で，教育行政においては，高等学校での「情報科」や，小・中学校での「社会科」や「総合的な学習の時間」のなかで，メディアやメディアリテラシーについて触れられるようになっていく。

　他方，この時期は，日本の小中学校，高校の教室に，コンピュータ端末の導入が積極的に進められていたこともあり，コンピュータなど情報機器を使いこなすスキルとしての「情報リテラシー」にも注目，関心が集まっていた。メディア・メッセージの主体的・批判的な読み解き能力という「メディアリテラシー」とは，文字面こそ似ているものの，その背景や思想性を考えると，明らかに目指しているところが異なる。しかし，いずれも進学にあたっての入試科目となる内容ではなく，学校現場では，メディアに関心の高い教員，機器に詳しい教員が担当するケースが多い。

　視聴覚メディアを活用した教育の実践的な取り組みのありようについては，視聴覚教育の研究者や，NHKをはじめとした教室向けの教育用映像教材の開発を行っている事業者から，提言や取り組みが示されてきた歴史がある。ただし，教育現場には，視聴覚教育という科目は存在せず，いきおい，個々の教員のメディアスキルに頼らざるをえない状況があった。

　それゆえに視聴覚教育は，学校教育のなかで副次的な存在の域を出ることはなかったこともまた確かである。

2-3 NIEとメディアリテラシー

　ところで，メディアからの情報を用いた学校教育ということでは，NIE（Newspaper in Education）についても触れておくべきであろう。

　NIEは，学校などの教育現場で，新聞を教材として活用する運動であり，その活動は，1930年代に米国で始まったとされる。

　日本では1985年秋に静岡で開催された新聞経営者らの年に一度の集まりである新聞大会でNIEの導入が提唱され，その後，新聞界と教育現場が協力する形での新聞を活用した授業が，行われるようになった。

　新聞社が学校に新聞を教材として提供する活動は，1989年9月，まずパイロット計画として東京都内の小学校1校，中学校2校でスタート。1996年には日本新聞協会が，NIE基金を発足させるとともに，「NIE実践校」制度を制定。翌97年には，すべての都道府県でのNIE実践が行われるようになった。

　当初，学校総数の1％である400校を目標としていたが，2004年にこれを達成。その後は500校を目標に掲げてる。

　ただし，NIEの活動は，将来の新聞購読者となる青少年に，早くから新聞の閲読習慣を身につけてもらうとともに，新聞業界にとって重大な課題でもある若者の「新聞離れ」の対策の一環としての活動という性格が強い。新聞社側においても，NIEの活動は，新聞販売を担当する販売局の所管である例は多く，読者獲得のための活動と位置づけるむきが強いのである。

　また，NIEにおける新聞の教室での利用に関しても，新聞の記事を活用することに主眼が置かれ，新聞記事そのものを批判的に検証したり，その記事が生成される背景やメカニズムについて検証するといったものではない。言うなれば，教室で新聞を利用することで，新聞に掲載されている生の社会現象を事例に挙げることで，本来の授業の理解をより促進するよう位置づけられてきた。そこには，新聞の記事そのものを疑うといった眼差しはない。

　言うなればNIEは，「新聞で学ぶ」のであって，「新聞を学ぶ」ということではないのである。もちろん，新聞を副教材として学ぶことは，社会のしくみを理解するのに，それなりに有用であろう。しかし，情報化が進む現代社会に生きる私たちが，メディア・メッセージを読み解くために必要となってきたのは，そのメディア・メッセージが生成されるメカニズム，言い換えれば，メディアシステムそのものの理解なのではなかろうか。

　のちに述べるように，新聞を含め，これまで既存のメディアは，自らのメディア・メッセージが生成されるにあたってのメカニズムや，生成にあたって関係者間で定められているメディア独自の掟について，読者，視聴者に説明されることはきわめて少なかった。そのことが，既存メディアが提供する公開情報であるにもかかわらず，その情報のもつ意味をわかりにくくし，既存メディアと読者・視聴者との乖離や，「メディアの側は，情報源との私的利害関係のなかで行動している」といったメディア不信を増幅させることになったのではなかろうか。

2-4 メディアリテラシーの考え方

　1980年代，カナダにおいて，メディアリテラシーの学校カリキュラム化の先鞭をつけたのは

米国と国境を接するオンタリオ州であるが，そのオンタリオ州教育省では，メディアリテラシーのカリキュラム化にあたり，その基本コンセプトをまとめている。

以下，オンタリオ州教育省がまとめた，基本コンセプトを示しておこう（小野，1997）。

1) メディアはすべて構成されたものである。
2) メディアは現実を構成する。
3) オーディエンスがメディアから意味を読み取る。
4) メディアは商業的意味をもつ。
5) メディアはものの考え方（イデオロギー）と価値観を伝えている。
6) メディアは社会的・政治的意味をもつ。
7) メディアの様式と内容は密接に関連している。
8) メディアはそれぞれ独自の芸術様式をもっている。

この基本コンセプトを見てもわかるように，メディアリテラシーを身につけていくということは，それぞれのメディアが内在するメッセージ生成のメカニズムと，その背後にあるイデオロギー性を見抜く力を養うことなのである。言い換えれば，それぞれのメディアのもつメディア特性，そして，その背景に横たわるメディア独特の掟に気づくことが，メディア社会をよりよく生きることにつながるとの考えである。

もちろん，このカナダ・オンタリオ州教育省が示したメディアリテラシーの基本コンセプトには，トロント大学を拠点にメディア研究を行ったマクルーハンが提唱したメディア論の影響が少なからずあったとの指摘は多い。

ただし，実際の日常生活において，私たちはメディアを介して手に入れた「情報」が，はたしてどれだけ「現実」を反映したものであるのかを十分に精査する時間的余裕もないまま，接触した情報だけで，メディア特性に影響を受けたことを加味して，「現実」を推察せざるをえない局面の方が圧倒的に多いだろう。

先に既存メディアからの公開情報の有用性について述べた佐藤優氏の本の一節を紹介したが，佐藤氏が述べるとおり，公開された情報を的確に理解し，読み解いていくには「情報に通じた案内人」が必要と指摘していた。

まさにその案内人を見つけ出す能力，ひいては，既存メディアで提供されている公開情報をより深く読み解くためのスキルを身につけることが，重要な意味をもってきているのである。そしてそこでは，私たちが日ごろ情報源として活用する機会の多い既存メディアがどのように情報を収集・加工し，そして，私たちに提供するのか。そのメカニズムを理解しておくことが，肝要となってこよう。マクルーハンが，「メディアはメッセージ」と述べたように，「メディアの掟」を知ることが，メッセージをより深く理解することになるのである。

● 2-5　沖縄防衛局長オフレコ問題から「メディアの掟」を考える

それでは「メディアの掟」をどのように理解していくべきなのか。本稿では，2011年11月に起こった沖縄防衛局長のオフレコ発言問題を事例に挙げながら考えたい。

この問題の発端は，沖縄県の地元紙「琉球新報」のスクープ記事である。2011年11月29日の「琉球新報」の朝刊が，前日28日夜に開かれた田中聡沖縄防衛局長と記者団との非公式な懇談会で，田中局長が政府が米軍普天間基地の名護市辺野古移設に関する環境影響評価（アセス

メント）評価書の提出時期を明言しないことについて、「犯す前に犯しますよと言いますか」と発言したと報じた。

周知のとおり、沖縄の米軍・普天間基地移設計画が浮上した背景には、1995年に発生した在沖縄米軍兵士による少女暴行事件があった。米軍基地の存続に対する県民の反発が高まるなかで、住宅地に囲まれた場所に存在し、危険性への指摘や騒音問題などへの批判が強い米軍普天間基地の返還案が浮上した。1996年に日米両国政府間で「普天間基地の移設条件付返還」が合意されたものの、その移転先をめぐって迷走。代替案として政府から示された名護市辺野古案に対して、県内での新たな基地建設、並びに、基地の恒久化を懸念する地元世論に対し、基地建設による経済的な恩恵への期待などから受け入れの姿勢を示すものとに二分。基地建設反対の姿勢を貫いた大田昌秀知事から、基地建設を受け入れた保守系の稲嶺惠一前知事、そして、現在の仲井眞弘多知事と、移設先について「県内受け入れ」を容認する姿勢を示す県知事に変わるなかで、自民党政権の下で辺野古案に収斂していった。他方、2004年4月には、普天間基地配属の米軍ヘリが沖縄国際大学の敷地内に墜落する事故が発生するなど、米軍に対する県民感情は悪化するとともに、普天間基地の早期返還を求める声も、再び高まった。

そんななか、2009年の民主党政権の発足により、当時の鳩山由起夫首相が普天間基地の移転先については、「海外、最低でも県外」と明言したことで、沖縄県民感情に火がつくとともに、新政権に対する期待感も高まったものの、結局、新政権は代替案を提示できずに、翌2010年春には、辺野古案に回帰。鳩山首相は辞任するに至る。

普天間基地移転問題は、民主党政権下で振り回されたことで、辺野古案に対する沖縄県内の反発は一層高まっていた。そのような経緯を経て、沖縄における防衛省の出先機関である沖縄防衛局は、県に対して候補地として挙げている名護市辺野古地区周辺の環境影響評価の評価書の提出が必要となるが、その提出時期をめぐって政府サイドからは、時期を特定する明確な発言が出されていないなかで開かれたのが、2011年11月28日夜の田中局長を囲んでの記者懇談会であった。

会合は、田中防衛局長ともう1名の防衛局の幹部を囲んで、県内外のメディアの9名の記者が参加して開かれたという。この懇談に関しては、声をかけた田中局長サイドからは、「オフレコ」の会合である旨、繰り返し念を押したという。

先に述べたとおり、記者たちからすれば、この日の懇談の最大の話題は、評価書の提出時期について、田中局長サイドがどのように発言するかである。報道によれば、多くの記者がこの質問を田中局長にするものの、明確な時期の特定はしなかった。スクープ記事を書くこととなる琉球新報の記者は、この懇談に遅れて到着。それまでにも、繰り返しされてきた評価書提出時期に関する質問を、田中局長にぶつけたところで飛び出したのが「犯す前に犯しますよと言いますか」との発言であったという。

このスクープ記事をきっかけに、田中聡沖縄防衛局長は、辞任に追い込まれることとなる。

興味深いのは、このスクープに対するメディアの反応である。東京のメディアには、2つの反応があった。

一つは、オフレコとされた懇談と言えども、取材対象は公人であり、そこでの発言にニュース性がある場合は、記事にするのは当然との主張である。今回の琉球新報のスクープの場合、担当記者は、会社に戻ってから沖縄防衛局に連絡を入れ、発言内容の確認と記事化する旨を伝えたという。東京新聞、毎日新聞、そして、朝日新聞などは、この立場に立った。

他方で、オフレコとされたはずの懇談での発言が、記事化されたことに対して、取材源との信頼関係を損ね、その後の取材活動に支障をきたす恐れがあるとする考えである。「オフレコ破り」は、結果的に自らの取材力を弱め、また、取材の範囲を狭めてしまうとの主張である。

今回のケースでは、読売新聞、産経新聞は、どちらかと言えばこちらの主張に近く、琉球新報のオフレコ破りに批判的な姿勢を示している。

ちなみに、日本新聞協会・編集委員会は、1996年2月14日に「オフレコ問題に関する日本新聞協会編集委員会の見解」をまとめている[1]。

主要部分を引用すると、

> オフレコ（オフ・ザ・レコード）は、ニュースソース（取材源）側と取材記者側が相互に確認し、納得したうえで、外部に漏らさないことなど、一定の条件のもとに情報の提供を受ける取材方法で、取材源を相手の承諾なしに明らかにしない「取材源の秘匿」、取材上知り得た秘密を保持する「記者の証言拒絶権」と同次元のものであり、その約束には破られてはならない道義的責任がある。
>
> 新聞・報道機関の取材活動は、もとより国民・読者の知る権利にこたえることを使命としている。オフレコ取材は、真実や事実の深層、実態に迫り、その背景を正確に把握するための有効な手法で、結果として国民の知る権利にこたえうる重要な手段である。ただし、これは乱用されてはならず、ニュースソース側に不当な選択権を与え、国民の知る権利を制約・制限する結果を招く安易なオフレコ取材は厳に慎むべきである。
>
> 日本新聞協会編集委員会は、今回の事態を重く受けとめ、右記のオフレコ取材の基本原則を再確認するとともに、国民の知る権利にこたえるため、今後とも取材・報道の一層の充実に力を注ぐことを申し合わせる。

としている。

　この見解が出された背景には、1996年当時、閣僚や政府高官などの取材において、オフレコの扱いが問題となる一方、オフレコ扱いのはずだった発言の一部が、その場にいた記者の所属する新聞ではなく、雑誌などに漏れるといった事件が発生していた。記者の取材活動にとって、オフレコ取材の有用性を認めつつも、記者としての道義的責任を改めて確認する内容となっている。

　実際問題として、現場記者たちは、このオフレコ取材を通して、取材源との関係を構築し、オープンな発言における前後の文脈も読み取れるようになっていくとされる。

　このように日本の報道現場においては、「オフレコ」取材が、有力な取材手法として一般化している。もちろん、このオフレコ取材が多いからという理由が原因だけではないのだが、日本の新聞記事においては、欧米の新聞に比べ、情報源を明示しない記事は多いとされる。その理由として指摘されるのは、日本語という言語の特質の問題である。日本語は、主語が曖昧でも表現できてしまいやすい言語である。しかし、この言語的特質以上にその原因となっているのは、取材源を明確にしないというその記事作成の手法であろう。

　この日本の新聞記事の取材源の明示問題に関して、欧米のジャーナリズムとの比較のなかで、早くから改革を求めていたのが藤田博司である。藤田は、その米国での特派員経験を踏まえ、日本の新聞記事における取材源の明示が、ジャーナリズム改革につながることを主張してきた（藤田, 2011）。

　では、取材源を取材方法にはどのようなものがあるか。藤田博司は、米国ジャーナリズムをもとに、

---

[1] 日本新聞協会オフレコ問題に関する日本新聞協会編集委員会の見解（http://www.pressnet.or.jp/statement/report/960214_109.html）

1) オン・ザ・レコード：情報源を明らかにする
2) バックグラウンド：情報源を特定しない表現で発言内容を報ずる
3) ディープ・バックグラウンド：情報源を一切明かさないが報道はできる
4) オフ・ザ・レコード（オフレコ）：取材時のやり取りを一切公表しないことが前提

の4つに分類している。

原則，取材源の明記こそが，ジャーナリズムの質を向上させるとしている。取材源がオフレコ取材を求めるのは，自らの主張を記者が理解し，その主張どおりに報道してもらいたいからに他ならない。そこでは取材源と記者がインナーサークル的な関係を結んでいく誘惑が発生する。ともすれば，取材者の当事者化が起こってしまうのではないか。

そうならないための処方箋はあるのか。

取材源の原則公開はもちろんだが，それとともに，報道現場だけで共有している取材過程，報道過程における掟（メカニズム）を，公開していくことは，その誘惑から逃れる一つの方法であると考える。

2-6 「掟」は公開されるのか：結びにかえて

報道の現場には，独自の掟が多い。たとえば「政府首脳」と表現すれば，それは総理大臣か，官房長官を指す。記者どうしでは至極当たり前のこととして認識されているルールの下で記事が作成されているのに，その記事を読む何百万という読者のなかに，そのルールを知っている者は意外なほど少ないのである。

ジャーナリズム活動が，国民の「知る権利」を代替しているのだとすれば，その掟は公開されるべきであろうし，そのことが読者，視聴者のメディアリテラシーを高めることにつながるはずである。

ところで，今回の件で興味深いのは，東京のメディアと現地・沖縄のメディアとがより問題視しているところの違いである。

沖縄のメディアからすると，今回の件による「オフレコ破り」の是非よりも，沖縄防衛局長という防衛省で重要なポジションにある役人が，米軍兵士少女暴行事件をきっかけに始まった普天間基地移設問題において，「犯す」発言をすること自体が沖縄を侮辱する破廉恥な発言として問題にしていた。沖縄のもう一つの地元紙である沖縄タイムスは，スクープを抜かれた立場でありながらも，この田中発言問題について，琉球新報の取材，報道の手続きを問題にはしなかった。この田中発言，そして，普天間基地問題を，沖縄の歴史的文脈のなかでとらえ，その問題のもつ意味づけが解説できてこそ，ジャーナリズム機能を果たしたと言えるだろう。

その意味においては，本土のメディアに，地元沖縄のメディアと同じ視点がどこまであったか疑問が残るところである。

メディア側がそのメカニズムを明らかにしていくこと，読者，視聴者がそのメカニズムを理解していくことが，インテリジェンスとしてのメディアリテラシーを高めることにつながると論じてきた。しかし，その道のりはそう簡単ではないだろう。繰り返すが，メディアの掟は利権化し，その利権こそが，既存メディアにおける影響力の源泉にもなっているからだ。

しかし，電気通信技術の発展を背景としたインターネットの普及・発達や，SNS（ソーシャル・メディア・ネットワーク）の浸透といった，このところのメディア環境の変化は，既存の

メディア・システムに少なからず問題提起をする状況を生んでいる。既存メディア自体が，ウェブ系メディアに監視される存在になりつつある。そのようななかにあって，既存のメディアも変わらざるをえない状況にあるのである。

　メディアを利用する側である私たちも，このようなメディア環境の変化を認識し，身近なメディアの特性を理解するなかで，主体的に活用してこそ，情報に振り回されない戦略的な思考が可能となるのではなかろうか。

第3章　世論調査のリテラシー

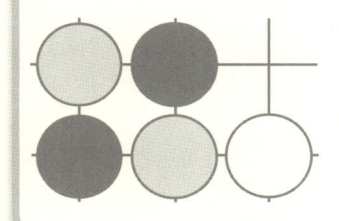

渡辺久哲

● 3-1　世論調査報道がつくる情報環境

　私たちは日々マスメディアから膨大な情報提供を受けているが，その中には政治に関する情報も含まれる。私たちはその情報をもとにして政局や政策についてのイメージを頭の中に築き上げる。これがリップマン（Lippmann, 1922）の言うところの疑似環境であり，政治に対する意見表明や選挙の投票など私たちの政治的な行為はこの疑似環境に基づいて行われる。したがって，マスメディアが政治に関していかなる情報を提供するかはきわめて重要である。そして，その情報の中で昨今目立っているのが世論調査の報道である。

　世論調査の結果を最も気にするのは政治家であろう。政治家は選挙で当選しなければ「ただの人」であるが，選挙で当選するために欠かせないのが有権者からの支持である。有権者の支持を得るためには有権者の意向に沿うことが必要で，その有権者の「意向」を最も端的に表わすものが世論調査の結果と言えよう。

　民意を反映しない一方的な政治は独裁政治であり民主主義の実現にとって望ましくないことだから，政治家が世論調査の結果を念頭に置きながら職務に当たるのは望ましいことである。しかし，問題はその程度だ。「世論調査の結果がこうだからそのようにする」と己の信念・思考・判断を停止してしまっては，政治家の存在意義がない。

　かつて，高い支持率を誇った小泉政権の時，次の首相にふさわしい政治家は誰かを問う世論調査が繰り返し行われた。小選挙区ブロック比例区併用制をしく衆議院選挙においては，党首のイメージが党内の他の政治家の当落に与える影響力は小さくない。この質問の結果は必然的に自民党の政治家たちの関心を引くこととなった。そして，世論調査の結果一番人気となった政治家が党首となり，政策や政局で行き詰ると二番人気が党首となり，彼が行き詰ると三番人気が党首になるという形で首相を代え，結果的に政権交代してしまった。世論調査への過度の依存が招いた不幸であり一種のポピュリズムとも言えよう。世論調査がいかなる争点をテーマとすべきかについて，あらためて考え直させられる出来事でもあった。

　世論調査の報道が影響を与えるのは政治家だけではない。私たち一般市民もテレビや新聞の世論調査報道から少なからぬ影響を受ける。消費税率のアップの是非について，仮に「世論調査の結果反対が多かった」という報道がなされれば，もともと反対の人は「やはりそうか」と自信を強めるであろうし，逆に，「賛成が多かった」という報道がなされれば，反対派も「わが国の財政が苦しい以上，仕方ないのかなあ」などと自分の立場を揺らがせるかもしれない。

　エリザベス・ノエル＝ノイマンの「沈黙の螺旋」（Noelle-Neumann, 1984）という有名な仮説は，「多数派意見」が「少数派意見」を飲みこんでいくプロセスを心理学的に説明する。ここで

「多数派意見」とは必ずしも現実の多数派の意見とは限らない。多数派の意見であろうと人々が認知する意見である。彼女の仮説によれば，人は「準統計的感覚」とでも呼ぶべき能力を有しており，何が多数派意見であるかを察知するという。そして人は自分が孤立することをおそれるがゆえに，自分の意見が「少数派意見」であると認識すれば意見の公表を控えて沈黙し，逆に自分の意見が「多数派意見」であると認識すれば進んで意見を表明するようになる。その結果，人々から「多数派意見」と目された意見が徐々に増大し，逆に「少数派意見」は徐々に減衰していくのだと言う。

どのような意見が人々から「多数派意見」と認識されるであろうか。言うまでもなく今日何が「多数派意見」であるかを知る第一の手掛かりは世論調査の結果であろう。だから万が一この世論調査が間違っていたりインチキだったりした場合，その報道が世の中に流す害悪の大きさは計り知れない。

もちろん，わが国の新聞社やテレビ局など報道機関は信頼できるものであり，そのような失態を招くことはないと期待したい。しかし，各種情報が氾濫する現代社会にあっては，たとえ報道機関からの情報と言えども，無批判に受け入れることには慎重であるべきだ。ましてや，量産される世論調査結果の実施方法に関してはブラックボックスに覆われる部分も少なくない。私たちは世論調査結果の読み解き方についてもある種のインテリジェンスと技術をもって対峙することが必要である。

世論調査を鵜呑みにせず，結果のデータが意味する情報を批判的に読み取る技術を世論調査リテラシーと呼ぼう。以下は，世論調査が高頻度に実施されるようになってきた背景，世論調査の実施・運用システム，世論調査の信頼性や妥当性を判断するための基準などについて解説し，問題点を論じることにする。これによって，読者の世論調査リテラシーの向上に資することができれば幸いである。

● 3-2 世論調査のスピードアップの背景

今日大手の新聞社，テレビ局等報道機関の多くが毎月世論調査を実施している。たとえば2011年12月には，全国紙，NHK，民放キー局だけで10社超える機関がそれぞれ1,000サンプルを超える規模の世論調査を実施している。

世論調査の歴史をひも解くと，アジア太平洋戦争の後，民意を測る手段としての「科学的世論調査」がGHQの手によって日本の民主化政策の実現のために欠かせない仕組みのひとつとして導入されたことがわかる。

当初，世論調査の実施方法として導入されたのは訪問面接法であった。訪問面接調査とは，調査のやりかたについての説明を受けた調査員があらかじめ選定されている対象者宅を訪ねて対象者に会い，所定の質問への回答を聞き取ってくるものである。調査員が直接対面して対象者からの質問や疑問等にも対応しつつ進めることができるので，最も確実で精度の高い方法と考えられた。調査対象者の抽出（＝サンプリング），調査員の対象者宅への移動，面接しての聞き取り，回収した質問票の記入内容の点検，データの入力・集計・結果の解釈の作業にはそれ相応の時間がかかる。全国調査では，質問内容の確定から結果の集計が完了するまでの期間が1週間から10日ぐらい要することも珍しくない。したがって，事件・事故や外国の要人の突然の来日などに対しては，訪問面接ではなく簡易型の世論調査として電話を用いた聞き取りで臨時に対応することもあった。

訪問面接調査では，ふつう住民基本台帳や有権者名簿から無作為に選んだ対象者に質問をし

て聞き取る。しかし，70年代80年代90年代と時代を下るにつれて徐々に回答者による調査拒否や不在などが増え，回収率の低下が切実な問題となってきた。回収率とは，調査対象としてあらかじめ無作為に選び出されたサンプルのうち，実際に協力して回答してくれたサンプルの割合である。回収率が低下してきた原因は，オートロック型のマンションが増加して対象者に接触しにくくなったなど住宅事情の変化による面もあるが，女性の社会進出による在宅率低下やプライバシー意識の高まりによる協力拒否も大きな原因である。そして，回収率の低下は調査精度を下げる大きな要因となる。

一方，選挙制度の改革により1996年の衆議院総選挙からは小選挙区比例代表制度が採用されたが，全国を300もの選挙区に分ける小選挙区の予測調査をすべて訪問面接調査で対応するのは難しかった。

そのようななか，すでにアメリカで実用化されていたRDD法による電話調査について，わが国でも研究者や調査機関によって検討がなされるようになっていた（田中, 1995；谷口, 1996）。RDDとはRandom Digit Dialingの略で，調査対象地域における固定電話の電話番号をコンピュータで自動的にランダムに発生させ，そこに電話をかけて聞きとる手法である。

これをさらにCATIシステムと組み合せることにより調査のスピードは格段にアップする。CATIとはComputer Assisted Telephone Interviewの略称で，電話回線にコンピュータを接続した調査システムである。オペレータはRDD法で選ばれた対象者と電話回線がつながった状態のまま，パソコン画面に映し出された質問文を読み上げ，回答者から聞き取った回答をそのままパソコンのキーボードで打ち込む。当然ながら訪問面接調査に比べはるかに早く調査できる。全国調査であっても，金曜日の夜までに質問文と選択肢を確定すれば，土日で実査を行い，日曜の深夜には結果を得ることが可能になったのである。

ここまでスピードアップすると，突然発生する時事問題にも世論調査が対応できるようになるので報道機関にとってのメリットは大きい。世論調査の結果自体を旬なネタとして扱えるようになったのだ。また，選挙区数が大幅に増えた選挙予測調査にも対応できる。

このような変化により，従来は報道機関の世論調査担当セクションが中心となって企画・実査・集計などの各段階を踏まえて運用していた世論調査の実務を，部分的にコールセンター（顧客への電話対応業務を専門とする会社）等にアウトソーシングすることになった。1990年代のこのような状況に対しては，必ずしも世論調査のノウハウが十分でないコールセンターで世論調査が行われることについて懸念が表明されることもあった（松本, 2003）。

その後，報道機関およびコールセンターが研鑽を積むことで，電話調査の信頼度は徐々に上っていった。また，報道機関のなかにも独自のRDD法のノウハウを蓄積してきている社もある。しかし，テレビニュースの視聴者や新聞記事の読者にとっては，世論調査の実施運用のされ方が依然としてブラックボックスの中にあることは否定できないであろう。

こうして得られた世論調査結果はテレビでは従来のニュース番組のみならず，いわゆるワイドショーなどソフトニュースの中でも存分に使われる。コメンテータ等が世論調査の結果を「根拠」に論を展開することも珍しくない。私たち自身が，世論調査の報道を批判的に読み解く力をもつことの必要性は高まっているのである。

それではそもそも「正しい世論調査」「科学的な世論調査」とはどのようなものであろうか。今日ある世論調査の手法は，もともと1930年代以降のアメリカにおいて大統領選挙の予測調査を通して確立されてきたものであるが，現代の日本において世論調査の信頼度をチェックする基本的ポイントは，サンプリングとワーディングであろう。サンプリングとは対象者をどのように選んだか。ワーディングとはどのような質問をしたかである。この2点について以下に論じたい。

● 3-3　対象者の選び方に潜む落とし穴：サンプリングの信頼性

　世論とは要するに有権者全体の意見の集約である。したがって本来，全国に存在するおよそ1億人の有権者がある政治争点について賛成か反対かを一人残らず聞くのが世論調査である。しかし，それは費用と時間があまりにも膨大で現実的でない。それだけの規模の調査コストに耐えられる報道機関は存在しない。通常，報道機関は全国の有権者の中から1,000人から2,000人程度のサンプルを選んで聞き取ることによって世論調査を行っているのである。

　2011年の8月末には菅内閣が退陣し野田内閣が発足した。朝日新聞の9月4日（日）の朝刊一面見出しには「野田内閣支持53％」とあったが，もちろん世論調査結果に基づく報道である。3面の詳細を見るとサンプル数は1,051であるとわかる。しかし，一面トップの見出し「野田内閣支持53％」は1,051人のうちの53％が野田内閣支持だったという意味ではない。日本全国の有権者の53％が野田内閣支持だったという意味である。1,051人のサンプルは全国の有権者のわずか10万分の1にしか当たらないが，その聞き取りから全国の有権者の意見を推定しているのである（図3-1 参照）。

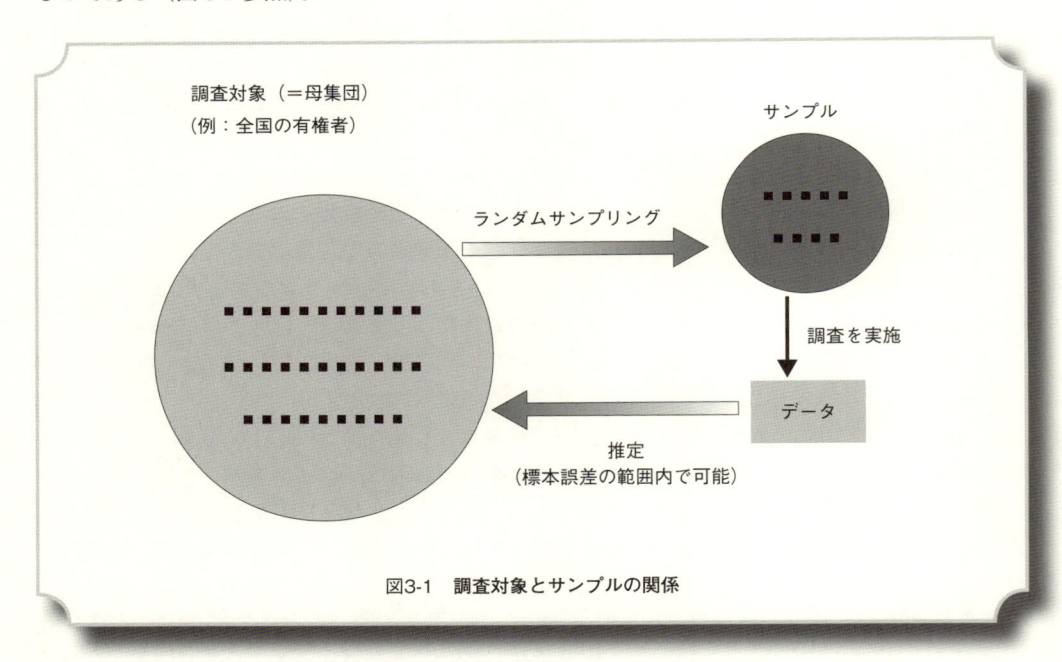

図3-1　調査対象とサンプルの関係

　どうしてそのようなことが可能なのだろうか。
　統計学の中の推計学という分野の知見によれば，サンプルが母集団つまり有権者全体の中から無作為（ランダム）に選ばれていれば，そのサンプルの意見を聞いて集計した結果から一定の標本誤差の範囲内で有権者全体の意見を推測することができる（西平, 1984）。1,051サンプルの場合，最大で±3％程度の標本誤差（95％の信頼度）が存在する。したがって，見出しの53％は厳密には「野田内閣支持は50％から56％の間である」と表記するのが統計学的には正しい。しかしこれでは見出しのインパクトが減じてしまうのであろう。
　いずれにしても，対象となるサンプルが偏りなく無作為に選ばれているかどうか，それが第一のチェックポイントである。訪問面接調査の時代には，サンプルは住民基本台帳や選挙人名簿の中から無作為に選ばれていた。電話調査のサンプル抽出は従来は電話帳に基づいて行われ

ていたが，電話帳への非掲載率は今や都市部を中心に 3 − 4 割にのぼるとも言われる。そして電話帳に掲載しないのは，新規の転入者，一人暮らしの女性世帯，プライバシー保護意識の強い人のいる世帯など，一定の傾向を有している世帯であると推定されるので，これらの世帯を欠いた電話帳を台帳にすると，たとえそこから無作為に選んでも有権者全体に対して歪んだサンプルとなってしまう危険性がある。

そこで登場したのが上述の RDD 法であり，こうした歪みを避けうるサンプリング法として期待された。前述のとおりコンピュータで無作為に電話番号を発生させるのだから，これで安心してランダムなサンプルの調査ができるだろうと思いがちだが，現実はそれほど単純でない。たとえば固定電話の番号には，使われてない番号，ファックスの番号，会社など事務所の番号などが混在しているから，実際に世論調査を実施する局面ではまず一般世帯の固定電話にかかるように効率化するノウハウが必要である。各報道機関や調査会社（あるいはコールセンター）では，それぞれが独自に研究開発している。したがって，一口に「RDD 法による世論調査」といっても報道機関ごとにその内実は違っているのだ。ちなみに朝日新聞の場合，上記の調査概要に「朝日 RDD 方式」によると独自方式である旨明記されている。

上記調査の概要欄には，世帯用と判明した電話番号が 1,773 件でその世帯に住む 1,051 人から有効回答を得られたことも記されている。無作為に選ばれた 1,773 件の人々全員から回答を得られればランダムサンプルになるが，実際には無理である。拒否されたり，そもそも電話に出なかったりすることがあるためだ。また，1 回目の電話のファーストコンタクトで積極的に答えてくれた人の意見だけを取りまとめると，それはそれで歪んだデータになってしまう。世の中には表明されやすい「強い意見」もあれば表明されにくく隠れやすい「弱い意見」もある。労働時間が長くてなかなか電話口に出られない人の意見はファーストコンタクトでは拾われにくいだろう。そうしたサイレントマジョリティの意見もすくい取って全体の意見分布を把握してこその世論調査である。だから何度も繰り返し掛け直して聞き取り，回収するよう努めなくてはならない。

高い回収率を目指して調査を行っても，20 代など特定の層の回収率は低くなることが多い。その場合には対応策としてウェイトバックという手法をいる。各層のサンプルに回収率の多寡に応じた一定の係数（回収率の低いサンプルには大きな係数，回収率の小さなサンプルには大きな係数）をかけることによって歪みを修正して集計するのである。

このように報道機関や調査機関は，世論調査の際にはサンプリングに関してかなり神経を使っているのだ。また，仮に実施をアウトソーシングするにしても，サンプリングの「やり方」については，細部まで把握しているはずである。ところが，結果の報道をみると，報道機関の中には調査概要の中のサンプリングの記述があまりにもあっさりとしているものがある。時にはサンプリングに関する記述がまったくないものさえある。サンプリング作業は専門的な要素が大きいので，報道機関としても一般への説明に苦慮する面もあろう。しかし，新聞記事でもテレビニュースでもサンプリングに関する情報がほとんど開示されていないような場合には，調査結果をそのまま信頼するのは止め，他の報道機関や調査機関の結果と比べながら読み込むべきであろう。

◉ 3-4 質問文を戦略的に読み解く

世論調査の実施において，サンプリングと並んで重要なのが質問文つまりワーディングである。新聞社の世論調査では多くの場合，ワーディングは紙面にオープンになっている。1 面に

なくても3面か4面あたりに，調査概要とともにある単純集計表の中に質問文と選択肢が明記されていることが多い。したがって，サンプリングに比べてワーディングは私たちにとってチェックしやすいポイントである。

そもそも調査には実態調査と意識調査がある。クルマを持っているか否か，1週間以内に缶ビールを何本買ったかなどの質問は実態調査であり，回答者が嘘をついたり忘れたりしない限り正しい答えが得られる。

しかし，人々の意見や気持ちを聞く意識調査においては同じことを聞いても聞き方によって回答結果にブレが生じる。世論調査は政治的争点に関する意見を尋ねるもので意識調査だから，やはり聞き方で答えが変わる。「あなたはどの政党を支持しますか」という質問で，仮にA党の支持率が30％であった場合，支持政党名を明言しなかった人に向かってさらに「では，しいて言えばどの政党が好きですか」と重ねて聞き，それに「A党」と答えた人まで支持者とみなして足し込めば，A党の支持率は40％に達するかもしれない。また最初から「あなたが好感をもっている政党はどこですか」という聞き方をすれば，回答率は変わるだろう。

ここで重要なことは，質問文の文言，選択肢，重ね聞きの有無などをあらかじめ明確に決定してあるか否かである。質問の仕方は人々の意識を測るモノサシのようなものである。センチメートルで測るのかインチで測るのか，いったん決めたらそれを固定することが何よりも大事である。

そして，世論調査の質問の作り方にはルールがある（杉山, 1984）。

最も避けるべきは誘導質問である。「今回の福島第一原発事故に見られたように，原発は甚大な被害をもたらす危険なものですが，あなたは原子力発電の推進に賛成ですか，反対ですか」と聞くのは，あきらかに反対という回答が高く出るように仕組まれた誘導質問である。

ただ難しいのは質問の冒頭に説明を加える目的でおかれた場合である。原発事故に関する質問をする際，対象者が事故そのものの存在を知らなくては回答のしようがないので，質問文の冒頭に「2011年の3月には福島第一原発において……な事故が発生しました」と付け加えたとき，たとえ説明自体は客観的なものであっても，回答する側は原発に対してネガティブな意識で回答しがちであろう。たしかに回答者の知識不足や誤解を避けるために説明が必要となるケースはあるかもしれない。しかし逆に言えば，一般の人々が認知しておらず長々と説明を要するような事柄は世論調査のテーマとしてふさわしくないとも言えよう。

一度の世論調査では10－15問ぐらいの質問を行うのが標準的であるが，質問の順番も回答に影響する。これをキャリーオーバー効果という。原発推進に対する賛否を問う質問の前に，エネルギー資源に関する質問をするとどうなるであろうか。たとえば「日本はエネルギー資源に乏しい国ですが，あなたは将来にどの程度不安を感じますか」などという質問である。これについて，非常に感じる，あまり感じないなどの選択肢から回答を選ばせた後，「では，あなたは日本で原子力発電が推進されることに賛成ですか，反対ですか」と聞けば，平常時に比べて賛成の回答率が高まっても不思議でなかろう。

心理学では，事前の刺激によって活性化した知識が後続の情報処理に影響することをプライミング効果と呼ぶが，この効果は世論調査に回答する局面でも当然現れる。つまり，この場合はエネルギー資源に関する質問という事前刺激によって活性化した「日本は資源が少ない国であるという知識」が，後続の原発推進に賛成か反対かという判断に影響を与えるのである。このようにキャリーオーバー効果が発生しそうな順序で質問が組まれている場合，その調査結果を読む際にはある程度割り引かなくてはならない。

上記の場合，原発推進に対する賛否を聞く質問自体にはなんらインチキはないのであるが，誘導的な質問文を使ったりしていないぶんだけ巧妙である。しかし，先述のとおり昨今では日本の新聞の世論調査報道においては，質問文と選択肢が質問順に表記してあるので，読者は誘導質問の有無と併せて順序効果の発生する可能性もチェックできる。テレビニュースで報道さ

れる場合にはなされた質問の順番がわからないことも多いが，テレビ局のホームページ等に掲載していることがあるので，そちらにも目を光らせたい。

この他，当然のことだが質問文中で用いられる語句にも注意したい。たとえば「役人の天下り」のようにマスコミで繰り返し批判的に使われていて，聞いた途端に回答者の中にネガティブな感情が湧きあがるような言葉を用いた質問も要注意だ。その結果，ほとんどの国民が「天下りに反対だ」と言っているという結果になったとしても，あまり意味のある調査とは言えないだろう。どうしてもこの質問が必要なら，報道機関はむしろ「上級公務員の再就職」とか，多少ぎこちなくても中立的な表現を用いるべきであろう。

日常の中ではなんの不都合もなく使っていても，あらためて世論調査に用いるととまどう語句もある。「暴力」という言葉は前提とするシチュエーションがないまま用いられると言葉の輪郭の曖昧さが目立つ。たとえば，テレビ番組で暴力シーンをよく見る子どもが「暴力的」になるかどうかというのは大きなテーマであるが，中学生を対象とする調査で「あなたはこの1か月に友達に暴力をふるいましたか」と聞いても意味をなさない。ふざけて小突くこともあるし，逆に言葉の暴力あるいは無視なども強烈な「暴力」となる。ワーディングは奥深い。世論調査の経験を積んだ先達の知見がまだまだ有用な分野である。

以上のように，世論調査は調査主体がどこまで意図的かあるいは無意識なのかは別にして，多かれ少なかれ「戦略的」に実施され，公表されることが多い。世論調査の結果報道を目にした時には，その点をくんで「戦略的」に読み解くことが必要である。

● 3-5 世論調査の回答に「正解」はない

私たちが世論調査の対象者として選ばれる確率はきわめて低い。しかし，今日のごとく頻繁に行われるようになると，あなたの家に報道機関から電話が掛かってくることも十分にありうる。

そして電話調査にはリズムがありスピーディである。一晩で何人回収というノルマを背負ったオペレータの立場からはやむをえないことかもしれないが，次々質問を読み上げてはイエスかノーかを迫るのである。場合によっては態度保留など認めない空気もある。その時，態度が決まらないことを恥じたり，オペレータをおもんばかったりして，よさそうな答えや世間はこれが多数派だろうと思う意見（＝「正解」）を答えてはいけない。世論調査に正解はないのである。もしわからなかったらそれがあなたの正解である。そして，調査の結果，もしも「わからない」（＝DK）という意見が多かったならば，それはそれで調査主体たる報道機関にとって貴重な知見なのである。

報道機関も私たちも，世論調査を有効に使って行きたい。

第4章 国際協力リテラシーと グローバルな情報ガバナンス
：東日本大震災の経験と防災教育のあり方[1]

北村友人

● 4-1 はじめに

　社会にはさまざまな情報が溢れている。それらの情報を幅広く収集し，「正しく」理解・解釈することは，個人，企業，自治体，国家，国際機関などにとってそれぞれ重要な意味をもっている。すなわち，地球規模であれ，国家あるいはコミュニティといった枠組みであれ，人々が相互に関連しあいながら成立している「社会」の中で，適切な情報をより多く有したり，それらの情報をより正確に理解したりすることによって，私たちは何らかの不利益を被ることから免れている。これは，個人レベルの話だけでなく，組織や国家のレベルにおいても同様のことが言える。

　しかしながら，今日の国際社会を見渡してみると，そういった情報へのアクセスが難しかったり，何とか情報を入手したとしてもそれらを適切に解釈する能力を十分に有していなかったりする，個人，組織，国家の存在に気づく。また，情報にアクセスしたり，入手した情報を十分に解釈する能力を備えていても，自らが情報の発信者となったときには，適切な形で情報を提示することができないという場合もある。

　こうした状況について考えるために，本章では国際社会における情報の収集・解釈・発信に関わる能力を「国際協力リテラシー」の一つの領域であるととらえ，そうした情報に関する国際協力リテラシーを支える仕組みとしての「グローバルな情報ガバナンス」のあり方について考えたい。とくに本章では，こうした問題を考えるための具体的な事例として，2011年3月11日に起こった東日本大震災の後に，国内外で震災に関する情報がどのように発信され（あるいは発信されず），またどのように理解されたのか（あるいは理解されなかったのか），ということについてみていくことにする。

　なお，個人，組織，国家などが何らかの問題に対処するにあたり，独力で状況を改善したり，問題を解決したりすることが困難であるときに，どのように国際社会のステークホルダーが支援や協力を提供しているのかについて理解する能力を，ここでは「国際協力リテラシー」と定義しておく。この定義に基づくと，国際社会における情報の収集・解釈・発信に関わる能力は，国際協力のもつ意義や影響を理解するうえで欠かせないものであると言える。

　さらに，今回のような震災が起こると，国内外で被害の状況などについての情報が交錯し，適切な情報を得られる人や地域と，そうではない人や地域との間で「情報ギャップ」が生じる。とりわけ開発途上国（以下，途上国）のような社会環境では，「正しい知識・情報」の伝達や蓄

---

[1] 本章は，北村（2011）に加筆修正を行ったものである。

積が普段から十分に行われているとは言い難いために，被害が必要以上に甚大なものになる危険性が高い。近年のスマトラ島沖やハイチにおける大地震とそれに伴う大災害に見られるように，途上国では人々が十分な知識をもたず，必要な訓練を受けていなかったがために，未曽有の被害が引き起こされた。そこで本章では，情報の収集や理解を向上させるうえで「教育」が果たす役割の重要性にも焦点を当て，防災教育のあり方について考えてみたい。

● 4-2　グローバルな情報ガバナンスの構築

　本章の主たる目的は，東日本大震災後の国内外の報道を通して，国際社会における情報発信のあり方について考えることにあり，個別の報道内容を精査することが目的ではないため，ここでは具体的なニュースの事例などを取り上げることはしない。ただし，震災後に報道された国内外のメディアによるニュースやコラムなどを概観すると，①震災とその被害についての情報，②震災とその被害に対する被災者の態度や対応と国内外の人々の反応，③原子力発電所（以下，原発）の事故に関する情報，といった3種類の報道に大別することができる。これらの報道を見ていると，相矛盾する報道や過剰に刺激的な報道も散見され，国内外で多くの人が，誰によって発表された，どの情報を信用すればよいのかといった点で，不安を抱えている様子が浮かんでくる。今回の震災のように国際社会の注目度が非常に高い事態が起きたときは，こうした「情報」に対する信頼度の高低が，当該国の国際的な地位（政治的な発言力や経済的な優位性）にまで影響を及ぼす可能性を否定できない。そうした意味で，グローバルな情報ガバナンス（global information governance あるいは global communication governance）のあり方について検討することは重要な意義をもっている。

　原発の問題が起こってから，国内外のメディアを通じて報道される日本政府の姿は，多くの人に不安や疑問を抱かせるものであったことは否めない。そのため，原発のような問題に関しては，一国の政府のみで対応するのではなく，他の原発保有国や国際原子力機関（IAEA）のような国際機関との間で国際的な連携体制を構築して対処することが必要であるという認識がより強まった。ただし，国際（international）あるいは国家間（interstate）の機構の役割については，「理想主義」と「現実主義」（あるいは「リベラリスト」と「リアリスト」）という2つの立場からしばしば説明される。すなわち，平和・人権・開発といった分野における国際的な理想を実現するための主体として国際機関を位置づける立場と，各国の外交政策上の単なる手段にすぎないと見なす立場である（最上，1996）。こうした見方に対して星野（2001）は，「リアリストやリベラリストのように，国家間の権力構造や利益構造に注目する合理主義的アプローチに対し，コンストラクティビストは，国家の利益やアイデンティティは所与の前提ではなく，主体間で言わば『社会的に構成される』と考える」（p.172）と指摘し，構築主義（constructivism）［社会構築主義（social constructionism）と呼ばれることもある］の視点から国際的な規範の形成について理解することの重要性を指摘している。

　今日の国際社会におけるグローバルな情報ガバナンスの仕組みを理解するうえでも，構築主義の視点が必要とされる。構築主義の立場からみると，「普遍」的なものや「本質」的なものと考えられている事象は，実際には人々の認識や活動を通して歴史的・社会的・文化的に「構築」されてきたものであり，決して固定的なものではなく，むしろ可変的なものである。こうした見方を国際関係の分析に適用すると，「軍事力や経済力のような数値によって表される指標よりも，理念，規範，アイデア，アイデンティティなどを重視し，国際社会の現実なるものが，社会的，間主観的に構築されることを強調する」（松井，2007，pp.37-38）ことになる。その

ため，国家間の関係や国家の行動は合理的な行為者の観点ばかりでなく，アイデンティティの観点からも理解することが欠かせない。すなわち，たとえば冷戦構造の中でアメリカによる核の傘に守られた状況があったとはいえ，戦後の日本が「平和主義」や「非核三原則」といった外交の原則を一貫して保持し，経済活動を中心とした国づくりを進めてきたのも，平和に基礎を置く国家アイデンティティを構築したからだと言える。

今回，震災後の日本人や日本社会のあり方に対して，各国で概ね好意的な報道がなされてきた。被災した人々が，給水を受けるための行列で，長時間にわたり待たされても忍耐強く待っている姿や，極度の混乱状態のなかにもかかわらず暴動や略奪が起きることなく，人々がお互いに助け合っている姿に，多くの国のメディアが賞賛を送った。こうした報道で伝えられた光景は多くの被災地で見られ，大多数の人々は秩序と規律を守ることに専心してきた。しかしながら，その一方で，一部の商店では無人となった店内から商品が大量に盗まれたり，長期間に及ぶ避難所生活のなかで人間関係などのトラブルが起きたりしているといった報道も見られる。おそらく，どちらも「事実」ではあるが，これまでに日本社会ならびに日本人がつくりあげてきた国際的な「日本」のイメージは，後者の姿をあくまでも例外的なこととして理解せしめるほどに浸透していると言えるであろう。

また，「脱原発」や「卒原発」が現実的にどのような形で実現しえるのか，筆者はエネルギー問題を専門にするわけではないので科学的な根拠に基づき判断することはできない。しかし，戦後の日本が軍事大国の道を選ばずに経済大国として国際社会での一定程度のパワーを有するようになった背景には，平和を重視する国家アイデンティティが多くの国（とくにアジアの近隣諸国）に受け入れられてきたということがある。その点を踏まえると，これからの原子力エネルギーの利用に関して安易な答えを導き出してしまうと，戦後の国際社会で築き上げてきた「日本」のイメージを損ねる危険性が高い。したがって，原発問題への対応に関する国際的な情報発信に際しても，構築主義的な観点からの検討を重ねることが重要である。

さらに，構築主義は，言語論的転回（linguistic turn）を経て成立しており，「言語は世界を映し出す道具ではなく，そのまさしく反対に，世界を創り出すもの，『意味の産出をつうじて現実を構成する当の実践そのもの』なのである」（松井, 2007, p.37）と考える。そのため，ある事象についての理解も，メディアなどの社会的な言説実践を通じて構築されることがしばしばである。たとえば，「テレビの解説者が，『日本人も国際社会の現実をもっと直視しなければならない』といった言葉をはくが，そこでいう『現実』なるものは客観的に存在するものというよりも，社会的，間主観的な意味づけ」（松井, 2007, p.38）を与えられたものにすぎない。それでは，メディアに溢れる言説は，実態のない空疎なものばかりなのかという疑問が生じる。そうした疑問に対しては，多様な言説の中から，より客観的かつ実証可能な知識に基づく言説を選び出し，そうした知識を発信することの重要性を指摘したい。

イギリスの社会学者ギデンズ（Giddens, 1994/ 邦訳, 2002）は，「社会的再帰性（social reflexivity）」という概念を提示し，人々が自らの行為について，その行為の根拠を考えることが近代社会の特徴であると指摘している。すなわち，その社会で長年にわたって行われてきたことを「これまで行われてきたから」といった理由で漠然と継承し続けるのではなく，なぜそうした行為を継承することが必要なのかを考えるような態度が広くみられる。それは，「一部の人びとのみが情報を握り社会を統治し，統制するのではなく，多くの人びとが，社会のあり様を認識し，変化に応じてさらなる変化を引き起こすような働きかけに関わり合っていく」（苅谷, 2007, p.242）ことが，グローバル化や情報化が進んでいる現代社会では可能になったからである。

こうした態度が広まり，社会のあり方を人々が不断に議論しあうことで，より多くの人にとって暮らしやすい世界が実現すると想定されている。ただし，そのためには公開された情報や政策評価の結果を踏まえ，適切な政治的選択行動などに結びつけることができなければ，より

多くの人が好ましいと思える「変化」を起こすことはできない点に留意する必要がある。したがって，そのような「変化」を起こすためには，社会の状態を何らかの学問的方法を通じて「事実」としてとらえ，それを示す「実証研究知」（実証研究の知見）に基づき社会問題を構築することが必要である（苅谷, 2007）。そして，「実証研究知」をより多くの人に伝えるうえで，メディアが果たす役割はきわめて大きい。

なお，今日の国際社会におけるグローバル・ガバナンスのあり方を考えると，さまざまな立場のアクターたちによって「合意された法規範や，民主主義あるいは人権などの価値によって産み出される一定の秩序が存在し，基本的には物理的力による強制なしである程度は遵守されている状況」（渡部, 2004, p.66）が成立するとき，グローバルな統治（governance：「共治」と訳されることもある）のメカニズムが機能しえる。ここで想定されるアクターとは，伝統的な統治の担い手である国家（政府）のみならず，国際機関，市民社会組織（NGOなど），多国籍企業などの非国家主体（non-state actors）も含んでおり，その中でメディアに携わる各種のアクターたちも重要な役割を担っている。

ちなみに，こうしたアクターたちの役割を分析するグローバル・ガバナンスの諸理論は，国際機構論，国際法学，国際政治学など，それぞれ異なる立場から行われる研究を通して追究されている。そのため，地球規模の秩序を研究するという点においては一致していても，それらの研究の対象となる主体や分析の手法は多様である。ただし以下の諸点において，一連のグローバル・ガバナンス理論に共通する性格を見ることができると庄司（2004）は指摘している。①ガバメントではなくガバナンスという概念を用いることで国際政治と国内政治の壁を低くしている。②秩序を形成・維持する主体として，国家以外のあらゆるアクターにも目を向けている。③ルールの総体である秩序の静態的側面だけでなく，アクターが積極的に社会に働きかける活動や意思など，秩序の動態的側面にも目を向けている。

こうした特徴を踏まえつつ，国際社会における情報の収集・分析・発信を担うアクターのあり方について検証することが求められている。そうしたアクターとしては，いわゆる国内外の報道機関に加えて，大学，研究所，政府機関，国際機関，企業，市民社会組織など多様な存在を挙げることができる。これらの異なる立場にある組織や人々が，今回の震災のような緊急時にどのように情報を発信・受信し，共通認識を形成したのか（あるいは形成できなかったのか）を考えるためには，本節で概観したようなグローバルな情報ガバナンスのあり方についてさらに理解を深めなければならない。

本節で論じた国際的な情報発信における最も重要な目的は，「情報」の共有を通して社会における公正や正義を実現することである。しかし，そのためには社会の構成員である諸個人が有する能力（capacity）を高めることが不可欠である。そういった観点から，次節では災害時に必要とされる能力の向上において教育が果たす役割に注目しながら，「情報」を次世代に伝えていくための防災教育のあり方について検討を加える。

● 4-3 「持続可能な開発のための教育（ESD）」を通した防災教育

ここまで論じてきたように，国際社会において適切な情報発信を行うことは国家にとって重要であるばかりでなく，国際社会のグローバルな統治構造を形成していくうえでも不可欠である。しかしながら，これまでさまざまな国や地域で起こった災害をみると，異なる社会で起こった災害の経験を共有するための情報伝達のメカニズムが十分に構築されていないことに気づく。もちろん，国際的なレベルでの情報共有は進んでいるが，各国政府がもつ情報の量や質と，

その社会に生きる人々がアクセスできる情報の量や質との間には大きな乖離があり，とりわけ途上国ではこの問題が深刻である。

たとえば，2004年に起きたスマトラ島沖地震の影響で，インドネシアのアチェ州が津波による甚大な被害を受けたことは記憶に新しいが，当時，アチェの多くの人々は津波に関する十分な知識をもっていなかったために適切な行動をとることができず，被害が大きくなってしまったと考えられている。加えて，「地球科学・地震学・地震工学・津波学などの研究が未熟であるが故に，災害を防げなかったのでは無い。（中略）現在までに集積された知識を応用して地震に対する備え，津波に対する備えをする努力が無かったために，大災害を引き起こしてしまった」（大矢，2005, p.2）という指摘もある。

こうした背景には，人的な能力の問題だけではなく，それぞれの社会が構造的に抱えている問題の影響も見てとることができる。つまり，インドネシアではアチェの独立運動による内戦状況があり，ハイチでは長年にわたり不安定な政情が続いたために政府が統治能力を欠いており，どちらの地域においても安全に対する備えが政府によって十分になされてはこなかったという事情がある。さらには，それぞれの土地で，地震や津波への対策を踏まえた建築工法が浸透していなかったり，建設業界での手抜き工事や行政との癒着などが蔓延していたりしたことも，建造物自体の強度が十分ではなく，甚大な被害を引き起こす要因となった。

自然災害（natural disaster）においては，地震や津波といった自然現象（natural hazard）の結果，社会の持続可能性が失われ，社会的・経済的な発展が阻害される。とりわけ，社会的に弱い立場にある人々や社会的な脆弱性をもった地域において被害がより大きくなるため，それらの人々や地域を守るための社会的なシステムの構築と社会的な能力の向上が必要である（Sørensen et al., 2006）。ただし，とくに多くの途上国では，もともとの社会的な能力が脆弱であるため，十分に対応することが非常に難しい。

そこで，国際社会全体でそうした途上国を支えていく仕組みが形成されており，その代表的なものとしては，国連によって設定された「国際防災戦略（International Strategy for Disaster Reduction（ISDR）」を挙げることができる。国連総会の決議を経て2000年に設立されたISDRは，「自然災害やそれに関連する事故災害および環境上の現象から生じた人的・社会的・経済的・環境的損失を減少させるための活動にグローバルな枠組みを与えるという目的」をもっている。また，「持続可能な開発に不可欠な要素として，防災の重要性に対する認識を高めることで，災害からの回復力を十分に備えたコミュニティーを作ること」を目指した取り組みを推進している[2]。ちなみに，2001年の国連総会において国連事務総長から提出された報告書「国連ミレニアム宣言の実施へ向けた行程表」の中でも，「自然・人的災害の数やその影響を軽減するために，私たちが一体となった取り組みを強化する」（United Nations, 2001, p.35）ことが目標の1つとして掲げられている。

加えて，2005年1月に開かれた国連防災世界会議（於・神戸市）において「兵庫行動枠組（2005-2015）（Hyogo Declaration 2005-2015）」が採択された[3]。この行動枠組では，「人々に十分な情報が伝達され，災害予防や災害に強い文化を構築することに意欲的である場合，災害は大幅に軽減できる」と指摘したうえで，最新の通信技術・情報公開技術を駆使して知識やデータを幅広く共有するとともに，災害リスク軽減に関する教育・訓練を促進することが優先事項として挙げられている。とくに「全てのレベルにおける学校カリキュラムの関連する部分に，災害リスク軽減に関する知識を含め，また青少年や子供たちに情報が到達し，災害リスク

---

[2] 国際防災戦略の詳細についてはISDRの事務局（http://www.unisdr.org/［2011年12月3日閲覧］）ならびに兵庫事務所（http://www.adrc.asia/ISDR/index.html［2011年12月3日閲覧］）のホームページを参照のこと。
[3] 「兵庫行動枠組」の訳文は，外務省のホームページ（http://www.mofa.go.jp/mofaj/gaiko/kankyo/kikan/pdfs/wakugumi.pdf［2011年12月3日閲覧］）に掲載されている。

の軽減を『国連持続可能な開発のための教育の10年（2005–2015）』の本質的な要因として統合する」ことが重要であるとして，「持続可能な開発のための教育（Education for Sustainable Development: ESD）」の中に防災教育を明確に位置づけるようにと提言している。

「持続可能な開発のための教育（ESD）」とは，「個人個人のレベルで地球上の資源の有限性を認識するとともに，自らの考えを持って，新しい社会秩序を作り上げていく，地球的な視野を持つ市民を育成するための教育」である[4]。この概念が提唱されたのは，2001年9月に南アフリカ共和国のヨハネスブルクで開かれた「持続可能な開発に関するサミット」の場であった。このサミットにおいて，日本政府と日本の政策提言・情報発信型のNGOネットワーク「ヨハネスブルグサミット提言フォーラム（JFJ）」が「国連持続可能な開発のための教育の十年（United Nations Decade of Education for Sustainable Development: UNDESD）」［2005-2014］を共同で提案し，2001年12月の国連総会で採択された。

ESDの概念的基盤は，1970年代から深刻化してきた環境問題に対して教育の場からその改善を目指そうとする「環境教育」と，そうした問題意識の高まりを受け1980年代から理論面ならびに実践面において多様な成果を挙げてきた「持続可能性」に関する教育実践の蓄積とから構築されている。そして，ESDを推進することによって「現在および将来世代を含む他者の尊重，相違と多様性の尊重，環境の尊重，資源の尊重といった，『尊重の価値観（values with respect）』」に基づき，「その『価値観のセット（a set of values）』の理解を推進すること，行動・実践との関連性を高めること」（佐藤, 2005, p.8）が期待されている。

表4-1　ESDのための15の戦略的テーマ（佐藤, 2005）

視点	項目
社会・文化	人権, 平和と人間の安全保障, 男女同権, 文化の多様性と異文化理解, 健康, エイズ問題, ガバナンス
環境	自然資源（水, エネルギー, 農業, 生物の多様性）, 気候変動, 農村開発, 持続的都市化, 災害の防止と軽減
経済	貧困削減, 企業の責任と説明能力, 市場経済

ESDには3つの視点から15項目にわたる戦略的テーマが設定されているが，防災教育のあり方を考える際にも多様な領域のテーマを有機的に連関していくことが重要である（表4-1を参照）。

震災のような非常事態に際して適切な行動をとることができるようになるためには，次の2つの方法があると京都大学地域研究統合情報センターの「災害対応の地域研究」プロジェクトで指摘されている[5]。1つは，「起こりうる事態をあらかじめ想定して，対応のしかたを事前に身体化させておくこと」であり，2つ目は「想定外の事態を理解し，受け止め，具体的な行動につなげるために」，頭の中にある「物語」を「新しい事態に対応した新しい『物語』」に書き換えることである。ESDとは，まさにこれら2種類の力を育むことを目指した教育のあり方である。

---

4)「持続可能な開発のための教育（ESD）とは？」文部科学省ホームページ（www.mext.go.jp/a_menu/kokusai/jizoku/kyouiku.htm［2011年12月4日閲覧］）より引用。
5) ここでの記述は，京都大学地域研究統合情報センター「災害対応の地域研究」プロジェクトのホームページ「記憶と忘却」セクション（http://areastudies.jp/bosai-sumatra/memory.html［2011年12月4日閲覧］）を参照した。

4-4 結　び

　2011年3月11日に起こった東日本大震災とそれに伴う原発事故は，これまでの日本社会のあり方や日本人の生き方を大きく揺さぶるとともに，国際社会全体でこうした問題を考えることの重要性を改めて私たち一人ひとりに突きつけることになった。震災と原発事故がもたらした傷は非常に深く，いまだに多くの人が心と体の痛みと戦っている。その戦いは，これからも長く続くであろう。そのなかで，この問題に関する情報発信を事例として取り上げることに，正直なところ筆者としては迷いもあった。しかしながら，この状況から目をそむけることなく，不十分ではありながらも自らの考えをまとめることに，何らかの意義があるのではないかと信じている。

　そういった思いを込めて，本章では，今回の震災のような緊急時におけるグローバルな情報ガバナンスのあり方について構築主義の観点から理論的検討を行うとともに，ESDを通した防災教育のあり方について考えることを試みた。その根底には，「持続可能な社会の実現」を目指すうえで，国際社会における情報の発信や共有のあり方をとらえ直すことが不可欠であり，そのためにも情報に関する国際協力リテラシーを向上させることが重要であるという問題意識があった。

　今回の震災で被災した「石巻日日新聞」（宮城県石巻市）が，困難な状況の中にもかかわらず震災直後からフェルトペンで手書きの壁新聞を発行し，避難所などに張り出したことは，広く報道されている。これらの壁新聞は，米国ワシントンD.C.の報道博物館「ニュージアム」が譲り受け，展示に加えたという。新聞社自らが多大な被害を被ったにもかかわらず，そのなかで報道を続けたことに対して，ニュージアムの学芸員が「ジャーナリストたちは地域に欠かせない情報の提供に貢献した」（共同通信，2011年4月15日）と展示の意義を語ったように，報道という観点から高く評価されている。それと同時に，ニュージアムの別な職員が「日本のジャーナリスト魂というか世界の人たちにひとつは模範として見てもらえればいいことだ」（NHK「海外ネットワーク」*Week Archives*, 2011年5月7日）と話しているように，日本社会や日本人の姿勢を象徴する事象を規範的に位置づけていることは興味深い。ここには，本章で論じた構築主義的な観点から見たときに，国際社会の中で「日本」のイメージをどのように伝えていくべきかを考えるためのヒントが隠されているように思われる。

　また，アジア諸国が次々に貧困削減と持続的成長を実現していくなかで，人と自然が「相利共生」することのできる持続可能な経済社会開発を進めることが求められている。そのためにも，アジアで逸早く近代化を実現し，経済成長を遂げてきた日本が，今回の震災を契機として21世紀の社会のあり方について改めて深く考え，それを国際社会に発信していくことには重要な意義がある。本書の読者の方々にも，グローバルな情報ガバナンスのあり方について理解を深めたうえで，そうした持続可能な社会の姿を構想することに挑戦していっていただきたい。そして，それぞれの立場から「国際協力リテラシー」を高めるとともに，積極的にそのアイデアを国内外に発信されていくことを期待したい。

第5章　外交とインテリジェンス

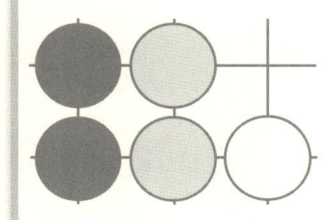

孫崎　享

筆者は2009年11月『情報と外交』（PHP研究所）を出版した。本章題はほぼ同じタイトルである。したがって，本稿の相当部分を『情報と外交』から抜粋していることを，あらかじめお断りしたい。

● 5-1　米国は情報分野にどれ位の資金を投じているか

インテリジェンスは外交・安全保障の鍵である。

インテリジェンスを最も重視している国は米国である。米国は国家財政において，情報分野にどれ位の資金を支出しているのであろうか。それを，たとえば日本の外交予算と比べると，どんな比率になっているだろうか。

「米国は情報関係にいくらの予算を使っているのであろうか。またどれ位の陣容を擁しているのであろうか」。この問への答えは長い間秘密であったが，2007年10月31日ニューヨーク・タイムズ紙はこの数字を発表した。

その前に日本の外務省予算と定員をみてみたい。2007年度外務省予算は6,709億円，定員は5,504人である。

米国16機関の情報活動の予算は軍関係を除き，総額500億ドル（約5兆円，人員10万人，うちCIAは約270億ドルである。米国の情報関係予算は，軍関係を除いても，日本の外務省予算の10倍弱にのぼる。

この米国の情報機関の中心になっているのがCIAである。世界最強の情報機関と言っていい。しかしアメリカ国家安全保障局はCIAの上をゆく。元アメリカ国家安全保障局長官がCIAを「CIAは首相の机からメモを盗み出すことはできるがそれ以上は能力がない」と批判した。アメリカ国家安全保障局の雇用者数は約3万人，規模・予算ではCIAの3倍以上とも言われている。

国家安全保障局の主たる任務は盗聴である。国家安全保障局がこれだけ大きい規模になり，CIAに威張れるのは何といっても第2次世界大戦，とくに日本軍との戦いである。米軍が日本軍に対して比較的容易に勝利したのは盗聴のおかげである。対日戦争では盗聴が決定的役割を果たした。

日米海上戦ではミッドウェー海戦がその後の展開に大きい影響を与えた。ミッドウェー海戦はそもそも，ミッドウェー島を攻略することにより，米艦隊とくに空母部隊を誘出し，これを捕捉撃滅することを目的とした。この作戦を強引に主張したのは山本五十六である。しかし，米国は盗聴で日本軍の動きを完全に把握していた。この海戦で失ったのはアメリカ側が航空母

艦1隻，日本側は主力航空母艦4隻とその全艦載機という日本側の散々な状況に至った。この結果，日本が優勢であった空母戦力は均衡し，以後は米側が圧倒していくこととなる。この点についてアレン・ダレス（Allen W. Dulles）元CIA長官は次のように記述している。

> 「米国軍部は，次にもし戦争が起こる場合には敵は日本となる可能性を予見して，特に日本に重点を置いて1920年代終わり頃より米国陸海軍は暗号解読に取り組み始めていた。真珠湾攻撃があった1941年頃までに，米国の暗号解読者たちは日本海軍および外務省の重要暗号および暗号のほとんどを解読していた。結果としてアメリカは太平洋作戦で次の日本の作戦の証拠をしばしば事前に入手していた。
> 　太平洋における海軍戦の帰趨を決した1942年6月のミッドウェー海戦は，解読した日本側の通信から日本帝国海軍の主要機動部隊がミッドウェーに集結中とわかったのでわれわれが行った戦闘であった。敵艦隊の配置，および大きさに関するこの情報は米国海軍に予期せぬ利益をもたらした」。

情報で金儲けをした話の古典はロスチャイルド家の動きである。

> 「ロスチャイルド家の富が増すにつれ，政府よりも早く重大情報を手に入れることもしばしばであった。
> 　1815年全ヨーロッパがワーテルローの戦いの結果を待ちあぐねている時，ロンドンにあるロスチャイルドはすでにイギリス軍の勝利を知っていた。
> 　彼はその報をうけるや，まずイギリス政府証券を売りにだして証券市場価格を下落させた。
> 　彼の一挙一動を見守っていた人々は情報通のロスチャイルドが売るのだからイギリス軍が敗北したと結論してこれに倣い売り出した。当然価格は暴落する。
> 　ロスチャイルドはこの暴落を見て，今度は買いに転じた。勝利の報が知れ渡った頃には，ロスチャイルドは政府証券を買い占めており，政府証券は天井知らずのあり様になったのである」。

5-2　情報機関とは何か

しばしば情報機関という言葉が使われる。国家の情報機関といってもさまざまな機関がある。表で整理してみよう。

表6-1　国家の情報機能の分類

目的	手段	実施者
A：指導者・政権の擁護	物理的盾等	SP，シークレットサービス
	反対者排除工作	指導者周辺，秘密警察
A'：政策擁護	マスコミ等への情報提供	各省庁など
B：外国工作阻止（防諜）	情報・工作	FBI・MI5等
C：対外国工作	情報・工作	CIA・MI6等

国家の情報部局といっても，さまざまな機能がある。任務によって，哲学が違う。働く人間の生き方が違う。

まず，指導者・政権の擁護を見てみよう。要人の警護を行うSPやシークレットサービスはわかりやすい。物理的な盾となり，要人を防ぐ。ここでは，何が何でも要人を守ることが最優先される。

次いで反対者を抹殺する。これは全体主義的国家では今日も行われている。

2006年10月11日，英国ガーディアン紙は「独立のジャーナリズムはロシアで死んだ (Independent journalism has been killed in Russia.)」の表題のもと，次の報道を行った（筆者訳）。

「先週の週末ロシアのジャーナリスト，アンナ・ポリトコフスカヤの死以降，誰が殺害の背景にいるかについて，多くの憶測が行われてきた。その中には殺害は政治的に動機づけられているとしたり，クレムリン内のグループの指令によって行われたとするものもある」。

世界新聞協会は2007年6月5日「プーチン大統領が2000年3月政権を握って以来21名のジャーナリストが殺された」として，ロシア当局に捜査を呼びかけている。

政治家やジャーナリストを抹殺する手段は物理的暴力だけではない。社会が高度化すると，抹殺の手段は多様化する。目的は反対者に発言の機会を与えないことである。発言者が社会的制裁をうけることによって発言自体の信憑性に疑問を与える形をとればよい。後者は，日本，米国等いわゆる民主主義国家でしばしば実施されている。ここに国レベルでの情報操作が関与する。

さらに国で政策にたずさわる機関は恣意的情報を強調することによって，指導者を擁護し，政策を擁護する。最も典型的なケースはイラク戦争前の米国政府の動きである。ブッシュ政権はイラク戦争前にイラクの大量破壊兵器の保持やアルカイダとの結びつきを誇張して情報提供した。さらにイラクの大量破壊兵器の保持やアルカイダとの結びつきについて疑念を発表する者には，報復し，発言の機会を奪っていった。こうした動きは，日本でも無縁ではない。この分野で働く者は思想的にはSPと似ている。指導者に対する絶対的な忠義心である。

外国の情報を入手する方（CIAやMI6タイプ）と，敵の工作を防御する方（FBIやMI5）とは多くの点で逆である。

CIAやMI6タイプは相手国から情報をとる必要がある。相手国の社会に入らなければならない。危険だから控えるというわけにいかない。

FBI・MI5タイプは，外国人は危険だ，できるだけ接触するなと説く。

CIAやMI6タイプは基本的に1人で動く。いろいろと変化する状況に対して，1人で状況判断する場合が多い。優れた個人プレーが必要だ。防御側は，しばしばチームで動く。尾行でも重要な時には5，6名が交互に，かつしばしば服装を変え，できるだけ相手に気づかれないように動く。CIAやMI6タイプは相手に強い印象を与え，自分には特別に情報を提供してもいい人物であるということを説得しなければならない。目立たないだけでは困る。CIAやMI6タイプは音楽を聴き，絵画を見，本を読み幅広い人間性を築き，相手にとり入るきっかけの持ち駒を増やす。FBIやMI5にはこれは必要ない。

CIAやMI6タイプは戦略を考え，外交，安全保障を学び，入手する情報の価値がわからなければならない。ハーバード大学等の教授はCIAに積極的に関与した。FBIやMI5には必要がない。

どちらが優れているか否かの問題ではない。種類，タイプが異なる。日本の情報組織を構築する議論ではこの違いを理解する必要がある。

日本で「情報コミュニティー」と呼ばれる，情報に特化している5つの組織中，FBI・MI5

は警察庁，公安調査庁，内閣調査室が担当し，CIA や MI6 タイプは外務省国際情報統括官組織（元国際情報局），防衛庁情報本部が担当している（内閣調査室，および公安調査庁も部分的にこの役割を担っている）。

英国のシステムを見てみよう。

英国情報機関の内，MI5 は内務大臣，MI6 と政府通信本部は外務大臣，国防情報本部は国防大臣の管轄下にある。首相は情報機関全体の責任をもつ。情報機関全体のとりまとめとして，合同情報会議がある。

合同情報会議の構成は情報の重要サイドとして，外務省，国防省，通商産業省，首相府等であり，情報提供サイドとして上記情報機関がある。

MI6 長官はどんな人物が就任しているか見てみよう。筆者はこの中の人物と会談したことがある。

McColl（1989 - 1994）

Spedding（1994 - 1999）：オックスフォード大学歴史専攻，中東の専門家

Dearlove（1999 - 2004 年 5 月 6 日まで）：ケンブリッジ大学，MI6 勤務，チェコ・フランス・スイス・米国大使館勤務，軍事介入を主張するヘンリー・ジャクソン協会のメンバー

Scarlett（2004 - 2009）：オックスフォード大学歴史専攻，仏語・ロシア語に長ける，MI6 勤務，ソ連・ナイジェリア・フランス大使館勤務

Sawers（2009 - ）国連大使，首相補佐官，米国・イエメン・南アフリカ等の大使館に勤務，大学では物理，哲学専攻，趣味は演劇，ハイキング，テニス

MI6 長官は当然ながら外国経験が長い。

将来日本の情報分野を強くしたいという議論を真剣に行う時には，国家の情報機能の分類，すなわち，A：指導者・政権の擁護，A'：政策擁護，B：外国工作阻止（防諜），C：対外国情報工作のどの部門を強化したいか明確に区別する必要がある。

A や B は C の対外国情報工作グループとは異なる。仕事に対する哲学が異なる。教育が異なる。人間の生き方が異なる。評価が異なる。

さて，米国は日本に対して工作することがあるだろうか。「日本は米国の同盟国だから対日工作はしない」と言いきれるだろうか。

1991 年，シカゴ外交評議会が，米国への死活的脅威についての世論では日本の経済力に脅威をもつのが 60％，指導者層 63％となり，ソ連の軍事力より高い水準を示した。

米国国内では，日本の経済と向かい合う体制が次第にできてくる。この体制の中に，米国の情報機関が含まれてきた。

米国に向かって，「貴方はどの程度我が国をスパイするのですか」とたずねて教えてくれる訳がない。1990 年代当時，経済交渉に従事していた日本政府関係者の何人かは自分の身辺が調査されていた気がしていると述べている。中には後日，冗談めかして，「貴方の身辺を調べていました」と言われた人すらいる。しかし，当時米国がどの程度，経済問題で日本をスパイしていたか米国が述べるわけはない。自ら，調べるより他に方法がない。

1995 年 10 月 15 日ニューヨーク・タイムズ紙は「CIA の新しい役割─経済スパイ（Emerging Role For the C.I.A.: Economic Spy）と題する記事を掲げた。

> 「昨年春の自動車問題をめぐってのクリントン政権の日本との激しい交渉の中で，情報機関のチームは米国交渉団に随行した。
> 毎朝，情報機関のチームはミッキー・カンター通商代表に東京の CIA 部局と国家安全保障局の盗聴設備で集められた情報が提示された。
> 経済的優位を求めて同盟国をスパイすることが CIA の新しい任務である。

クリントン大統領は経済インテリジェンスに高い優先順位を与えた。
財務省および商務省はCIAから大量のインテリジェンスを入手した。
ではCIA関係者はいかなる対応をとっていたか。
CATO研究所は下記の内容を含む1992年12月8日スタンレー・コバー（Stanley Kober）著『経済スパイとしてのCIA』（The CIA As Economic Spy）を発表している。

「CIA長官ロバート・ゲーツは1992年4月13日デトロイト経済クラブで『国家安全保障のレビューはインテリジェンスの問題として国際経済問題の重要性に焦点をあてた。新たな要請の約40％が経済問題である』と述べている。

1992年夏，上院情報委員会は米国企業トップと情報専門家と会合した。ここにおいては経済スパイ諜報においての熱意がみられた。ターナー元CIA長官が述べた，『1990年代においては経済がインテリジェンスの主要分野になろう。我々が軍事安全保障のためにスパイするなら，どうして経済安全保障のためにスパイ出来ないのだ』という論は多くの参加者に支持された」。

こうしてみると，冷戦終結後，米国は国家の意思として，日本を主たる標的として経済スパイ活動を展開したことが明確になる。スパイ活動は非合法を手段とする。この時期，CIAのみならず，米国国内を拠点とするFBIも活動している。女性を使い相手国にスパイを獲得する手口，Honey Trap（蜜の罠）も適用されている。時に売春婦や年少者も利用されている。
もっとも対日工作は経済分野だけではない。第2次世界大戦後米国は日本に対してさまざまな工作を行ってきた。それは今後も続くであろう。春名幹男著『秘密のファイル―CIAの対日工作』（新潮文庫）がCIAの対日工作について詳しい。

● 5-3　情報の基本的視点

筆者の情報に関する著書『情報と外交』は次の10章よりなる。
1：今日の分析は今日のもの，明日は豹変する
2：現場に行け，現場に聞け
3：情報のマフィアに入れ
4：先ず世界の流れ，次いでローカルの情報
5：15秒で話せ，1枚で報告
6：傍受・盗聴と監視
7：「知るべき人へ」の情報から「共有」の情報へ
8：分析マンは孤立が宿命―政策実施者との対立―
9：学べ，学べ，歴史も学べ
10：情報体制をどう構築するか
これらの内容について，順不同で記述したい。

● 5-3-1　15秒で話せ，1枚で報告

本書のインテリジェンス論総論で「インテリジェンス（intelligence）とは行動のためのインフォメーション（information）である」と強調してある。
個人が自己の死活的重要な分野のために，情報を収集するのはいい。組織の死活的重要な分野はどうなるのであろうか。

情報を論ずる時、多くの場合「どう情報を収集するか」や「どう分析するか」が主題となる。しかし「どう伝えるか」はそれに劣らず重要である。

外交では総理官邸、外務大臣、次官、外務審議官、局長が政策決定に関与する。情報がこのレベルに達しなければ、死んだ情報となる。

政策決定に従事する人は多忙である。根回し、協議、説明で時間がない。個人で高いレベルの国際情勢分析を行うのは難しい。

筆者は総理大臣に口頭で説明をしたこともある。外務大臣に説明したこともある。外務省の幹部に説明したこともある。時に経済界の方々に情勢分析を説明することもある。こうした口頭説明を通じ、得た教訓は「15秒で話せ」である。一番大事なことをまず15秒で話しきることである。

情勢分析を真剣に行ってきている人ほど、自分の分析に自負心がある。「この情報は今までにない情報である」「国際情勢を語るならこの分析は必ず知らねばならない」と思う。最低10分、少なくとも15分位必要だという気持ちがある。1つのテーマで45分講演しても十分な説明はできなかったと思う。それは事実である。しかし、それにもかかわらず、出だしは「15秒で話せ」である。

まず最も売り込みたいポイントを15秒で述べる。それで聞き手が反応したら、また、15秒ほどで話す。この繰り返しであろう。

会議でも真っ先に「バツ」がつくのは、内容が貧弱な時ではない。説明の長い時である。不幸なことに説明の長い人は、自分の説明には内容があるからと思い、とっくにバツがついていることを理解しない。説明するということは、相手の時間を奪っていることである。発言を続けることは別の参加者の発言を封じていることである。他の任務につく時間を奪っていることである。

口頭報告で「15秒で話せ」なら、文書では1枚である。

一般的にCIAは毎朝大統領へ報告する。その時の分析ペーパーは通常1枚だ。

● 5-3-2　今日の分析は今日のもの、明日は豹変する────────

分析する者は、いろいろな材料を使い、分析をする。今日の時点では多分最善であろう。しかし、明日になれば別の要因が現れる。かつその重要度は変わる。

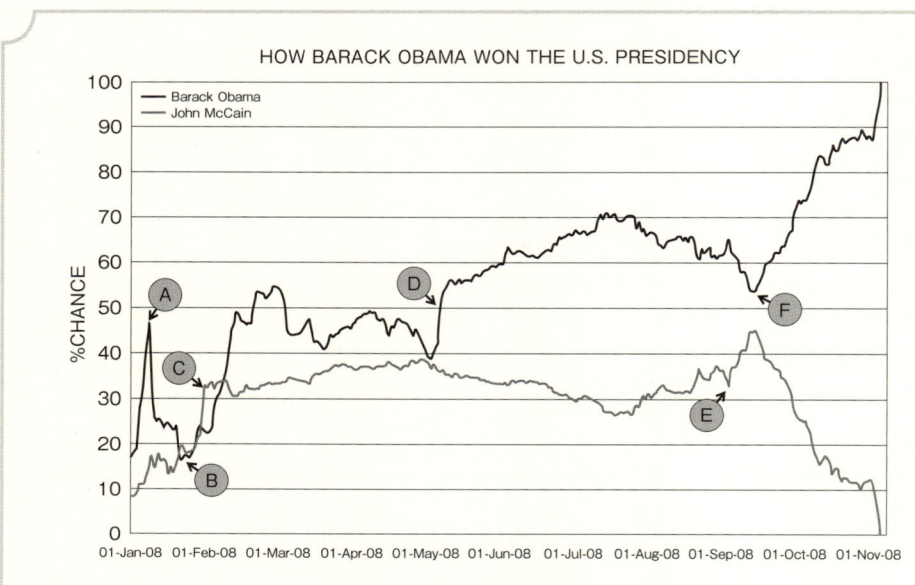

図6-1　賭率の推移

今日の分析が完璧であることに自信をもっていい。その努力はすべきである。しかし，同時に「今日の分析は今日のもの，明日は豹変する」，この謙虚さをもつ必要がある。

「今日の分析は今日のもの，明日は豹変する」を示す好材料についての例があるので，次に示す。2008年の大統領選挙でオバマ大統領の勝つ可能性についての例である（図6-1）。

英国賭屋（Bookmaker）のBetfair社のオバマ大統領が勝つ可能性の掛け率である。Betfair社は競馬，サッカー等を対象に賭けを仕切っている。同時に，米国大統領選挙などの政治問題の賭けも扱う。お金が動くのであるから，こんな真剣勝負の予測はない。

2008年11月5日発表された「オバマは如何にして大統領を勝ち取ったか（How Barack Obama Won The Presidency）」からの図である。

この図ではいくつかの分岐点を示している。

A：1月3日，オハイオ州における予備選挙
B：1月8日，ヒラリーがニューハンプシャー州の予備選挙でオバマに勝利した時
C：2月5日，スーパーチューズデーで，マケインが共和党候補の座を確実にした時
D：5月2日，オバマが民主党候補の座をほぼ確実にした時
E：9月4日，ペイリン共和党副大統領候補の人気が上昇した時
F：9月15日，ペイリン効果は持続せず，リーマンブラザーズが破産

いくつかの分岐点の時期，別の方向へ行く可能性は十分に存在していた。米国大統領選挙の予測をする人の中に，「自分ははじめからオバマと予測した」とか「マケインが必ず勝つ」と予測していた人がいたが，こうした予測は正確ではない。オバマが勝利する確率はさまざまな要因で刻々変化していた。たとえば，ヒラリーがニューハンプシャー州の予備選挙でオバマに勝利し流れがヒラリー優勢になりそうになった。オバマの最大の弱点は経験不足で，ヒラリー陣営はこの点を執拗に攻めた。この時にケネディ上院議員は「オバマ氏は大統領就任のその日から立派に大統領職をこなせる」と発言し，ヒラリーへの流れを止めた。このケネディ上院議員の支持表明がなかったら，ヒラリーはオバマの経験不足を攻め，ヒラリーが勝利したかもしれない。このように，オバマが勝つ可能性は100％ではない。状況の変化でいつ変わるかもしれない。

早くからオバマ大統領の当選を予測したと言う人を見かけるが，この予測は正確ではない。「今日の分析は今日のもの，明日は豹変する」である。

● 5-3-3 現場に行け，現場に聞け

これは説明の必要がないであろう。

しかし，海外に事あるごとに私たちは出かける訳にいかない。その時はどうするか。できるだけ，現地の新聞に目を通すことである。

幸い，WEBサイト「REAL CLEAR　WORLD」上で「WORLD」→「NEWSPAPERS」にいけば世界の主要英字紙を見ることができる。

● 5-3-4 情報のマフィアに入れ

物事の当事者と接触することが重要である。

1970年代に英国情報機関MI6の人が東京に来て，たまたま会った。

私は次の質問をした。

「今や，公開情報でほとんどのことがわかる。それなのに危険を冒して，どうしてモスクワにスパイをもつ必要があるのですか」。

彼は次のように応えた。

「確かに公開情報で必要なものはほとんど手に入る。ソ連を例にとってみよう。ソ連がAの選択をするか，Bの選択をするか。

集めようと思えば"ソ連はAを選択する"という情報も集まる。同時に"ソ連はBを選択する"という情報も集まる。

ソ連がAをとるか，Bをとるかは確率の問題ではない。たとえ確率が低そうでも，ソ連がAをとればAなのだ。だから，ソ連がAに行くのかBに行くのかは，ソ連の内部の情報を直接とらなければわからない」。

私たちが物事の当事者の中に入ることは，通常，無理である。

しかし，しっかりした文献なら，情報の準マフィア程度の物には接することができる。

たとえば，フォーリン・アフェアーズ（*Foreign Affairs*）誌を読むことである。フォーリン・アフェアーズ誌を発行している外交問題評議会会長にはウィンストン・ロード（1977-1985年在任），リチャード・ハース（2003-）と，国務省政策企画部長を経験した者が就任している。

日本ではフォーリン・アフェアーズ誌の性格を理解している人が少ない。一見学者の論文集のように見える。しかし，役目はこれに留まっていない。米国の外交や安全保障問題が転換期にさしかかり，どうすべきかを米国政府が考察している時期に，そのテーマの論文が出る。かつ，しばしば米国の新しい政策を示唆する。こうした情報を丹念に追うことにより，「準マフィア」レベルの情報は入手できる。

まず大国（米国）の優先順位を知れ，そして地域がこれにどう当てはまるかを考える。

世界の情勢を見る時，「まず大国（米国）の優先順位を知れ，地域がこれにどう当てはまるか」を考えてみることである。

地域情勢ばかりを見ていて，大国の意図を見抜けないと，大きい情勢判断のミスを犯す。

今日でも，米国は圧倒的に強い影響力を各地域にもつ。米国の力と個別の地域の国々とでは力の差が圧倒的に違う。米国が何を考えどう動くかは，地域の国が動くよりも影響が大きいことが多い。

● 5-3-5　学べ，学べ，歴史も学べ

国際情勢などでは，動いている物事に本当は誰が一番影響力があるか，どう動いているかは表に出てこない。

1991年8月守旧派のクーデター失敗でエリツィン政権ができて，ソ連は崩壊した。この時米国はどう関与したか。

「クリュチコフKGB議長とヤゾフ国防相からソ連各地における軍事拠点への交信を米国NSA（アメリカ国家安全保障局）は成功裡に傍聴し本情報はブッシュ（父）大統領が入手しうる情報となった。この情報に基づけば，クーデターに対する軍部の支援がほとんどないことを示していた。ブッシュ大統領はこの情報をエリツィンに提供するという前例にない決定をした」。

こうした事実は事件当時には出て来ない。長期間学ぶことにより解ってくる。

そこに歴史を学ぶ意義がある。事件当時は全容は出ない。類似の事件を学ぶことによって，現在隠された動きを類推することができる。ここに学ぶことの意義がある。

本来ならば情報の基本的視点の1-10につき，具体的事例を示すことにより説得力を与えることができるが，紙面の都合でここではできない。さらに勉強してみようと思う人は『情報と外交』（PHP研究所）を見ていただきたい。

第6章　宗教リテラシーⅠ：ユダヤ教
―イスラエル国家における状況に基づいて

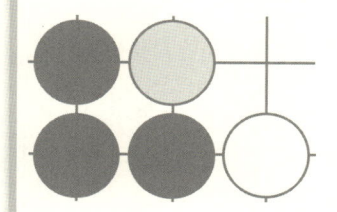

ニシム・ベン シトリット

[訳]菅生素子

　私の出会う方々の多くは，国の大きさと人口を聞き驚かれる。イスラエルを知らない方々のほとんどは，この国が何百万人もの人口をもつ大国であると感じるようだ。

　実際，イスラエル国は面積にして日本の四国と同程度で，人口は大阪府ほどである。

　イスラエルの面積は22,000㎢，人口は780万人，その内訳はユダヤ人が多数を占めており―約600万人，残りは少数派でその大半はムスリム（約150万人），さらにキリスト教徒やドルーズ族などで構成される。

　イスラエルは議会制民主主義の国であり，地中海に面し4つのアラブ国家と国境を接している―レバノン，シリア，ヨルダンそしてエジプトである。

　イスラエルの歴史的な起源は約3,000年前にさかのぼり，以来その歴史を通じて，その存在に影響を与える数々の歴史的出来事が繰り返され，1948年の新生イスラエル国家の誕生に至った。

　「イスラエルの地（Land of Israel）」の概念は，聖書の時代より重要かつ神聖なものであった。聖書の出典によると，イスラエルの地は次の3者に約束された土地である：アブラハム，イサク，そしてヤコブ，彼らが唯一の神により規定された規範や信仰を選ぶという条件で。そしてそこから続く時代に宗教となり，第二千年紀を今日まで生き延びたのである。

　12部族が異教徒たちの手からその土地を征服し，ユダ・イスラエル王国を建国して以来，歴史を通じて，ユダヤ教が国教となった。

　王国は約400年存続し，王国の滅亡後，地域はアッシリア帝国，バビロニア王国，ペルシア帝国，ギリシヤの都市国家，ローマ帝国，ビザンチン帝国などに支配されたが，ユダヤの存在はこうした数々の転変にも途絶えることなく，ユダヤ人の永住の地はこれら占領の時代を通じて存在したのであった。なかでも優勢なコミュニティが存在したのは主にイスラエルの北部ガリラヤ地方で，そこは宗教的な中心地となり，西暦2－4世紀にかけて，宗教的なテクストであるミシュナーとタルムードの一部もそこで編纂された。

　地域がビザンチンの手からムスリムに占領され，エルサレムとイスラエルのムスリムからの奪還を狙う十字軍が派遣された7世紀になって初めて，人口構成と宗教構成の変化が始まった。その変化とは，いずれも宗教イデオロギーを背景とする占領による，イスラームおよびキリスト教の影響によりもたらされたのだった。

　キリスト教徒はこの聖地をキリスト生誕の地とみなし，一方でムスリムはエルサレムをイスラームの聖地とみなす。こうしてこの地域に，ユダヤ教，キリスト教，イスラームという三大宗教が形成されていった。

　オスマン帝国によるこの地域の占領に伴い，当然，イスラームが地域で優勢の宗教となり，占領の終結，またオスマン帝国の終焉および英国の地域への介入まで変遷が繰り返された。

　このような変遷を経ながらも，また数々の占領にもかかわらず，とくにローマ帝国による占領下において，ユダヤ人たちは祖国から他の国々へと追放されながらも，ユダヤ民族は1948年

にイスラエル国を再建し，ユダヤ民族が祖国に帰還するまで，2000年もの間その信仰を保持し続けたのだった。

新生イスラエル国の建国時に調印された独立宣言は，その原則として，宗教や民族，性別にかかわらず，誰もが平等に完全なる権利を有することを規定している。

今日「聖地」と呼ばれる地域は，アブラハムから生まれた3つの宗教にとってきわめて重要な意味をもっている：ユダヤ教，キリスト教，イスラーム。

ユダヤ系イスラエル市民のうち55％が，自らを伝統的であるとみなしている—つまり多少なりとも歴史的なユダヤの伝統を守ることを求めつつ，他方で世界の市民として開かれた生活を送っている人々である。それに対し，ユダヤ人人口のうち20％が，ユダヤの伝統に沿って行動する義務を負わない，世俗的ユダヤ人であると自覚している。

ユダヤ人人口の中にはさらに別の流派が存在する：人口の8％が自らを正統派のユダヤ人であるとみなし，ユダヤ教の規定を厳格に守り，大多数のユダヤ人口が，日常生活の障害であり個の自由の抑圧だと感じるような，禁止事項や慣習を採用している。

非ユダヤの少数派の中で最大なのはムスリムで，今日その人口はイスラエルの全人口の16％を占めている。人口の少数派の内さらに少数派は，キリスト教徒で約2％，ドルーズ教徒で約1.5％となっている。

少数派であるキリスト教徒の中には，キリスト教を選んだアラブ人，旧ソビエト連邦出身の移民，外国人労働者，およびキリスト教に近いメシアニック・ジュダイズム運動に傾倒したさまざまな民族がいる。その他にも，少数派がわずかながら存在し，それはバハイ教徒，仏教徒，ヒンドゥー教徒などである。

先に述べた主要な宗教それぞれにとって特別で，皆が訪れたいと願う場所があり，それがエルサレムである。エルサレムにはユダヤ人，ムスリム，キリスト教徒にとって特別な意味があり，3つの宗教の聖なる場所を擁する場所して，信仰の源となっている。代表的な3つの場所は言うまでもなく：嘆きの壁，エルアクサ寺院，そして聖墳墓教会であるが，すべてが近接しており，3つの宗教の巡礼地である。

中東のような地域，とりわけイスラエルにおいては，宗教やその原則が重要性をもっている。歴史を通じてこの地域はさまざまな変化を経ており，それは征服によるものであり，また宗教的影響によるものであった。

3つの宗教の中でも，ユダヤ教は最古の宗教である。前述したとおり，紀元前2千年紀に成立し，その基礎および原理に基づき他の宗教が成立した。

キリスト教の祖イエスはユダヤ人であったことを述べておく。そのため「ユダヤ人の王，ナザレのイエス」としてローマ人により十字架にかけられた。キリスト教は旧約聖書—ユダヤの聖書，および新約聖書—キリスト教の聖書を一組として採用し，そのためユダヤ教の信仰の多くの部分を用いている。

その後さらに数百年経てから成立したイスラームについても，ユダヤ教と近似した価値観や信仰を取り入れた。

3つの宗教に共通する，唯一神への信仰は，この3つの宗教が共有する重要な理念である。

今日イスラエルでは信教の自由が保障されており，国民すべてが自身の選んだ信仰をもち，習慣や伝統を実践することができる。

第7章 宗教リテラシーⅡ：キリスト教
－現代人から問われるキリスト教

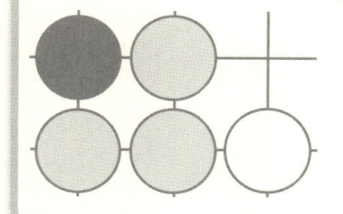

山岡三治

● 7-1　はじめに：キリスト教について知りたい

　最近聖書やキリスト教をテーマにした雑誌がよく売れるという。海外の美術や国際情勢を知るためにキリスト教についてもう少し知りたいという人が多いからであろう。日本人は宗教とりわけキリスト教についてあまりにも無知なので，損をすることが多い。たとえば日本人が外国に出て初対面の人から「どの宗教に属していますか」と聞かれて，「宗教はない」と答えてしまったがために，「信じるものがないような人間とはつきあうことができない」と言われてショックを受けたりする。牧師がプロテスタントで多くは妻帯しており，神父はカトリックで独身であることさえ知らない知識人がまだまだ多い。日本人の宗教についての無知は外交の上でも大損する原因となっている。たとえば佐藤優氏らも指摘しているところであるが，2005年，ローマ教皇ヨハネ・パウロ2世の葬儀のときに欧米のみならず，非キリスト教国からもその国の首脳が出席したにもかかわらず，日本からの出席者は前外務大臣（当時）であったことは諸外国から苦笑された。首脳同士が直接に話ができる絶好の機会（弔問外交）を日本は逸してしまったのであり，これは日本の宗教に対する無知と外交の未熟が重なった顕著な例である。宗教全般について知るためにもキリスト教を学ぶことは役立つ。なぜならキリスト教は世界中にいまでも大きな影響を与え続けているからであり，その知識は他の宗教の教義や文化について考えるときにも一つの視点を与えてくれるからである。本稿でいうキリスト教の多くの部分はローマ・カトリック教会についてであることも前提としたい。

● 7-2　信徒数最多のキリスト教徒

　全世界の宗教のうち最も信徒の多いのはムスリムであり，ブリタニカ国際年鑑（2011）によれば，キリスト教徒数は22.8億人（うちカトリック11.5億人，プロテスタント諸派4.2億人，正教会2.7億人，その他教派約4.4億人）であり，ムスリム15.5億人，ヒンズー教徒9.4億人，仏教徒4.6億人，ユダヤ教0.13億人をはるかに上回り，世界中に広がっている。アジアではフィリピンや韓国などに多く存在している。日本のキリスト教信者はカトリックとプロテスタント合わせて100万人程度であり，人口の1パーセントにも満たないが，フィリピンや南米などのカトリック国からの外国人労働者の流入により，25万から50万人以上の増加となった。

日本のカトリック教会に出席する人のうちほとんどが外国人という教会が増えてきている。日本人は一般的に外国人と接触するのに慣れていないので損を招いていることはすでに述べたが，日本人カトリック信者が外国人信者とよい交流ができれば，交流のよい模範になり，日本全体にも益になると期待されている。

● 7-3　科学とキリスト教の対立

　世界史の授業で取り上げることがらの多くはキリスト教について誤解を生じさせるものである。そのいくつかを取り上げてみたい。まずは科学とキリスト教の対立についてである。日本人には両者が対立すると考えている人が多い。

　ダーウィン（Charles Darwin: 1809-1882）の進化論が一時カトリック教会の創造論（創世記参照）と矛盾しているとして批判され排斥されたことは事実である（1860年代）が，ピウス12世は「人間諸科学と神学の両領域の専門家が，すでに存在する生体物質から生じる人間の肉体の起源を探求するのであれば，進化論に関する研究や討論を禁止しない」として，進化論の研究を公に認めた（回勅「フマニ・ジェネリス」(1950)）。それがごく近年であったことをいぶかしがるかもしれないが，同回勅にあるように「進化論が，すべての事物の起源を説明すると考えたり，世界は絶え間なく進化しているという一元論的かつ汎神論的見解を大胆に支持するのは軽率」という懸念があったから遅れたとも言えるであろう。すべての生物の現象を単純な進化論ではくくることができないことはすでに『昆虫記』のアンリ・ファーブル（Jean-Henri Fabre: 1823-1915）が指摘しているとおりである。

　現在のカトリックの立場としてはアヤラの説明があげられる。カリフォルニア大学の生物学・科学哲学教授のフランシスコ・F. アヤラ（Ayala, 2007/ 邦訳, 2008）は進化遺伝学で大統領から「全米科学賞」を受けている。彼によれば，「人間の霊魂は神が造られた」という信仰表明に続けて以下のように修正された進化論を述べている。「人間と他の動物とは生物学的に連続しており，明らかな区別は存在しない。遺伝情報の伝達に基づく生物学的遺伝はすべての他の動物と同じである。しかし人間に特有な遺伝は，教育プロセスによって伝達される情報の文化的遺伝である。文化的遺伝は，環境への適応に対して，生物学的遺伝よりも，より早くより効果的である。文化的遺伝の出現は，生物学的進化をしのぐ文化的進化をもたらす。文化的進化は，人類の形成において，生物学的進化を超越する。この超越の明白な一例は，人間の道徳性である」と言っている。

　聖書の記述についての現代的批判の一つは環境破壊についてである。人間が自然の万物よりも優れているという人間中心主義が地球環境破壊の正当化となったのであり，それに比べて仏教は山川草木悉有仏性であってエコロジー的であり，キリスト教は対立するというものである。たしかに自然を支配する態度の根拠として，神が人に「海の魚，空の鳥，地の上を這う生き物をすべて支配せよ」（創世記1：28）がたびたび用いられたが，聖書自体に責任があるわけでなく，背景を知る必要がある。記述された時代は，自然の脅威をおそれ，祭祀や犠牲が人間を従属的にさせ，人間の生命の尊厳と主体性をもたせなかったからである。

　バチカンでは1606年にローマ法王庁科学アカデミーが設置されていたが，現代では世界中の著名な科学者（非キリスト者も含む）を集めて人類の平和と進歩のためにより公平な議論をサポートしている。

7-4　カトリックとプロテスタントの対立

　カトリックとプロテスタントとの間の関係は時代と場所によって色彩が異なる。プロテスタントが始まった時代は，個人的意識が高まってきた時代であり，他人からの指示によらず，自分で考え，自分で決めるという自主独立的精神が強くなってきたころで，政治的判断や倫理的判断すべてについて掌握していたローマ権威筋からの個人の自由獲得の時代でもあった。信仰についてはマルティン・ルターはその代表であり，カトリック教会の旧弊の批判を行った。そのときの支持者はローマの力から独立しようとしていたドイツ諸侯であった。メラー（Möller, 1994/ 邦訳, 2001）が言うように，近代のあけぼのの時代に生まれたプロテスタントとイエズス会には，個人と神との内的かかわりの尊重等の共通点がよくあったのであり，イグナティウスはしばしばプロテスタントと間違えられて投獄された。教会や教会公認の聖職者を介さずに神に触れることができるとしていたからである。神秘家は往々にして教会の儀式や指導の権威ぬきでの神との接触を唱えるので教会側からは抑圧されることが多かった。イグナティウスは教会の中で効果的に働くためには教える資格をもつことが必要であることをさとり，児童たちと一緒にラテン語を学び，さらに哲学・神学を学び，司祭となって信徒たちを導く道を選んだ。
　宗教改革時代のカトリック教会は教会の代表者としての聖職者と一般信徒との間が開きすぎていた。教会運営や信徒指導が上から下の一方通行であり，宗教改革ののちに行われたトリエント公会議もその方針は基本的に変化はなかった。他方でこの会議によりカトリック教会の聖職者養成やサクラメント理解の正統的枠組みが堅固となり，1960年代の第二バチカン公会議に至るまで閉鎖的・自己完結的な時代が継続した。「よいパパ」と慕われた教皇ヨハネ23世が開始した第二バチカン公会議は外に開かれた新しい時代をカトリック教会に迎えさせた。その後のカトリック教会は一方では伝統を重んじながらも，他方ではプロテスタントが主張していた要素をかなり取り入れている。自主独立性は教会の中のさまざまな信仰促進運動や信徒ひとりひとりの信仰の尊重に現れた。ルターが万人祭司（全信徒祭司性）を主張したことについては，カトリック教会はローマ教皇を頂点とし司教や司祭，信徒のピラミッド構造を依然として維持しながらも，それよりまず先にすべての信者が神から呼び集められていることが教会であることを明言している。またラテン語一辺倒だった公式言語は諸外国では現地の言葉が尊重されることとなった。いまや各地の典礼は現地の言葉でなされている。カトリック教会がいつでもどこでも見える形で同じ，言葉も同じラテン語で，典礼もまったく同じという従来の理念の再解釈であり，各地の信徒がより理解しやすい形になった。
　カトリック教会とルーテル教会は2004年に『義認についての共同宣言』を公にした。両方の教会が長年の神学的対話を継続してきた成果であり，両者を隔てる最大の原因が解決されたとした。これに他のプロテスタント教会が同意するならばカトリックとプロテスタント教会の間は飛躍的に近くなる。「信仰のみ，恵みのみ，聖書のみ」というルターやプロテスタント教会の主張はカトリック教会も同意している。また信仰からくる「善行」（行為）もカトリック教会は大切にする。それは信仰の実りだからであり，行為が救いを生むわけではない。神の救いは人間側の善行からでなく，神の恵みからであることも合意がなされている。
　カトリック教会とプロテスタント教会の間では，教会教導職や神学者同士はよく対話して，平和運動などでの協力は行われているが，アジアにかぎってみれば，両方の教会の信徒同士の交流の促進にまでは至っておらず，プロテスタント教会のカトリック観が宗教改革時代のカトリック教会と同じと見ている人がまだ多い。

7-5　一神教・多神教の対立

　ユダヤ教，キリスト教，イスラームを一括して「一神教」の枠組みに入れ，インド宗教や日本の神々を「多神教」として対立させる枠組みはそれぞれの宗教を把握するには不完全である。たとえばイスラームの目からすればキリスト教は多神教である。なぜなら父なる神，子なるイエス・キリスト，聖霊に祈るからである。実はキリスト教は一なる神を礼拝すると同時に，父と子と聖霊の三位一体の神を信じているのであるから，一神教とか多神教とかの枠組みには当てはまらない。

　また多神教と言われる宗教でも，時代や場所によっては唯一神に近い考え方をしている。日本では第2次世界大戦のころは天皇が現人神とされ，他の神々は一段低かった。そのイデオロギー化された神道は国家宗教となり，日本を破滅に追い込んでしまった。多神教で代表的な宗教はインド宗教の特徴でもあるが，根底にはすべての神の根源を一つに見てもいる。宗教の危険性は一神教であるか多神教であるかでなく，それらが政治的グループにより排他的イデオロギーとして利用された場合にある。

　ユダヤ教，キリスト教，イスラームを一神教として単純にひとくくりにはできないとはいえ，同じ「創造主である神」を礼拝している点では変わりがない。そのそもそもの共通地盤に立ってそれぞれの教える宗教的真理を研究し合い，ともに人類の平和のために協力し合うことがいかに大切かをそれぞれの指導者が自覚し，相互訪問や研究会，平和運動の協力等がより広く頻繁に見えるように努力しなくてはならない。

7-6　聖書正典化のプロセス

　近年『ダ・ヴィンチ・コード』が話題になったが，この小説は現在の聖書の成り立ちについての疑問を呈し，キリスト教の存立の根幹が揺るがせるというセンセーショナルな関心を呼び起こした。竹下節子（2006）によれば，日本人やアメリカ人のジャーナリスティックな話題への好奇心や，大きな組織なのにあまり奥まで知られていないことも働いている。また『ダ・ヴィンチ・コード』で著者は「すべて事実である」と書いているにもかかわらず，事実でないところが多々あることは明らかである。実存しないシオン修道会がでてきたり，パリの聖スルピス教会の装飾の事実との乖離もある。ダ・ヴィンチの『最後の晩餐』のイエスの隣のヨハネがマグダラのマリアだと言うことについてもヨハネが不在となるので説得力がない。しかし聖書についての疑問が起こるのは無理もない。そもそも聖書は読み物として編纂されたのではなく，共同体の礼拝のときに会衆のまえで朗読され，会衆はそれを耳で聴くためのものであった。

7-6-1　グノーシス文書

　『ダ・ヴィンチ・コード』でキリスト教をゆるがす根拠としてあげているトマス福音書などの文書はいわゆるグノーシス文書である。それらに共通している価値観は，この世と肉体を蔑視していること，肉体を離れて魂だけが天に昇ることが救いだという，ギリシヤ的霊肉二元論に基づいていることである。キリスト教は二元論ではない。人間は肉体と霊魂が分かたれない存在であり，この世は人々が神からこの世に派遣され，救いを経験し，恵みを宣べ伝えていく

大切な場である。

　新約聖書の諸文書は初代教会の信者たちがときには迫害下にあって，自分たちの信仰を真に表している文書を選んでいった結果である。それに入っていなかった文書は教会の組織にとって不利だからではなかった。さらに例をあげると，グノーシス文書にある99匹と1匹の羊のたとえ話である。99匹をわきにおいて，1匹を探し出すというところで，それは福音書の記述（ルカによる福音書第15章）と表面上は似通ってはいるが，グノーシス文書では見失われた羊を見出す慈悲深い羊飼いを描くのではなく，その1匹は太った豊かな羊だとしている。それではキリスト教的メッセージとは異なっているので，聖書正典に組み入れるわけにはいかない。

● 7-6-2　新約聖書正典化のプロセス

　初代教会がどの文書を聖書に組み入れて正典化するかの判断基準は初代教会が自分たちを他の団体と区別するために用いていた象徴の選び方にも現れている。初代教会の信者たちがたびたび礼拝のために集まっていたカタコンベ（地下墓所）の壁にはいろいろな象徴が描かれている。魚の絵がその代表で，ギリシヤ語での魚（イクトゥス IXΘΥΣ）はイエス・キリスト（頭文字は I）が神（Θ）の子（Υ）であり，救い主（Σ）であるという言葉の頭文字をならべたらイクトゥスという言葉になり，魚は聖書にもよく出てくる言葉でもあるので，よく使われていた。H. シェンキェヴィッチ『クオ・ヴァディス』という迫害時代の初代教会を描いた名作があるが，そのなかにも信者同士を見分けるために魚のペンダントが用いられていたことが描かれている。カタコンベにはさらに，オリーブの葉を口にくわえたハト（創世記第六章）は救いと希望を表しているし，人々が一緒にパンを食べている絵や，子羊が片足で7つのカゴに入っているパンを祝福しているかわいらしい壁画もある。肩に子羊を背負った青年の姿は，もとは同時代に残っていたほかの宗教のものであったが，聖書的メッセージとなりうるのでキリスト教に取り入れられたものである。また太陽であるイエス・キリストもそうであり，太陽の誕生日であった異教（ミトラ教）の祝日をキリスト教はほんとうの太陽であるイエス・キリストの誕生日にしたのであった。

　他方で，採用しなかった象徴がたくさんある。豊穣の女神像，ゾロアスターのアフラマヅダの広く羽を広げた神の姿，脱皮によって新生を得る蛇の象徴などはキリスト者が自分たちの信仰を表すための象徴として用いることはなかった。そこに取捨選択のためのキリスト教的基準があったのである。

　象徴のうちでいちばん大事なのは，クレド（ケア・コンスタンチノープル信条（381年））であり，キリスト教の神髄を短い言葉で表したもので，「私は信じます（Credo）」から始まる三位一体の神への信仰告白である。4世紀までの教会がかずかずの論争を経てもたらしたものであり，今日まで1600年の間どの正統キリスト教会でも唱えられてきたもので，正統派以外の自称キリスト教とを区別する信条である。たとえば，モルモン教，エホバの証人，統一教会（協会）はそれをもたない。

● 7-7　キリスト教の中心であるイエス・キリスト

　新約聖書にあるイエスの教えは「友のために命を捧げることほどの愛はない」であり，それを短い時間で達成したのが殉教である。殉教は現代のプロテストとかテロにあるような自殺行為ではない。「人を愛し，自分を迫害するもののために祈れ」と言ったイエスの言葉の証しである。ギリシャ語マルティリア（martyria）の本来の意味は「証すること」である。殉教を長

い時間，共同生活を証することによって達成しようとするものはベネディクト（480頃-547年頃）が制度化した修道生活である．彼らは清貧，貞潔，従順の3つの誓願をたてる．世事に従事する信徒の場合は，それぞれのおかれた場で信仰を証する．プロテスタントは教会や修道院の外の一般世界にこそ神の働きを発見し，家庭生活や社会生活で神への忠実を証しすることが特徴である．

イエス・キリストそのものを新約聖書から読み込むことが難しい場合は，キリスト教信仰を生きた人を見るのがよいだろう．たとえばイエスに最も近かったと言われ，最も多くの人から愛されているアッシジのフランチェスコ（Francesco d'Assisi: 1182-1226年）は悔い改めと愛を説き，実践した人であり，同時に自然に親しむ詩人でもあった．「太陽の歌」においては太陽，月，風，水，空気，大地をはじめ，鳥や虫までも兄弟姉妹と呼んだ．深い宗教体験をもち，清貧の生活を徹底し，市民と親しみ，芸術を愛したこの聖人は日本で親しまれている良寛和尚とよく比べられる．現代の証人として著名なのはマザー・テレサ（Mother Teresa: 1910-1997）である．彼女は従来のカトリック修道女の枠組みを超えている点で現代的だった．伝統的な修道院や教育施設を飛び出して，「すべてを捨て，最も貧しい人の間で働く」という啓示に基づき，とくに「死を待つ人々の家」というホスピスを創設し，世話をする人の宗派を問わず，亡くなるときにはその宗教を尊重した．彼女はその使命を遂行するために「神の愛の宣教者会」を設立し，その使命を「飢えた人，裸の人，家のない人，体の不自由な人，病気の人，必要とされることのないすべての人，愛されていない人，誰からも世話されない人のために働く」こととした．

● 7-8　人材の養成：「仕える人」の準備

● 7-8-1　カトリックの司祭養成

人材養成はキリスト教教会のみでなく，企業や組織体にとっても重要であり，手間暇かけて養成の制度を充実させている．養成のカギは目標とする人間像を示し，そのための具体的方法を設けることである．宗教改革の時代以降にカトリック教会のなかでとくに養成を体系化したイエズス会の養成を紹介してみたい．まずイエズス会が養成の目標としている人間像は「仕える人」であり，個人的対話をとおして相手に奉仕し，救いに達することを助ける人間である．その基礎は入会して2年間の修練院生活で学ぶ．そして哲学勉学期間，実習期間，神学勉学期間を経て，全体で10年前後の年月のあと，ようやくイエズス会司祭として歩み始めることとなる．しかも数年働いたあといったん持ち場から離れて半年から1年程度，第三修練を行う．それは燃えつき症にならないための知恵でもある．同会は養成のためにひとりにつき膨大な額の養成資金を用意している．

● 7-8-2　イエズス会入会

入会試験は筆記試験ではなく，おもに本人を知る四名の会員および一般の知己の人たちからの評価を管区長が受け，審査ののちに決定される．その評価にはまずそれぞれの段階にふさわしい質問を用意し，本人の次の段階に進む条件が整っているかをはかる．たとえば，修練の終わりには終生誓願をたてるが，生涯を従順・清貧・貞潔を貫けるだけの資質があるかどうか，哲学期の終わりには，物事の考え方について広い視野をもち，理性に基づいて相手に自分の思想を伝えることができる能力を兼ね備えているか，中間期では自らの意見に固執せず，他者のために具体的に奉仕し，協力し合う姿勢をもっているか，神学期では，いよいよ神の国と教会

に奉仕するための神学的知識と謙遜さを備えているかなどが問われる。これらの試験方法はイエズス会の中ではインフォルマチオ（情報提供）と呼ばれている。

● 7-8-3　修練期

　修練期はイエズス会の霊性を習得する。まず会の創立者の生涯と精神を学ぶ。そしてそれが具体化されたイエズス会会憲，会則を学ぶ。おもに5つの実習が特徴的である。その5つとは，子どもへの教理教育，巡礼托鉢，病院実習，霊操，貧しい人たちへの奉仕である。これらの実習は，霊性（謙遜と人々への奉仕の精神）を体得するための方法として数百年も引き継がれている。修練院生活で学ぶことは，ベネディクトが制度化させた修道院生活を学ぶこと，そして将来1人か2人で宣教に派遣されるために種々の準備をすることである。それにはおもに上記の5つの実習が定められている。子どもたちへの教理教授は子どもたちにわかりやすく，興味をひくような話法を練り上げることである。巡礼は金銭をもたずに托鉢しながら，たとえば広島から長崎程度の距離を1ヵ月くらいかけて歩くことであり，そこで神に至る道のきびしさと路上での人の親切のありがたさを学ぶ。

　中心は霊操（大黙想）である。1ヵ月間を沈黙で過ごす。毎日約5回の黙想（各1時間）が当てられているのが普通である。第1段階はまずキリスト者としての生涯の基礎「原理と基礎」を学び，罪の傾きを見つめて回心する約1週間である。第2段階は，イエスの生涯をたどる時期で，10日間以上を費やす。イエスの降誕から地上の活動までを聖書をたどりながら行う。第3段階は，イエスの苦難と死をしのぶときであり，数日間をついやす。第4段階は，復活とそののちの教会の発展を扱う。この期間を通して「識別」を学び，自分がどういうことに執着しているか，熱心さの具合，バランス感覚をまなび，選択や判断の基本的態度をつくる。

● 7-8-4　修練期以降の勉学期

　修練期を誓願で終えると，第一勉学期が続く。おもにラテン語，ギリシヤ語，教養を学んでいたが，日本ではすでに高等教育を終えたものが多いので，英会話や他国の会員と知り合い，将来の協力関係の基礎づくりのために外国，とくにフィリピンで1年を過ごす方針ができた。これは将来哲学や神学を英語の書籍を通して学び，英語でのコミュニケーションや世界からの情報に難なく接することができるために有益である。哲学，とくにスコラ五科目を学習することが教会法で規定されている。認識論，形而上学，倫理学，自然神学，人間論それぞれを学ぶ。日本ではその他東洋思想，憲法等も司祭への必須科目である。中間期は学校等で教師として働くことが多く，勉学の期間をしばらく離れて実際に働く経験をすることである。神学期は4年以上かける。そのなかでは聖書，歴史，哲学思想，典礼等を学ぶ。

● 7-9　地球規模の課題と取り組むために

　上記の「仕える人」養成の体系は他の修道会や教区でも同様に全世界で行われているが，課題も多い。以下は企業の人事にも共通する問いであろう。第一の問いは，共同体と人類にもっぱら奉仕する人はどのようなものであるべきだろうかということである。第二は，生涯かけての献身を避ける傾向のある現代の若者が犠牲的精神を獲得できるためにどうしたらよいのかである。さらにカトリック聖職者の特有の課題は一般人や女性と一緒にどのようにして教会共同体を形成していくかである。最後に最も重要な要素であるが，対話の精神の育成である。相手の必要を知り，同じ言葉を語り，相互に改善すべきことは素直に改め，同じ目標を目指して協力していくために対話の力が必要であるが，それをどう養成していったらよいのかが問われ

いるだろう。

　最後に，すべての人々には今日の「地球規模の課題」に取り組むという使命がある。教会所属者のみでなく，すべての人たちがこれに協力して取り組めるようにイエズス会総長 A. ニコラス師は「貧困，地球環境，教育，倫理」の方面での使命を提起している。これは上智大学をはじめとするカトリック系大学に向けられた課題であるが，それは全分野の知識とネットワークを用いて取り組んでいくべき課題であり，その面でもキリスト者は大きな使命をもっていると言えよう。

第 8 章　宗教リテラシーⅢ：イスラーム

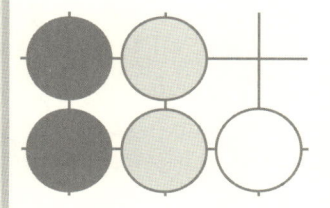

赤堀雅幸

● 8-1　はじめに

　言うまでもないことだが，本書が戦略論の手引きだからといって，本章の目的がイスラームを仮想敵として，これを攻略する「戦略」を示すことにあるわけはない。目的は，イスラームとこれを信仰する人々（ムスリム）を総合的に理解するための効果的な方策を示すことにある。本来の意味でのストラテジーとは，設定された目標に対する効率的な達成方法の策定であるから，その意味では本章もまた戦略論と言えないこともないだろう。

　だが，本章の限られた紙数からは，イスラームについて，具体的な情報を子細に提供することも，宗教一般に関する人間の心性の深い部分について詳細に議論することも難しい。きわめて表層的ではあるが，ここでは本章ではイスラームに関するありがちな誤解の例を引きつつ，イスラーム・リテラシーを高めるのに有効な立ち位置の取り方と情報への接し方について述べていく。

● 8-2　誤読されるイスラーム

　今日にいたっても，日本人の多くにとってイスラームは遠い異国の宗教ではあろうが，それでも戦前の回教研究に始まり，長年にわたって継続されてきた日本のイスラーム研究は，世界的に見てもかなりの水準に達しており，今では専門家以外がイスラームについて知ろうとする限りにおいては，日本語のみに頼ってもかなりの水準の情報が入手できる。

　だが，情報量の増大は，必ずしもイスラーム理解がバランスのよい形で発達したことを意味してはいない。とりわけ，1970 年代以降には，原理主義の興隆が大きく影響して，イスラームは，もっぱら暴力や紛争と結びつけてとらえられる傾向が強くなっている。歴史上に自分たちの信仰を「平和の宗教」「理性の宗教」と謳ってきたムスリムからすれば，このような事態は皮肉と言うしかない。

　イスラームを暴力と結びつけるような理解の形成は，イスラームに身近に接することの少ない私たちが，情報源をメディアに依存しがちであり，それらの情報が往々にして意識的無意識的に歪められているのに強く影響されている。その意味では，イスラーム・リテラシーを高めることと，メディア・リテラシーを高めることは相通じている。

イスラームをめぐる欧米のメディアの報道がいかに偏ったものであるかを辛辣に論じた古典的著作に，米国で活躍したパレスチナ系知識人であるサイードの『イスラム報道』があるが（Said, 1981, ／浅井他訳，2003），それが指摘した数々の偏向と誤りは，日本のメディアについても往々にして当てはまる。いや，日本のマスメディアが欧米経由の情報を請け売りしがちであることを考えれば，その病理はさらに根深いと言える。

　単純な誤りの大部分は，報道する側の知識の不足や安易な姿勢によっている。1991年の湾岸戦争当時，日本からの短波放送をエジプトで聞いていた私は，現地特派員が「ダーラン」という地名を連呼するのを聞いて，それがサウディアラビアの石油生産拠点であるザフラーンのことと気づくのにしばらく時間がかかった。些細な例ではあるが，この特派員はザフラーンの英語の読みを何の疑問ももたずに採用して，本来の読みを周囲のアラブ人に尋ねてみる程度のこともしていなかったことになる。

　誤読には，異文化理解一般と同様に，より構造的な論理のずれがある場合もしばしば見られる。だいぶ以前のことになるが，2000年から2001年にかけて，日本の企業がインドネシアで販売した旨味調味料に豚が使用されているとの評判が立ってボイコット運動に発展した事件があった。その際に日本のメディアや教室の学生から研究者に盛んに投げかけられた問いは「なぜイスラームでは豚が禁止されているのか」というものだった。当然の疑問とも思えるが，しかし，それに対するイスラーム側の回答は「なぜなら神が命じたから」でしかない。ムスリムにとってみれば，本当の理由は神しか知らないのであって，人が問う必要はなく，事件の要点が「豚が禁じられている理由」にあると考えたインドネシア人はほとんどいなかっただろう（赤堀，2001, pp.106-108）。

　この事例が教えてくれるのは，私たちが物事に「合理的」とされる理由を求める癖を付けられていることであり，それに対して，イスラームに限らず信仰とは本来理由を必要としないものであるという認識に，多くの日本人が欠けているということである。実際には，信仰や直感，洞察といった心の働きは，人が生きていくうえで合理的思惟と同等に重要であるにもかかわらず，私たちはそれらを理性よりも劣ったものと見なしがちである。

　メディアがその性質からして，ムスリムたちの日々の暮らしをあまり伝えない点も，注意を要する。イスラームについて報道が伝える出来事は，多くの場合に当のムスリムにとっても非日常の出来事である。ムスリムが皆，テロを企んだり，テロの恐怖におびえる生活を送ったりしているわけはないし，暴力が頻発する地域に暮らすムスリムたちが，それをよしとしているわけもない。一見して，ムスリムの日常をメディアが伝えると見える場合にも，読者や視聴者の関心を引くべく，私たちにとって異質に見える側面が強調され，過度に一般化されることがしばしばある。ムスリム女性のヴェイル着用は格好の素材としてメディアに取り上げられるが，ヴェイルをかぶらない女性も数多くいることや，頭髪を隠すだけのものから，頭全体をおおうものまで，ヴェイルの形が地域により時代によりさまざまであることまではなかなか話題にされない。限られた紙面や放送時間のなかでは取り上げられがたい日々の営みがあり，また切り捨てざるをえない細部があることを忘れてはならない。伝えられる情報はつねに部分的なものにすぎない。

　メディアによるイスラーム関連情報の提供が不十分であったり，歪んでいたりすることは，しかし，メディアを批判してすむことではない。非難されるべきメディアがあるのも事実だが，たいていの場合，メディアもまたイスラーム理解に苦しんでいるのであり，情報の商品的価値と折り合いを付けつつ，良識をもって人々に伝えようとするジャーナリストの努力をもってしても，なかなか十分には伝えきらないのが実情である。

　メディア・リテラシーの問題としては，情報が誤りを含んでいる可能性のあることや，伝えられる側の内在的な論理が疎かにされがちであること，伝えられない情報の方が多いことを意識する必要があると指摘したが，これらは，自分自身のイスラーム・リテラシーにも課される

課題である。イスラーム理解を深めるためには，当然のごとく能動的にイスラームについて学ばなくてはならず，その学びの効率を高めると同時に，自分の理解にも批判的でなくてはならない。だからといって，メディアにしろ自分の理解にしろ，闇雲に疑っては前に進むことができない。そこで何らかの判断基準を自分のために用意し，鍛えることが必要になるのだが，それではどのような基準が，イスラーム・リテラシーを高めるのに有効なのだろうか。

● 8-3 イスラーム理解とムスリム理解

　まずは「イスラーム・リテラシー」という言葉自体にかなりあいまいなところがあることに気がつきたい。イスラームを理解したいと思ったとき，私たちはこの世界宗教の教義を理解することを念頭に置いているだろうか。神学や宗教学に関心のある一部の人を除けばそうではないだろう。私たちの多くはムスリムを理解したいと思っているのであり，彼らの思想や行動にイスラームがどのように影響しているかを知りたいと考えているだろう。

　だが，この発想自体が実は，ムスリムの思想や行動が，イスラームによって説明できる，もしくは逆に，イスラームの性質が一部のムスリムの思想と行動によって説明できるというような短絡を招きやすい。

　その点で，サッカー好きで知られるある作家が，日本とアラブ諸国の試合に関連してスポーツ新聞上に「どこの世界に，我々の住む東アジアと，コーランの教えがすべてを支配する中近東を同一視する人間がいるというのか」と書いた一文は，初めて目にしてから10年以上を経た今でも，私にとって印象深い（馳, 1999；赤堀, 2001, p.109 参照のこと）。中東のムスリムがあたかもプログラムされたロボットのように，クルアーン（コーランは欧米経由で入ってきた読みである）の教えに従っていると彼は述べるが，教義上にもクルアーンの規定が及ばない領域があることははっきりしているし，実践上はますますありえない話である。

　また別の機会に，教会でイスラームについて話した際，聴衆の一人から「自分の宗教のために人を殺す信徒がいるようなイスラームという宗教は，邪悪な教えなのではないか」と訊ねられたことも思い起こされる。暴力に訴えるムスリムがいることは残念ながら否定できないが，それによってイスラームが邪悪であると断定するのは，明らかな錯誤である。もしそのように考えるならば，十字軍をはじめとする数々の虐殺行為によって，質問者の宗教であるキリスト教も罪なしとは言えないだろう。

　こうした短絡した理解は，ときとしては国家の政治に大きな影響を及ぼしうるような知識人によっても示されることがある。

　ハンティントンは，1960年代から1980年代にかけて，米国の国際戦略にも影響を及ぼした政治学者だが，彼は冷戦後の世界を文明論的な枠組みから論じ，そのなかで「世界政治のマクロ・レベルで見れば，文明間の中心的対立は西欧とその他になるが，ミクロのレベルで，つまり地域レベルで見れば，イスラム教徒とその他の紛争が中心である」と述べた（Huntington, 1986／鈴木訳, 1998, p.388）。ハンティントンの見方は，戦略的に当時の米国の国益にかなうものではあって，彼の立場からすれば十分に合理的といえるが，地域紛争を文明間の差異に還元するような見方は，紛争の解決に尽力する多くの運動家や研究者にとってあまりに自明なことに，紛争を煽る側の物言いである。『文明の衝突』が，その後に起こったアフガニスタンやイラクにおける紛争を予見したという評価があるが，これはとうてい正しいとは言いがたい。どちらかと言えば，ハンティントンに代表されるような見方に立った米国の政治的行動がそれらの紛争を助長したのである。

米国にとって中国の経済的，軍事的台頭がより重要な問題となりつつある今日，ハンティントンの描いた構図がなお有効であるかといった議論は，本章の扱う範囲を超えているが，ハンティントンの文明論を批判し，イスラームについてより精妙な構図を提出しているトッドらのそれを含めて（Todd & Courbage, 2007／石崎訳，2008），「文明論」という議論そのものが，限られた射程の有効性をもつものとして慎重に扱うべき分野である。文明論が，文明なるものを操作的な抽象概念としてではなく確固たる実体として位置づけ，その差異を相対的なものではなく絶対的なものとしてことさらにあげつらい，人を複雑な社会関係の織りなす相対的流動的な存在としてではなく，個体の所属する文明によって本質的に決定される存在として説明しようとするときに，文明の「衝突」は生まれる。イスラームはとりわけてそのような理解の的にされてきたと言わざるをえない。

私たちが望むのは，抽象的な宗教としてのイスラームの理解というよりは，私たちと同様に世界の現実を生きているムスリムの心と行動の理解である。言い方を変えれば，ムスリムによる信仰実践を含めて，現実として存在しているイスラームを知ることがイスラーム・リテラシーの目的であり，そのためにはイスラームの教義が必ずしも斉一ではなく，ムスリムの実践はさらに多様であり，両者の結びつき方は一様ではないという認識が必須である。とりわけ，教育の普及に伴って，ムスリム個人がそれぞれ反省的にイスラームを理解しようとしている今日では，こうした多様性はいっそう強まっている。この点をしっかりと意識することが，イスラーム・リテラシーを高めるための第1の要点となる。

● 8-4　イスラーム原理主義への視線

ここで，イスラームは恐ろしいというイメージを引き起こす主要な原因となってきた「イスラーム原理主義」に目を向けてみよう。

イスラームそのものが恐ろしいというのは幻想にすぎないが，原理主義の信奉者のなかに，イスラームの教義を直接に反映した政治の実現を目指し，そのために暴力をもって目標実現の妨げとなる他者を害することもよしとするムスリムがいるのは事実である。そうしたムスリムたちに，私たちが恐怖や嫌悪を抱くことはきわめて自然な感情である。だが同時に，前節で述べたように，私たちは，そうした嫌悪や恐怖がイスラーム一般に拡張されないよう，つまり特定の人物や集団への嫌悪がイスラーム・フォビア（イスラーム嫌悪）へと転換しないよう，心の手綱をしぼらなくてはならない。

では，暴力を指向する人物や集団に対しては，私たちはどのように対すべきだろうか。当然のように，彼らの思想や行動は，暴力の是認という一点において非難されるべきであり，それを防ぎ，また責任を問うべく奮闘するか，そうまでもしなくても，暴力の行使に対抗するしかるべき機関に，各自が可能な支援を惜しむ理由はない。

だが，イスラームの大義のためなら，異教徒や異宗派の人間の殺害も厭わないという人物であっても，その存在を全面的に否定するだけで終わりにしないという姿勢も，イスラーム・リテラシーの重要な部分をなす。そうした人物に「テロリスト」「過激派」「狂信者」といったレッテルを貼っても，事態は根本的には改善されない。たとえ彼らが物理的に退けられても，次なる暴力の行使者が現れるのを私たちは見ることになるだろう。暴力は否定されるべきだが，暴力を行使する人間を否定しても暴力は止まない。むしろ暴力にいたる論理を明らかにすることこそが，最終的には暴力の発現を妨げるはずである。

1980年代以降の原理主義研究は，テロの担い手が反近代的な復古主義者などではないことを

明らかにしてきた。いわゆるテロリストの多くは欧米中心に形成されてきた現在の近代システムのなかで，自分や仲間のムスリムが経済的に搾取され，精神的に尊厳を侵されてきたと考えており，彼らのなかでイスラームは，自分たちが置かれた不当な状況を逆転するための導きの糸の役割を果たしている（赤堀，2005a, pp.13-14）。

だからといって，彼らの暴力行為が正当化されることはけっしてないが，このような解釈によってイスラーム原理主義は，より大きな歴史の流れのなかに位置づけられる。第1に，西洋から移入された近代化を消化するのに，イスラームを中核とする価値観が必要なのか，不要なのか，必要だとしたらどのようなイスラームが近代にふさわしいのかという議論とイスラーム原理主義は結びついていることが明らかである。日本を含め非西洋諸国の近代化に一般的にみられることだが，伝統と近代の価値がせめぎ合う状況は19世紀から続いており，その延長上にイスラーム原理主義はある。

第2に，20世紀後半にいたってなお，多くのムスリム諸国が近代化に成功したとは言えず，経済的に立ち後れ，貧富の差に苦しみ，権威主義的な政府の下で国民の権利は圧迫され，人々は従来の民族主義や社会主義への失望を高めていたという状況とイスラーム原理主義の関連が指摘できる。1970年代に入って，イスラーム原理主義は，民族主義や社会主義に代わるパラダイムとして台頭してきた。

第3に，先鋭化した武力闘争は一部にすぎず，イスラームを価値の基軸として重く見ようとする立場は，個人の心構えから，教育や経済面での活動，合法的な政治活動まで含めた広がりを見せているという事実がある（専門家は政治以外の分野にまでわたるこの広がりをしばしば「イスラーム復興」と呼んでいる）。イスラーム原理主義の暴力は現代イスラームの非主流である一方，非暴力の運動との間に広範囲の連続性を認める必要もあることになる。

このような理解に従えば，いわゆる「アラブの春」と呼ばれる2010年来の中東各国の民衆運動を，西洋的民主主義の確立を目指した単線的な動きと見なすような愚は避けられる。さらに，エジプトにおける先の人民議会選挙が，自由公正党やヌール党といったイスラーム原理主義（穏健派まで含める意味では，この用語を避けて「イスラーム主義」などの語をしばしば用いる）に連なる政党の勝利に終わったことの意味も，民主主義への恐れや反動などといったものではないことが明らかになる。それは，エジプトにふさわしい近代をめぐって，民衆の間に複数の流れがあるなかで，イスラームを重視した近代化の道が選び取られた過程と受け止められる。さらには，同じ「アラブの春」とは呼ばれても，チュニジア，リビヤ，シリア，イェメンなどのそれが，イスラーム復興の土壌がエジプトと大きく異なる点からいっても，それぞれに独自の文脈で展開するだろうとまで読み込むこともさほど困難ではない。

このように，「テロ」や「原理主義」といったレッテルを貼られがちなムスリムの思想や行動は，時代や地域の文脈のなかにおいて初めて，より柔軟でより広く，より一貫した理解を招くことができる。これがイスラーム・リテラシーを高めるための第2の要点と言えるだろう。

● 8-5　彼我の境界を越えたイスラーム理解

しかし，イスラームについていたずらに一般化することを避け，背景となる時代や地域の文脈をつねに意識するという姿勢にはまた多少なりとも無理がある。多様なイスラーム報道に接していく際にそうした姿勢を堅持するには，かなり複雑な思考の過程をたどることが必要となる。そうする余裕があるならばよいが，専門家でもない人間が，いちいちそこまで考えるのはいかにも面倒と思われても仕方がない。

「面倒」というと聞こえは悪いが，普段からムスリムに接する機会のある人でもない限り，現状でイスラーム理解に多大な時間を割く余裕はなかなかないだろう。世の中には学ばなくてはならないことは数多いのだから，なるべく効率よく，わかりやすくシンプルな理解を求めるのは自然なことであり，だからこそ「テロ」や「狂信」といった出来合いの概念は強い説得力をもち，無反省なまま，たやすく受け入れられやすい。

既成概念を使って，よく言えば迷いのない，悪く言えば決めつけの理解を示すことは，単純であるがゆえに周囲にも強く訴えかける力をもつ。ときとしてそれは相手に支配を及ぼそうとする意識と重なり合う。『イスラム報道』に先駆けて出版された代表作『オリエンタリズム』のなかで，サイードが問題にしたのも，「東洋」が西洋によって一方的にイメージされたという点以上に，それが西洋による東洋の植民地化に巧みに利用されたという点だった（Said，1978／今沢訳，1993）。

私たちが使う言葉自体が，無限に多様な世界を私たちに処理可能なように単純化する働きを果たしている以上，この種の認識はきわめて日常的であって，完全に否定することは難しい。しかし，米国のブッシュ前大統領が「悪の枢軸」や「限りなき正義」「対テロ戦争という十字軍」といった言葉を用いるとき，それらの言い回しに，自己の価値観の絶対化や異質な存在への支配欲求を感じる程度には意識的であった方がよいだろう。

加えて言えば，同じ種類の認識は，異なる宗教の価値観を否定し，また同じムスリムであっても自分たちと異なる理解の仕方をする人々を認めようとしない，一部の強硬なイスラーム原理主義者にも共通している。かつてノルウェーの平和学者ガルトゥングが「オサーマ・ブッシュとジョージ・ビン・ラーディン」という表現を用いたのは，両者がそれぞれ普遍と信ずる価値をめぐって，たがいに出口のない争いを演じる双子にすぎないという理解からだった（Galtung，2002，p.354；赤堀，2005b，p.91参照のこと）。

つまり，イスラーム理解を妨げかねない独善的な認識が，ムスリムの側にも，ムスリムでない側にも共通した形で根強くあるのである。この事実に目を凝らせば，翻ってイスラーム・リテラシーの究極が，理解しようとする対象から遊離した観察者の優越的な視線を捨て去ることにあるという考えにいたるだろう。自分たちを理解する主体，ムスリムを理解される対象として分離して考えることも止められればなお理解は進む。彼我を別個の存在と考えることを止めたならば，イスラームは遠い異国の宗教ではなく，ムスリムは理解不可能な他者ではないものとして現れてくる。

米国で中東に関する人類学を主導してきたアイケルマンは，移民や改宗者によって急速に欧米でのムスリム人口がふえつつある状況を受けて，「おそらく，イスラームが『西洋の』宗教であると考えられるようになって初めて（中略）そうした無意識の異国趣味は西洋によるイスラーム理解の中で過去のものとなるのである」と述べている（Eickelman，2002，p.239）。たとえムスリムに実際に出会う機会は日本ではまだ少ないにしても（しかし，その機会は教育や労働の現場で着実に増えている），イスラーム・リテラシーを高めるための姿勢には，アイケルマンのいう「無意識の異国趣味」やそれと対になる漠然とした嫌悪からの脱却が求められることに変わりはない。

本章3節の末尾で述べたように，現代ではムスリム自身がイスラームを理解しようとして思い悩み，たがいに意見を戦わせており，それもあって，私たちのイスラーム理解への努力は，どのようなイスラームと私たちが連帯していくのかという問いへとつながっている。私たちの側に，謂われなき差別の視線をムスリムに向ける者がいれば，私たちはそれを非難し，ムスリムの側に異教徒を害しようとする者があれば，私たちは彼らを拒む。そのうえで，相互に許容し理解しようとする試みを自分にも相手にも見出しながら，私たちのイスラーム・リテラシーは育っていかなくてはならない。

私たちはイスラームとムスリムに対面して，それらを異質な他者として遠ざけるのではなく，

多様な存在である自分たちの一部と認め，大きな共通性の認識と共感のなかで，たがいの間の差異がもつ意味を見つめていかなくてはならない。単純化して言えば，同じ人間としてムスリムをとらえる意識を見失わないことこそが，イスラーム・リテラシーを高める際に，私たちが護持すべき姿勢なのである。そして，容易に了解されるように，それはイスラームの理解に限られたことではない。普遍の人間性（ただし，それは西欧由来の価値観に普遍性を付与することではない）を土台において初めて，世界はその多様なる豊穣さを開示してみせるのである。

8-6 おわりに

　最後に，イスラーム・リテラシーを高めるのに実際的に役立ちそうな情報源を，ごく簡単にではあるが紹介しておく。

　多くの概説書があるが，簡便に読めて目配りが利いたものはそれほど多くない。そのなかでは，やや以前の刊行になるが，小杉（1994）や東長（1996）のものが好著と思われる。辞書・事典類では，『岩波　イスラーム辞典』が日本語では最も充実しており，CD-ROM 版もある（大塚・小杉・小松・東長・羽田・山内，2002）。より細かい分野の手引きとしては二つの研究案内があり（三浦・黒木・東長，1995；小杉・林・東長，2008），内容はやや専門的だが，基本的な文献も数多く挙げられている。

　書籍以外では，日本にはイスラーム関係の学会が三つあり，日本イスラーム協会，日本オリエント学会，日本中東学会がそれぞれに学生や社会人向けの講演などを行い，関連する催しや文献の案内などをウェブサイト上で提供している。2006 年からは国内のイスラーム研究者が連携し，4 大学 1 図書館（京都大学，上智大学，東京大学，早稲田大学，東洋文庫）を拠点とした全国規模の研究プロジェクト「NIHU プログラム　イスラーム地域研究」を推進しており，ここからも多彩な情報を得ることができる。

　ウェブサイト上では他にも，日本ムスリム協会のようなムスリム団体による情報発信もあれば，日本では比較的目立たないが，イスラームに敵対的なサイトもある。そこで示されるイスラーム理解も，発信者のとっている姿勢を十分に意識しながら接するならば，おおいに参考になるだろう。

第9章　宗教リテラシーⅣ：ヒンドゥー教

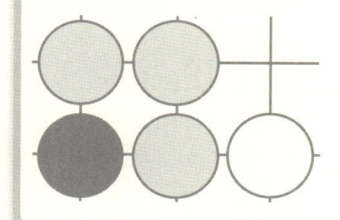

シリル ヴェリヤト
[訳]村田紋菜

● 9-1　インドの原点

　インドは，「バーラタ」あるいは「ヒンドゥスタン」と呼ばれている。「バーラタ」は，大昔にインドを支配したといわれる王の名であり，現在でも保守的なインド人は，自分たちはその王の子孫であると信じている。また「ヒンドゥスタン」とは，Hindu（ヒンドゥー教徒）＋ stan（国），つまり「ヒンドゥー教徒の国」という意味であり，しばしば「インダス川の向こうにある国・土地」とも訳される。古代アーリア人が中央アジアのコーカサス，あるいは別の地方から移動し，ヒマラヤ連峰を越え，そしてインドに入った時に見つけた巨大な川を「シンドゥー」と名付けたのだ，と歴史学者たちは考えている。この川こそが現在のインダス川であり，これら「ヒンドゥー」「インダス」「ヒンドゥスタン」などの語源となった。
　では，アーリア民族はいつインドに入ってきたのだろうか。ここは，学者たちの間でも見解が分かれるところである。一つ確かなのは，アーリア民族がインドに到達した時，すでにインダス川流域には，かの有名なインダス文明が存在していたということである。アーリア民族がインドに侵入した時点では，インダス文明はまだ繁栄し続けており，彼らがそれを滅ぼした後に，自分たちの文明を作り上げたと考えている歴史学者もいるが，一方で，すでにそれ以前にインダス文明は崩壊寸前だったとする説もある。いずれにせよ，アーリア民族がインドに入った後，インダスとガンジス，両河の流域にいくつかの強大な文明が栄えては衰え，それが現代まで連綿とつながるヒンドゥー文化と文明の始まりであり，基礎となったのは間違いない。ちなみに，今日，インダス文明の遺跡は，パキスタンのパンジャブ州ハラッパ，同じくパキスタンのシンド州モヘンジョ＝ダロにおいて見ることができる。
　現代のインドは，多様な民族・部族で構成されている。何千年もの間，アジアやヨーロッパの国々からさまざまな人々がインドにやってきた。たとえば，ギリシャ人，トルコ人，ペルシア人，アフガニスタン人，モンゴル人などで，その大部分がインドに留まり，インド人となった。つまり，今日における一般的なインド人とは，アジア，ヨーロッパなど，さまざまな出自をもつ人々の総称なのである。

9-2 インドの哲学

　ヒンドゥー教由来のインド哲学は，人類を生きる悩みから救い，すべての人に永遠の幸せをもたらすものである。この哲学において最も重要視されるのは，理性（頭）ではなく，精神（心）である。すなわち，どれほどの才能をもっているかではなく，どのような人間性を保持しているか（善か悪か）が強調される。

　また，古代インドの思想によれば，人類は3つの大きな問題（罪業・邪心・肉体的精神的苦痛）を抱えており，それらを克服し，幸福に至る道筋を示すことこそがインド哲学のもつ役割だとされる。インド哲学は，論理学・倫理学・言語学・音楽・舞踊・建築学・占星学・手相学など，ありとあらゆる芸術や科学の分野に組み込まれており，また，この世に存在するほとんどの哲学にこのインド哲学の要素が見られるといっても過言ではない。

　インド哲学の伝統的な体得法には，次の3段階がある。聞き（シュラヴァナ），考え（マンヤーナ），瞑想（ニジジャーサナ）して体得するというプロセスである。すなわち，修行者は師の教えを聞き，それを反芻し，他の修行者とともに議論しながら理解を深める。そして，一人静かな場所に行き，瞑想に入り，「真実」を自分のものとするのである。

　では，インド哲学の原点とは何か。古代アーリア人社会形成過程において，アーリア人は，自分たちのまわりの自然を観察し，万物はただそこに存在しているのではなく，調和のとれた，秩序だったものであり，何らかの法則があるという考えに至った。太陽が東から昇って西に沈むように，リンゴはリンゴの木に，マンゴーはマンゴーの木に生るように，また川の水が上から下へと流れるように，無邪気な子どもが責任ある大人へと成長するように，そこには必ず「自然の法則」があり，決して逆の現象はありえない。アーリア人は自然の中で，このような世界全体を支配している神秘的な法を見出し，それを「リタ」と名づけたのである。人間もまた自然の一部であるために，「リタ」に従うことは大変重要なこととされ，それに背くということは，それなりの代償を伴うとされた。

　「リタ」は元来，自然界における人と物の運動という物理的法則の意味あいをもち，人々の心や魂といった精神世界における規律を指すことはなかった。しかし，時がたつにつれ，その意味するところが少しずつ変化し，結果，人間の道徳的な面を支配する法，つまり「ダルマ」と呼ばれるようになった。「ダルマ」は，人間の道徳的・倫理的行動規範であり，たとえば，約束を破ること，自分より弱い者・武器を持たない者・倒れている者を襲うこと，正当な理由なく相手を傷つけることは，これにそむくことになる。人の為すべきこと・為さざるべきことという「ダルマ」は，最終的に万物を支配する神秘的・普遍的な法となり，ついには神同様，不可侵なものとなった。

　しかし，このようなインド哲学を研究するにあたり，大きな障害がある。それは，哲学倫理が記されている古代聖典の解読である。聖典の大部分が，難解なサンスクリット語・パーリ語・アルダマーガヂ語などの言語で記されているため，その翻訳や分析は容易ではない。加えて，中国人やヨーロッパ人と違い，古代インド人は記録というものを残してこなかった。これは，時間把握の概念の違いによるもので，時間を直線的なもの，過去・現在・未来とたどって流れるものとみなす中国人・ヨーロッパ人とは違い，インド人の時間とは，円状かつ周期的に繰り返すもの，つまり過去はいずれまた繰り返されるため，記録を未来に残すという概念が生まれなかった，と考えることができる。

　何千年もの間，いくつもの文明が栄えては滅びゆくなかで，たくさんの聖典が失われ，そしてインドがたどってきた歴史も失われたかのように見えた。しかしながら幸運にも，アルビル

ーニ，イブン・ヴァットゥータ，マルコ・ポーロ，そして唐代の玄奘三蔵法師に代表される世界各国からの来訪者が，インドに関する貴重な記録を残したおかげで，今日私たちはインドの歴史や哲学を，すべてではないにしろ，ある程度把握することができている。

9-3 ヴェーダ聖典

では，インドにはどのような聖典が存在していたのだろうか。インドの聖典の多くは宗教，とくに仏教・ジャイナ教・ヒンドゥー教と密接な関係をもつ。神話・叙事詩・寓話，そして体系化された哲学倫理などで構成されたこれらの聖典の中には，宗教色の濃いものもあれば，世俗的なもの・生活全般に関するものも存在する。

ここでは，インド哲学に多大な影響を与えたヒンドゥー教聖典に着目する。ヒンドゥー教聖典は，大きく2種類に分類することができる。それが「スルティ」と「スムリティ」である。「スルティ」とは，聞いたこと（天啓）を意味し，これに分類された聖典はインド人から神聖視され，何があっても改ざん・編集することは決して許されない。一方「スムリティ」とは，思い出したこと（聖伝）という意味をもち，崇高なものとされるが，「スルティ」ほど重きはおかれず，しばしば「伝統」と訳される。

最も古い聖典は『ヴェーダ聖典』である。また，これが成立した時代をヴェーダ時代と呼ぶ。『ヴェーダ聖典』は，前述した「スルティ」という聖典に分類される。つまり，絶対的権威をもち，正しく完璧な書とみなされているのである。執筆者が誰であるかは不明であるものの，ヒンドゥー教徒は『ヴェーダ聖典』を「神の息吹」と名づけた。これは，彼らが聖典を神聖視し，永久不滅なものと認識している証拠である。

『ヴェーダ聖典』は4種に分けられる。『リグ・ヴェーダ（賞賛の記述）』『サーマ・ヴェーダ（賛美歌）』『ヤジュル・ヴェーダ（生贄儀式と祈願に関する記述）』『アタルヴァ・ヴェーダ（魔術に関する記述）』である。ヴェーダとは，もともと「知識」という意味をもつが，ここではおもに，生贄を捧げるにあたって必要となる知識という風に解釈できるだろう。なぜならば，生贄を捧げるという儀式は，アーリア人にとって中心的な習慣であったからである。彼らはさまざまな神（デーヴァ）や女神（デーヴィ）を信仰しており，宇宙の支配者たるこのような神々が森羅万象をつかさどっていると考えていた。そのため，神々の機嫌を損ねることは，宇宙の，世界の規律を乱すことにつながりかねない。ここでいう規律の乱れとは，洪水や飢饉など，地球上で起こるあらゆる自然災害のことを指し，何らかの理由で怒り狂った神々が，宇宙を保護するという役割を放棄した際に引き起こされると信じられていた。そうならないよう，人々は神々をなだめ，供物を捧げることを欠かさなかったのである。また，動物の生贄とともに，ソーマと呼ばれる酒がよく捧げられていたようである。

このように神々を喜ばせるのとは別に，アーリア人はまた，自分たちの日常的・世俗的願望をかなえるためにも生贄儀式を行っていた。必勝祈願，子孫繁栄，商売繁盛などその願いは多岐にわたる。

以上に挙げた4ヴェーダは，それぞれがまた4部門から構成されている。「サンヒター（本集）」「ブラフマーナー（祭儀書）」「アーラニヤカ（森林書）」そして「ウパニシャッド（奥義書）」であるが，解釈が増えるにつれ，『ヴェーダ聖典』の構成は複雑に変化していった。そのうえ，どの部分も難解なサンスクリット語で記されており，紛失された箇所も多い。研究の進んでいない，あるいは研究中である部分も多く，きちんと解釈がなされていないというのが現状だ。

9-4　古代アーリア人社会

　古代アーリア人社会は，農民・漁師・商人・船乗り・漁師・聖職者・戦士といったさまざまな職業の人間で構成されており，その多様性のなかで社会を正常に機能させるため，階級制度が設けられた。それが現在も続くカースト制度である（意外なことに，制定された当初のカースト制度は，非常にゆるやかなもので，現代インドでみられるような厳しいものではなかったようだ）。

　この階級制度は，バラモンと呼ばれる宗教的・学問的権威を有する聖職者と学者，クシャトリヤと呼ばれる軍事的・政治的権力をもつ王族と戦士，ヴァイシャと呼ばれる経済活動を営む庶民，そしてシュードラと呼ばれた奴隷の4階層に分けられた。バラモン・クシャトリヤ・ヴァイシャ階級は，アーリア人で占められ，シュードラ階級に属する人間は，ドラーヴィダ人やアヂヴァーシ人（原住民）などの非アーリア人や，戦争で敗北して奴隷になったアーリア人で，一切の権利が与えられず，昔から社会的・宗教的差別を受けていたようである。また，アーリア人の歴史の中で，階層間，とくにバラモンとクシャトリヤ間においては激しい軋轢があり，どちらも他方を押さえつけつつ，権力を握ろうとしていたようである。

　このように，もともと大きく4つに分かれていた階層は，今日，かなり細分化されている。アーリア人や先住民以外の民族がインド外からやってきて新たなカーストを作ったり，「蛇捕り」というような特殊な職業そのものがカーストになったり，またカースト制度に抵抗する者たちが集まって，彼ら自身が新たな階層を形成したり，その要因は多様である。

　しかしながら，インドにおけるカースト制度の歴史を見ると，普遍的な傾向が見てとれる。何千年もの間，バラモン階級が知識層であり続けているということだ。現代インドの数学者，ソフトウェアの開発者などは，バラモン階級出身者，あるいはバラモンに何らかのルーツをもつ者たちである。学問・知識の追究というものが何千年にもわたるバラモンの伝統であるがゆえ，バラモンに生まれた子どもは幼い頃から高度な教育を施される。ノーベル賞を受賞したインド人のほとんどがバラモン階級出身であるのもうなずけるだろう。

9-5　ヒンドゥー教の神々

　ヒンドゥー教にはあらゆる神々がいるが，彼らはみな非常に人間味がある。私たち人間のように，怒り・嫉妬・おごり・野心をもち，同時に，正義感・慈悲・誠実さなどの美徳もあわせもっている。

　古代アーリア人に人気のあったインドラという神がいる。彼は天界の王であり，鉾と雷を武器として悪魔と戦うハンサムな戦士であったため，とくにクシャトリヤ階級のアーリア人の信仰を集めた。勇敢で豪快である一方，非常にロマンティックな性格で，多くの女性や女神と浮き名を流し，またソーマを飲んでは酔っぱらっていたという話が広く信じられていた。しかしながら，ヴェーダ朝時代において大変人気の高かったインドラは，どういうわけか，現在インドでは，ほとんど馴染みのない神となってしまった。

　インドラと同じく，リタの番人・ヴァルナという神もまた，かつては厚く信仰されたが，今のインドではあまり知られていない。世界で唯一存在するヴァルナ寺院は，インドではなく，

インドネシアのバリ島にあるくらいだ。また，太陽の神・スールヤも，古代インドでずいぶん崇拝されたが，今のインドではほとんど知られていない。

インドラ，ヴァルナ，スールヤに続いて人気のあったヴェーダ朝時代の神として，ルドラというものもいた。このルドラこそ，現代インドで最も人気のあるシヴァ神のことである。ヴェーダ朝時代，シヴァは山・森・動物など自然をつかさどる神であったが，現在では「破壊の神」として崇められている。また，シヴァと並んで現代インドで最も信仰されているヴィシュヌは，もともとはインドラの友人で誇り高い戦士とされていたが，今ではインドラとの関係性よりも「宇宙の保護神」という位置づけが強調される。

インドでは重要性が失われたものの，他国で，とくに日本で崇拝されるようになった神もいる。たとえば，クベラという神は，元来古代インドにおいて，ヤクシャという霊たちを統べる王として崇められ，のちに金・銀・宝石にかかわるヒンドゥー神として受け入れられた。クベラは日本にわたり，毘沙門天として信仰を集めている。また，もともとインドで死者の国の神であったヤマは，冥界の王であり，死者の生前の罪を裁く閻魔大王として日本に伝わった。日本ではその名をよく耳にするが，どちらの神も，現代インドではほとんど知られていない存在なのである。

古代アーリア人の崇拝の対象となったのは，男の神だけではない。女神もまた古代アーリア人，ひいてはヒンドゥー教を語るうえで欠かせない存在だ。

たとえば，北インドを流れていた川から名づけられた女神・サラスヴァティは，その川の流れが変わり消えてしまった今でも，音楽と学問の神としてまつられている。彼女も，日本に伝わり，弁財天として信仰に取り入れられた。

ヴィシュヌ神の妻であるシュリーは，のちラクシュミーと呼称が変わったが，現代インドでは非常に人気のある富と健康の女神で，今でもインドでは，年に一度彼女を祝うための祭「ディワーリー」が大々的に執り行われる。日本では，吉祥という名でも親しまれている。

一方，暁の女神ウシャスは，太陽の神スールヤの妻であり，暁のごとき美しさをもつ女神として人気を博したが，夫のスールヤ同様，現在，インドではあまり信仰されていない。

神，女神に続いて重要な位置をしめるのが，アスラ，ダナヴァース，ラークシャサといった鬼神に分類されるもので，彼らは神とは違うが，そのほとんどは神より古い存在であり，時には神の敵となって，完膚なきまでに叩きのめされることもある。

これまで見てきたように，ヒンドゥー教の神々は，人々の中に現れ，しばらくの間崇拝されては消えてゆくものが多かった。しかしながら，長い時を経てもなお信仰されているヒンドゥー教の三大神がいる。創造神ブラフマ，保護神ヴィシュヌ，そして破壊神シヴァである。なかでも，今日多くの人々から信仰を集めているのはヴィシュヌとシヴァであろう。

ヴィシュヌは万物の保護神であり，シヴァは破壊神である。シヴァは長い歴史をもつヒンドゥー教の神々の中でも，最も重要な神の1人であり，しばしばインド美術の題材ともなる。シヴァとは「赤い神」という意味をもち，万物の運命を決定づける力がある。彼はまた，別名の多さでも知られており，さまざまな神話のなかで約1000を超える名で呼ばれている。マハーデーヴァ（大天），バーヴァ（究極の実在），ニーラカンタ（青頸），マヘーシュヴァラ（大自在天）などはよく知られたものだろう。加えて，舞踊に秀でていたため，ナタラージャ（踊り手の王）とも呼ばれており，彼の踊りの一挙手一投足が宇宙の動きを表現しているとされる。

破壊神であるシヴァだが，同時に「再生の神」としても崇められており，そのことから生殖・繁栄の象徴とされ，「リンガ（男根）」の形で表される。その場合，彼の妻パールヴァティを「ヨニ（女陰）」の形で伴うことが多い。このリンガとヨニは対をなし，シヴァ寺院には欠かせないシンボルとして，万物の創出を表す。

インド美術において，シヴァは裸，もしくは動物の皮の腰巻きをした姿で表現される。顔は1つで，長い髪をまとめており，体には灰がぬられて，苦行者のような姿が特徴的だが，骸骨

の首輪と大きな耳飾りを身につけて，虎の皮の上に座って瞑想している像や絵も見られる。シヴァの顔には第3の目と呼ばれる破壊の目がついているが，この目はいつも閉じたままであり，この目が見開かれた時，破壊が行われると信じられている。

シヴァはまた，動物や人間の血の生贄を好み，精霊・鬼・吸血鬼などを引き連れている。彼の引き連れている使いの中で，最も恐れられているのは，彼によって創造されたキールティムカ（誉れの顔）である。あるいは，シヴァは，人肉を好んで食べる黒い犬を引き連れていることもある。また，ナンディという名の牛にのり，三叉槍を持ち，妻とともにヒマラヤ連峰に位置するカイラス山に住んでいるとも言われている。

シヴァの妻もまた複数の名をもつが，有名なものは「シャクティ（力の意）」だろう。シャクティの信仰者はシャクタと呼ばれ，風変わりな宗教儀式を行うことで知られている。シャクティは時折，ジャガン＝マトリ（宇宙の母）とも呼ばれ，優しく気だての良い母親として見なされることもあるが，時に性的欲求や快楽を象徴することもある。そうかと思えば，死・恐怖・殺戮の女神として，盗賊から好まれ崇拝されることもあり，さまざまな顔をもつ。

また，シヴァとシャクティは，2人の別個の神だが，しばしば同一の個体として，合体した形で表されることがあり，それをアルダナーリシュヴァラと呼ぶ。この時，左側がシャクティ，右側がシヴァという風に位置が決まっている。アルダナーリシュヴァラは，男女の同一性の原理，つまり，男性にも女性的側面が，女性にも男性的側面が備わっていることを示しており，シヴァ自身，シャクティがいて初めて力を発揮できるのである。

シヴァ信仰，ヴィシュヌ信仰の盛んなインドは，女神信仰の強い国でもある。女神たちはとても個性的で，インドの人々の目には，時おり，男の神よりも魅力的に映るのだろう。たおやかで母性にあふれている女神もいれば，自立心の強い，力強い女神もいる。男の神と対になっていることの多い女神もいれば，単体で戦士，音楽家，あるいは舞踏家として崇められる女神もいる。森，山，暗闇，文化，美，芸術をつかさどる女神や，情熱的な恋人として描かれる女神，嫉妬深さ，怒り，せっかちさが強調される女神や，温和な性格の女神など実にさまざまである。

しかしながら，女神を信仰するインド人にとって，これらの多種多様な女神は，たった1人の神秘的な「母なる女神」が姿をかえたものにすぎない。つまり，どのような容姿・性格をもつ女神であっても，もとをたどれば同じ女神なのだと信じている。

たとえば，この「母なる女神」は，ある時は破壊神シヴァの妻となり，シヴァの力を機能させ，かつ増大させる重要な役割を担う。またある時は保護神ヴィシュヌの妻となり，富や美の女神として崇められる。創造神ブラフマの妻，サラスヴァティとして現れる時は，勉学と芸術をつかさどる。そのほか，蛇の女神マナサ，天然痘の神シタラ，妊婦を保護するとされるシャスティなど，その化身は多岐にわたる。

信仰者が特定の職業や地域に限定されている女神もまた，この「母なる女神」の化身である。たとえば，インド南部ケラーラ州の漁民に信仰されるカタラマ，南インドに住む娼婦から信仰されているレーヌカデヴィ・イェランマ，そして，ペリヤパーラヤマという地域で信仰されているペリヤパーラヤッタマ，あるいは「ペリヤパーラヤマの母」と呼ばれる女神。これらの女神たちは，信仰者や地域が限られているものの，やはり「母なる女神」が姿を変え，信仰対象となっていることに変わりはないのである。

「母なる女神」は，母が子に命を与えるがごとく，この世界を産み落としたのであり，彼女の子である人類は，つねに彼女に守られていると信じられている。

この母と子の関係は，「人格化されたインド」とインド国民との間にも見ることができる。「人格化されたインド」とは，インドという国をバーラト・マーターという女神として擬人化・神格化したものだ。この女神は，背の高い，美しい女性として描かれ，インドの伝統衣装サリ

ーをまとい，長い髪に冠をのせて，トリスルと呼ばれる槍のような武器を手にしている。そして，インド人の母として崇められているのである。今日，原理主義的ヒンドゥー教徒の政治家は，この女神をムスリムや他の少数民族を抑圧するための象徴として利用することがある。

● 9-6　創世神話からみる古代アーリア人の宇宙観

　古代アーリア人の最大の関心事は，彼らの生きる宇宙そのものであり，とくに「どのようにしてその宇宙が創られたか」ということであった。それゆえ，彼らは宇宙の始まりに関する神話をいくつも創りだしたのである。したがって，彼らの神話を読むことは，古代インドに生きた人々の世界観を紐解くことになる。
　一番古い創世神話は，プルシャと呼ばれるものであろう。古代アーリア人にとって，生贄を捧げることは，彼らの信仰生活の中心的儀式であったため，世界もまた，生贄を捧げる過程で始まったに違いないと信じられていたのである。神話の内容は次のようなものだ。

　　昔，千の目・千の足・千の頭をもつ大きなオスの動物・プルシャ（原人と訳されることもある）がいた。神々と賢人は，この動物を捕まえ，祭壇の上で殺して捧げた。そして，生贄にされたプルシャの中から宇宙がわきあがってきた。この時，バラモン階級の人々はプルシャの頭から，クシャトリヤは手から，ヴァイシャは腿から，そして社会の底辺とされるシュードラは足元から生まれてきた。

　この神話において興味深い点は，カースト制度の原点ともとれる記述であろう。聖典に記されている神話に，カースト制度の始まりが含まれているということは，制度の正当化に他ならず，今日のカースト制度の是非を論ずる議論に少なからず影響を与えているのである。つまり，一部の保守派，あるいは聖典原理主義的な人々にとって，カースト制度は遵守すべきものであり，廃止することはできないと主張する根拠になりえるのである。
　もう一つの有名な創世神話は，プルシャ神話よりも後にできたもので，ヒランヤ・ガルバの神話である。鳥類や爬虫類などが卵から生まれるように，宇宙も一つの卵から生まれたのではという考えが起こった。宇宙を生み出した非常に大きな黄金の卵，それがヒランヤ・ガルバなのである。
　また神々が登場する創世神話もある。一つは，工匠神とされるヴィシュヴァカルマンが世界のすべてを設計し，作り上げたというヴィシュヴァカルマン神話。そして，ブラフマナスパティという神が，鍛冶工のごとく，無からすべての神を作り出し，そしてその神々が宇宙を作り上げたというのが，ブラフマナスパティ神話である。
　このようなさまざまな神話が成立した後，古代アーリア人は，いったい誰が本当にこの世界を作ったのか，ということを追究し始めた。大勢の神々が存在するものの，そもそもの始まりを生み出した神，あるいは神々とは誰なのか。この疑問の最終的な答えとして導き出されたのが，唯一無二にして，偉大な「創造神」である。この神は，人間味あふれる一般的なヒンドゥー教の神々とは違い，まったく未知の，超自然的神秘的存在である。これは，ヴェーダ朝における最も重要な思想であったと考えられ，また，私たちが現代において「唯一神」と呼ぶものの原形ととらえることができる。この思想は世界のありとあらゆる宗教，たとえば現代ヒンドゥー教，仏教，ジャイナ教，シク教，そしてゾロアスター教などに影響を与えた。ユダヤ教，キリスト教，そしてイスラームも，一神教という意味では同様であろう。

唯一神思想は後の文明にも引き継がれ，より高尚な哲学へと発展した。それがウパニシャッド哲学である。今日，ヒンドゥー教は多神教とみなされているが，ヒンドゥー教徒は，多くの神の存在を認めつつも，そこから一人の神を選び，その神だけを崇める，いわば一神教的側面ももっているのである。

　ヒンドゥー教の祈りの中に，このような美しいものがある。

　　　「真実でないものから真実へ　　暗闇から光へ　　死から不死へ　　導かれんことを」

　この祈りは，輪廻から解き放たれ，神とともにありたい，つまり梵我一如の境地にありたいと願うすべてのヒンドゥー教徒の声なのである。

第V部
総括

総　括

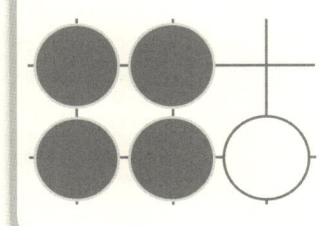

孫崎　享

　2012年2月29日東京新聞は「半導体メーカー，エルピーダメモリが経営破綻した。かつて世界市場の80％を占め，一人勝ちを演じた日本の半導体メーカーが再建にあがいている」と報じた。

　2012年2月6日サーチナは次の報道を行った。

　「総合家電メーカー大手の2012年3月期の業績が発表されたが，各社，予測を上回る大幅な赤字業績となっている。ソニーは2日，2012年3月期の連結業績（米国会計基準）で，純損益が2200億円の赤字に拡大するとの見通しを発表した。純損益赤字はこれで4期連続である。シャープも最終損益は2900億円の大幅赤字となる。パナソニックの12年3月期の連結最終赤字も7800億円となる見通しとなった」。

　これらは，すべて戦略の欠陥に起因する。そして，この苦境は総合家電メーカーだけに限らない。日本のほぼすべての企業に該当する。

　かつて，ポーター・ハーバード大学教授が「（国際間の）オペレーション上の効率性のギャップが狭まると日本企業は罠の中に入ってしまった。日本企業は戦略を学ばなければならない」と述べた。しかし，ほとんどの企業が戦略的思考を高める努力をはらわなかった。

　キッシンジャーは「日本人は論理的でなく，長期的視野もない」と指摘した。

　ブレジンスキーは「世界全体がどの様に変化しつつあるか，そういう世界にどの様に適応したらよいのか，日本の利益と責任のバランスはどうあるべきなのかを明確にとらえようとする総合的な努力が欠けている」と指摘した。

　ウォルフレンは「日本の管理者はお粗末な戦略家である」と指摘した。

　多くの人が日本の戦略不足を警告している。しかし，これらの警告を無視した。

　そのつけを日本が今味わっている。

　本書で，筆者は繰り返し，戦略の定義を述べてきた。

　戦略は「人，組織が死活的に重要だと思うことに目標を明確に認識する。そしてその実現の道筋を考える。かつ，相手の動きに応じ，自分に最適な道を選択する手段」である。

　「人，組織が死活的に重要だと思うこと」について学ぶのであれば，本来，大学教育で最も重視され，充実しているべき分野である。

　実際ハーバード大学に行ってみれば，戦略に関する講義は多くある。ハーバード大学の卒業生が戦略論を身につけ，卒業できる準備を行っている。しかし，日本の大学では戦略論を教えることはまずない。正確に言えば，経営戦略と言う特化した分野を除いて戦略論を教えることはまずない。

　これは日本にとって，きわめて不幸なことである。

　「人，組織が死活的に重要だと思うこと」について，「目標を明確に認識し」「実現の道筋を考え」「相手の動きに応じ，自分に最適な道を選択する」ことが学問的に訓練されない。

　そして「戦略を日本の大学で教えない」という現象は決して，偶然に生じたのではない。

第2次世界大戦以前，大学が軍事問題を教えるのは，天皇の統帥権を侵すという理由で，戦略の授業を行わなかった。

　第2次世界大戦後，大学教育は占領軍の監視下で出発した。占領体制の最大の主眼は日本が再び軍事大国の道を歩まないことにある。その中で，軍事大国に結びつく科目は日本の大学教育から除かれた。それが今日まできている。

　大学は今日でも「戦略論」という科目をもつことに怯えている。

　戦略論が大学教育に馴染まないからではない。ハーバード大学などをみれば，きわめて充実した戦略講座がもたれている。

　だが日本の中で戦略論に関心がもたれなかった訳ではない。

　孫子を例にとれば，浅野裕一著『孫子』（講談社学術文庫）がある。守屋洋著『孫子に学ぶ12章―兵法書と古典の成功法則』がある。

　クラウゼヴィッツについてもクラウゼヴィッツ著『戦争論』がある。

　個々の研究はある。時として「古典」として学ばれる。

　しかし，日本において，戦略に関する本を，「人，組織が死活的に重要だと思うこと」について，「目標の実現の道筋を考える」ための本として学ぶことはあまりなかった。

　こうしたなか，上智大学の戦略に関する公開講座では，素晴らしい陣容の人々が集まった。

　そして講座担当者が中心になって戦略に関する本を出版することとなった。

　画期的なことと思う。

　画期的な本になったと思う。

　ポーター，キッシンジャー，ブレジンスキー，ウォルフレンらは日本の戦略的思考の欠如を指摘した。

　私たちは，他のどの国民よりも意識的に戦略を学ぶべきである。

　しかし，他のどの国よりも，戦略を学んでいない。

　今，私たちは戦略を学ぶ必要性を痛感すべきである。

　本書が日本での戦略を学ぶ一助になることを心より祈念している。

文　献

第Ⅰ部　序論

Benedict, R. (1946). *The chrysanthemum and the sword: Patterns of Japanese culture*. New York: Houghton Mifflin. (ベネディクト, R. [著] 長谷川松治 [訳] (1948). 菊と刀—日本文化の型 (上・下) 社会思想研究会出版部)

Brzeziński, Z. K. (1972). *The fragile blossom: Crisis and change in Japan*. New York: Harper and Row. (ブレジンスキー, Z. K. [著] 大朏人一 [訳] (1972). ひよわな花・日本—日本大国論批判　サイマル出版会)

Isaiah Ben-Dasan (イザヤ・ベンダサン) (1970). 日本人とユダヤ人　山本書店

孫崎　享 (2010). 日本人のための戦略的思考入門　祥伝社

Nye, J. S., Jr. (1993, 2nd ed., 1997, 3rd ed., 2000, 4th ed., 2003, 5th ed., 2005, 6th ed., 2007, 7th ed., 2009). *Understanding international conflicts: An introduction to theory and history*. New York: HarperCollins. (ナイ, J. [著] 田中明彦・村田晃嗣 [訳] (2002/原書4版, 2003/原書5版, 2005/原書6版, 2007/原書7版, 2009). 国際紛争—理論と歴史　有斐閣)

Porter, M. E. (1980). *Competitive strategy: Techniques for analyzing industries and competitors*. New York: Free Press. (ポーター, M. E. [著], 土岐　坤・服部照夫・中辻万治 [訳] (1995). 競争の戦略　ダイヤモンド社)

Porter, M. E. (1998). What is strategy? In S. Segal-Horn (Ed.), *The strategy reader*. Hoboken, NJ: Wiley-Blackwell.

Ramsbotham, O., Woodhouse, T., & Miall, H. (2005). *Contemporary conflict resolution* (2nd ed.). Cambridge, UK: Polity Press. (ラムズボサム, A.・ウッドハウス, T.・マイアル, H. [著] 宮本貴世 [訳] (2010). 現代世界の紛争解決学　明石書店)

Schaller, M. (1996). The Nixon "Shocks" and US-Japan Strategic Relations, 1969-74', Working Paper, No. 2, US - Japan Project Working Paper Series, The national Security Archive US. (日米プロジェクト会議報告書：ニクソンショックと日米戦略関係)

Schelling, T. C. (1960). *The strategy of conflict*. Cambridge, MA: Harvard University Press. (シェリング, T. [著] 河野　勝 [訳] (2008). 紛争の戦略—ゲーム理論のエッセンス　勁草書房)

Sterns, P. N. Why Study History? Sited in American Historical Association. 〈http://www.historians.org/pubs/free/WhyStudyHistory.htm〉 (2012年1月10日現在)

Wolferen, K. van (1989). *The enigma of Japanese power*. New York: Alfred A. Knopf. (ウォルフレン, K. ヴァン [著] 篠原　勝 [訳] (1994). 日本権力構造の謎 (上) 早川書房)

第Ⅱ部　第1章　総論

Nye, J. S., Jr. (1993, 2nd ed. 1997, 3rd ed., 2000, 4th ed., 2003, 5th ed., 2005, 6th ed., 2007, 7th ed., 2009). *Understanding international conflicts: An introduction to theory and history*. New York: HarperCollins. (ナイ, J. [著] 田中明彦・村田晃嗣 [訳] (2002／原書4版, 2003／原書5版, 2005／原書6版, 2007／原書7版, 2009). 国際紛争—理論と歴史　有斐閣)

第Ⅱ部　第2章　ゲーム理論

Axelrod, R. (1985). *The evolution of cooperation*. New York: Basic Books. (アクセルロッド, R. [著] 松田裕之 [訳] (1998). つきあい方の科学—バクテリアから国際関係まで　ミネルヴァ書房)

Dawkins, R. (1989). *The selfish gene*. Oxford, UK: Oxford University Press. (ドーキンス, R. [著] 日高敏隆・岸　由二・羽田節子・垂水雄二 [訳] (1991). 利己的な遺伝子　紀伊國屋書店)

Sen, A. K. (1997). *Choice, welfare and measurement*. Oxford, UK: Blackwell. (セン, A. K. [著] 大庭　健・川本隆史 [訳] (1989). 合理的な愚か者—経済学倫理学的探究　勁草書房)

山岸俊男 (1990). 社会的ジレンマの仕組み—自分1人ぐらいの心理　サイエンス社

第Ⅱ部　第3章　孫子

Kissinger, H. A. (1994). *Diplomacy*. New York: Simon & Schuster. (キッシンジャー, H. A. [著] 岡崎久彦 [監訳] (1996). 外交 (上・下) 日本経済新聞社)

Kuo, Li-sheng A. (2007). *Sun Tzu's war theory in the twenty first century*. Army War Coll. Carlisle Barracks Pa.

Liddell Hart, B. H. (1929). *The strategy of indirect approach*. London: Faber and Faber.（リデル ハート，B. H.［著］森沢亀鶴［訳］（1986）．戦略論　原書房）

孫崎　享（2009）．日米同盟の正体—迷走する安全保障　講談社

毛沢東（1937）．矛盾論　毛沢東選集　北京：外文出版社（1968）

生天目　章（2001）．戦略的意思決定（シリーズ意思決定の科学）朝倉書店

Samuels, R. J. (2007). *Securing Japan: Tokyo's grand strategy and the future of east Asia*. New York: Cornell University Press.（サミュエルズ，R.［著］白石　隆・中西真雄美［訳］（2009）．日本防衛の大戦略—富国強兵からゴルディロックス・コンセンサスまで　日本経済新聞出版社）

清水　博（1978）．世界の歴史17　講談社

杉之尾宜生（2001）．戦略論大系①孫子　芙蓉書房出版

Walt, S. M. (2009). Reading Hu Jintao's mind. Posted in September 22, 2009. *Foregin Plocy* 〈http://walt.foreignpolicy.com/posts/2009/09/21/reading_hu_jintaos_mind〉（2012年1月10日現在）

第Ⅱ部　第4章　トゥーキディディース

桜井万里子・木村凌二（2010）．世界の歴史5—ギリシアとローマ　中央公論新社

Kagan, D. (2003). *The Peloponnesian War*. New York: Penguin Books.

第Ⅱ部　第5章　クラウゼヴィッツ

Aron, R. (1976). *Penser la cuerre, Clausewitz*. Paris: Editions Gallimard.（アロン，R.［著］佐藤毅夫・中村五雄［訳］（1976）．戦争を考える—クラウゼヴィッツと現代の戦略　政治広報センター　邦訳はその下巻のみ）

Bond, B. J. (1996). *The pursuit of victory: From Napoleon to Saddam Hussein*. Oxford: Oxford University Press.（ボンド，B.［著］川村康之［監訳］（2000）．戦史に学ぶ勝利の追求—ナポレオンからサダムフセインまで　東洋書林　pp.60-69.）

Jomini, A. - H. de (1862). *The art of war*. Philadelphia, PE: J.B. Lippincott. (Reprinted in 1992).（デュ ジョミニ，A. H.［著］佐藤徳太郎［訳］（2001）．戦争概論　中央公論社）

Liddell Hart, B. H. (1929). *The strategy of indirect approach*. London: Faber and Faber.（リデル ハート，B. H.［著］森沢亀鶴［訳］（1986）．戦略論　原書房　pp.350-354.）

Murray. W., Bernstein, A., & Knox, M. (Eds.) (1994). *The making of strategy: Rulers, states, and war*. Cambridge, MA: Cambridge University Press.（マーレー，W.・バーンスタイン，A.・ノックス，M.［編著］歴史と戦争研究会［訳］（2007）．戦略の形成—支配者，国家，戦争　中央公論新社　pp.11-12.）

Paret, P. (1976). *Clausewitz and the state*. Oxford, UK: Clarendon Press. (Revised edition 1986).（パレット，P.［著］白須英子［訳］（1988）．クラウゼヴィッツ—戦争論の誕生　中央公論社）

第Ⅱ部　第6章　マクナマラの戦略システム

Albert Humphrey 〈http://en.wikipedia.org/wiki/Albert_S_Humphrey〉（2012年1月10日現在）

Churchill, W. S. and The Editors of *LIFE* (1959). *The Second World War* (2vols.). New York: Time Inc.（チャーチル，W.［著］佐藤亮一［訳］（1972）．第二次世界大戦回想録　河出書房新社）

Davenport, T. (Tuesday, July, 7, 2009). Robert S. McNamara's good brain — and bad judgment. *Harvard Business Review Blog Network*.

David, F. R. (1998). *Concepts of strategic management* (7th ed.). New York：Prentice Hall.（デイビット，F. R.［著］大柳正子［訳］（2000）．戦略的マネジメント—21世紀のマネジメントモデルを構築する　ピアソンエデュケーション）

Emmons, G. (2007). The business of global poverty. Harvard Business. School Working Knowledge. 〈http://hbswk.hbs.edu/item/5656.html〉（2012年1月10日現在）

Friedman, T. L. (1999). *The Lexus and the olive tree: Understanding globalization*. New York: Anchor Books.（フリードマン，T.［著］東江一紀［訳］（2000）．レクサスとオリーブの木—グローバリゼーションの正体〈上〉草思社）

Kissinger, H. A. (1957). *Nuclear weapons and foreign policy*. New York: Harper and Brothers.（キッシンジャー，H. A.［著］森田隆光［訳］（1994）．核兵器と外交政策　駿河台出版社）

馬淵良逸（1967）．マクナマラ戦略と経営　ダイヤモンド社

Porter, M. E. (1982). *Competitive strategy: Techniques for analyzing industries and competitors*. New York: Free Press.（ポーター，M. E.［著］土岐　坤・服部照夫・中辻万治［訳］（1995）．競争の戦略

ダイヤモンド社）
時実新子（不詳）．こころにひびくことば　月刊PHP　PHP研究所

第Ⅲ部　第2章　企業戦略
Chandler, A. (1962). *Strategy and structure: Chapters in the history of the industrial enterprise.* Cambridge, MA: MIT Press.（チャンドラー，A.［著］　三菱経済研究所［訳］（1967）．経営戦略と組織―米国企業の事業部制成立史　実業之日本社
楠木　建（2010）．ストーリーとしての競争戦略―優れた戦略の条件（Hitotsubashi Business Review Books）東洋経済新報社

第Ⅲ部　第3章　金融戦略
IMF World Economic Outlook, April. 〈http://www.imf.org/external/pubs/ft/weo/2011/01/〉（2012年1月10日現在）

第Ⅲ部　第4章　経営戦略
網倉久永（2009）．経営戦略の策定プロセス　事前計画としての戦略，事後的パターンとしての戦略　赤門マネジメント・レビュー，**8**(12), 701-738.
網倉久永・新宅純二郎（2011）．マネジメント・テキスト　経営戦略入門　日本経済新聞出版社
Kiechel III, W. (2010). *The lords of strategy: The secret intellectual history of the new corporate world.* Boston, MA: Harvard Business School Press.（キーチェル三世，W.［著］藤井清美［訳］（2010）．経営戦略の巨人たち―企業経営を革新した知の攻防　日本経済新聞出版社）
McCarthy, E. J. (1960). *Basic marketing: A managerial approach.* Homewood ,IL: Irwin.
Porter, M. E. (1985). *Competitive advantage: Creating and sustaining superior performance.* New York: Free Press.（ポーター，M. E.［著］　土岐　坤・中辻萬治・小野寺武夫［訳］（1985）．競争優位の戦略―いかに高業績を持続させるか　ダイヤモンド社）

第Ⅲ部　第5章　安全保障・防衛政策：ドイツ
Naumann, K. (2010). Sicherheit für Deutschland in der entfesselten Welt der Globalisierung. Zeitschrift der Katholischen Akademie in Bayern. (eingesehen am 19. Dezember 2010)

第Ⅲ部　第7章　同時並列的文化関係構築戦略の課題
麻生英樹（1988）．ニューラルネットワーク情報処理―コネクショニズム入門　あるいは柔らかな記号に向けて―　産業図書
ブリタニカ国際百科大事典（1996）．「奴隷」　ティービーエスブリタニカ
ブリタニカ国際百科大事典（1996）．「奴隷制」　ティービーエスブリタニカ
五井直弘（1996）．東アジアの奴隷制　ブリタニカ国際大百科事典「奴隷制」ティービーエスブリタニカ．
Hanoune, R., & Scheid, J. (1993). *Nos ancêtres les Romains.* Paris: Gallimard.（アヌーン，R.・シェード，J.［著］藤崎京子［訳］青柳正則［監修］（1996）．ローマ人の世界　創元社）
池端雪浦（1975）．フィリピン　池端雪浦・生田　滋　東南アジア現代史Ⅱ　山川出版社
Lécrivain, P. (1991). *Pour une plus grande gloire de Dieu: Les missions jésuites.* Paris: Gallimard.（レクリヴァン，P.［著］垂水洋子［訳］鈴木宣明［監修］（1996）．イエズス会―世界宣教の旅　創元社）
Roberts, J. M. (2002). *The illustrated history of the world: The new global era.* New York: Oxford University Press.（ロバーツ，J. M.（2003）．東眞理子・高橋　宏［訳］立花　隆［監修］世界の歴史10巻―新たなる世界秩序を求めて　創元社）
Steinberg, D. J. (1994). *The Philippines: A singular and a plural place.* Boulder, CO: Westview Press.（スタインバーグ，D. J.［著］堀　芳枝・石井正子・辰巳頼子［訳］（2000）．フィリピンの歴史・文化・社会―単一にして多様な国家　明石書店）
鈴木静夫（1997）．物語　フィリピンの歴史―「盗まれた楽園」と抵抗の500年　中央公論社
吉田　晶（1989）．「奴隷制」国史大辞典編集委員会［編］国史大辞典　吉川弘文館
渡辺文夫（1991）．異文化のなかの日本人―日本人は世界のかけ橋になれるか　淡交社
渡辺文夫（1993）．異文化接触における認知的方略の研究―発展途上国への技術移転における事例的研究と異文化教育への応用をめざして　博士（心理学）学位論文　上智大学
渡辺文夫（2002）．異文化と関わる心理学―グローバリゼーションの時代を生きるために　サイエンス社
Watanabe, F. (2005). *Relationship precedes essence: New training methods for fostering integrative*

　　　　　relationship management skills in intercultural and uncertain situations in general.〈http://repository.cc.sophia.ac.jp/dspace/bitstream/123456789/5728/1/Relationship%20Precedes%20Essence.pdf〉

第Ⅳ部　第1章　総論：インテリジェンスとは何か
Ramsbotham, O., Woodhouse, T., & Miall, H. (2005). *Contemporary conflict resolution* (2nd ed.). Cambridge, UK: Polity Press.（ラムズボサム, O.・ウッドハウス, T.・マイアル, H.［著］宮本貴世［訳］(2010)．現代世界の紛争解決学　明石書店）
馬淵良逸（1967）．マクナマラ戦略と経営　ダイヤモンド社
Wishful Thinking〈http://en.wikipedia.org/wiki/Wishful_thinking〉（2012年1月10日現在）

第Ⅳ部　第2章　インテリジェンスのためのメディアリテラシー
Lang, K., & Lang, G. E. (1984). *Politics and television: re-viewed*. Beverly Hills, CA: Sage Publications.（ラング, G. E.・ラング, K.［著］荒木　功・小笠原毅・黒田　勇・大石　裕・神松一三［訳］(1997)．テレビと政治　松籟社）
Lippmann, W. (1922). *Public opinion*. New York: Macmillan.（リップマン, W.［著］　掛川トミ子［訳］(1987)．世論（上）（下）　岩波書店）
藤田博司（2011）．どうする情報源　リベルタ出版
藤竹　暁（1968）．現代マス・コミュニケーションの理論　日本放送出版協会
小野善邦［編］（2008）．放送を学ぶ人のために　世界思想社
手嶋龍一・佐藤　優（2008）．インテリジェンス　武器なき戦争　幻冬舎

第Ⅳ部　第3章　世論調査のリテラシー
石川　旺（2004）．パロティングが招く危機　リベルタ出版
平松貞実（1998）．世論調査で社会が読めるか　新曜社
平松貞実（2011）．事例でよむ社会調査入門　新曜社
Lippmann, W. (1922). *Public opinion*. New York: Macmillan.（リップマン, W.［著］　掛川トミ子［訳］(1987)．世論（上）（下）　岩波書店）
松本正生（2003）．「世論調査」のゆくえ　中央公論新社
Noelle-Neumann, E. (1984). *The spiral of silence*. Chicago, IL: University of Chicago Press（ノエル＝ノイマン, E.［著］池田謙一［訳］(1988)．沈黙の螺旋理論　ブレーン出版）
杉山明子（1984）．社会調査の基本　朝倉書店
田中愛治（1995）．RDD法による電話世論調査　よろん（日本世論調査協会機関誌）, **75** 号, 70-78.
谷口哲一郎（1996）．RDD法の施行および問題点の検討　よろん（日本世論調査協会機関誌）, **78** 号, 51-64.
西平重喜（1985）．統計調査法改訂版　培風館
西平重喜（2009）．世論をさがし求めて　ミネルヴァ書房
吉田貴文（2008）．世論調査と政治　講談社
渡辺久哲（2011）．スペシャリストの調査・分析する技術　創元社

第Ⅳ部　第4章　国際協力リテラシーとグローバルな情報ガバナンス
Giddens, A. (1994). *Beyond left and right: The future of radical politics*. Cambridge, UK: Polity Press.（ギデンズ, A. 著　松尾精文・立松隆介［訳］(2002)．左派右派を越えて──ラディカルな政治の未来像　而立書房）
星野俊也（2001）．国際機構──ガヴァナンスのエージェント　渡辺昭夫・土山寛男［編］　グローバル・ガヴァナンス──政府なき秩序の模索　東京大学出版会　pp.168-191.
苅谷剛彦（2007）．「大衆教育社会のゆくえ」以後──10年後のリプライ　田原宏人・大田直子［編］　教育のために──理論的応答　世織書房　pp.237-253.
北村友人（2011）．国際社会に向けた情報発信──グローバルな情報ガバナンスと教育の役割　国際交通安全学会誌, **36**(2), 120-126.
松井康浩（2007）．国際関係の理論　高田和夫［編］　新時代の国際関係論──グローバル化のなかの「場」と「主体」　法律文化社　pp.22-47.
最上敏樹（1996）．国際機構論　東京大学出版会
佐藤真久（2005）．「国連持続可能な開発のための教育の10年」とACCUの貢献　財団法人ユネスコ・アジア文化センター　ACCUニュース, 第 **351** 号, p.8.

大矢　暁（2005）．スマトラからアンダマン地震，インド洋津波に思うこと　GUPI Newsletter No.14（2005年2月24日）特定非営利活動法人地質情報整備活用機構　pp.1-4.
Sieh, K.（2005）. How science can save lives. We know plenty about earthquake, but we don't always apply the knowledge. *TIME Asia Magazine*, **165**, No.1.
庄司真理子（2004）．グローバルな公共秩序の理論をめざして―国連・国家・市民社会　日本国際政治学会［編］国際政治，**137**号，1-11.
Sørensen, J., Vedeld, T., & Haug, M.（2006）. *Natural hazards and disasters: Drawing on the international experiences from disaster reduction in developing countries.* Oslo: Norwegian Institute for Urban and Regional Research.
United Nations（2001）. *Road map towards the implementation of the United Nations Millennium Declaration: Report of the Secretary-General. Fifty-sixth session of the General Assembly:* Item 40 of the provisional agenda（A/56/326）.
渡部茂巳（2004）．国際機構システムによるグローバルな秩序形成過程の民主化―グローバル・ガバナンスの民主化の一位相　日本国際政治学会（編）国際政治，**137**号，66-82.

第Ⅳ部　第5章　外交とインテリジェンス

Betfair（2008）. How Obama won the U.S. Presidency – Betfair（November 5, 2008）. London, UK: Betfair. 〈http://www.barackobamasblog.com/how-obama-won-the-u-s-presidency-betfair/〉（2012年1月10日現在）
Dulles, A. W.（2006）. *The craft of intelligence: America's legendary spy master on the fundamentals of intelligence gathering for a free world.* Guilford, CO: Lyons Press.
春名幹男（2003）．秘密のファイル―CIAの対日工作　新潮社
Kober, S.（1992）. The CIA as economic spy: The misuse of U.S. intelligence after the Cold War. *Policy Analysis*, no. 185（December 8, 1992）Washington, DC: CATO Institute. 〈http://www.cato.org/pub_display.php?pub_id=1045〉（2012年1月10日現在）
孫崎　享（2009）．情報と外交―プロが教える「情報マンの鉄則10」　PHP研究所
Sanger, D. E., & Weiner, T.（1995）. Emerging role for the C.I.A.: Economic spy. In *The New York Times*（October 15, 1995）. 〈http://query.nytimes.com/gst/fullpage.html?res=990CE1DF1231F936A25753C1A963958260&pagewanted=all〉（2012年1月10日現在）
Smith, Becky（in Moscow）（2006）. Independent journalism has been killed in Russia. In *The Guardian*（Wednesday 11 October 2006）. 〈http://www.guardian.co.uk/media/2006/oct/11/pressandpublishing.russia〉（2012年1月10日現在）

第Ⅳ部　第8章　宗教リテラシーⅡ：キリスト教

Ayala, F. J.（2007）. Darwin y el Diseño Inteligente. *Creacionismo, Cristianismo y Evolución.* Madrid, Spain: Alianza Editorial.（アヤラ，F. J.［著］藤井清久［訳］（2008）．キリスト教は進化論と共存できるか？―ダーウィンと知的設計　教文館）
小林　稔（2008）．ダ・ヴィンチ・コードとユダ福音書から学ぶ　光延一郎［編］　キリスト教信仰と現代社会サンパウロ　pp.111-154.
増田祐志［編］（2009）．カトリック神学への招き　上智大学出版
Mursell, G.（Ed.）（2005）. *Story of Christian Spirituality.* Oxford, UK: Lion Hudson.（マーセル，G.［著］青山学院大学総合研究所［訳］（2006）．キリスト教のスピリチュアリティ　新教出版社）
宮越俊光（2005）．早わかりキリスト教　日本実業出版社
Möller, C.（1994）. *Geschichte der Seelsorge in Einzelporträts.* Göttingen: Vandenhoeck und Ruprecht.（メラー，C.［著］加藤常昭［訳］（2001）．宗教改革期の牧会者たち　日本基督教団出版局）
百瀬文晃（1992）．キリスト教に問う六五の質問　女子パウロ会
南山大学［編］（1986）．第二バチカン公会議公文書全集　サンパウロ
竹下節子（2006）．レオナルド・ダ・ヴィンチ 伝説の虚実―創られた物語　中央公論社
Pius XII（1950）. *Humani Generis*（12 August 1950）. 〈http://www.vatican.va/holy_father/pius_xii/encyclicals/documents/hf_p-xii_enc_12081950_humani-generis_en.html〉（2012年1月10日現在）
鳥巣義文（2001）．対話と告白　キリスト教とイスラームの神理解をめぐって　新世社
山岡三治・井上英治［編］（1998）．啓示と宗教　サンパウロ

第Ⅳ部　第9章　宗教リテラシーⅢ：イスラーム

赤堀雅幸（2001）．豚と大仏とイスラーム　ソフィア―地球志向の英知を求めて，**197**，106-112.

赤堀雅幸（2005a）．スーフィズム・聖者信仰複合への視線　赤堀雅幸・東長　靖・堀川　徹［編］イスラーム地域研究叢書7　イスラームの神秘主義と聖者信仰　東京大学出版会
赤堀雅幸（2005b）．イスラームと多元主義，イスラームの多元主義　泉　邦寿・松尾弌之・中村雅治［編］グローバル化する世界と文化の多元性　Sophia University Press.
Eickelman, D. F. (2002). *The Middle East and Central Asia: An anthropological approach* (4th ed.). Upper Saddle River, NJ: Prentice Hall.
Galtung, J. (2002). USA, the West and the rest after September 11/October 7, 2001+: A midterm report. *New Political Science*, **24** (3), 349-369.
馳　星周（1999）．春夏シュート　スポーツニッポン　6月17日
Huntington, S. P. (1996). *The clash of civilizations and the remaking of world order*. New York: Simon & Schuster.（ハンチントン，S.［著］　鈴木主税［訳］（1998）．文明の衝突　集英社）
Said, E. (1978). *Orientalism*. New York: Pantheon.（サイード，E.［著］今沢紀子［訳］（1993）．オリエンタリズム　上下　平凡社）
Said, E. (1981). *Covering Islam: How the media and the experts determine how we see the rest of the world*. New York: Pantheon.（サイード，E.［著］　浅井信雄・佐藤成文・岡　真理［訳］（2003）．イスラム報道増補版　みすず書房）
Todd, E., & Courbage, Y. (2007). *Le rendez-vous des civilisations*. Paris: Éditions du Seuil et La République des Idées.（トッド，E.・クルバージュ，Y.［著］　石崎晴己［訳］（2008）．文明の接近――「イスラームvs西洋」の虚構　藤原書店

基本文献
赤堀雅幸［編］（2008）．民衆のイスラーム――スーフィー・聖者・精霊の世界　山川出版社
小杉　泰（1994）．イスラームとは何か――その宗教・社会・文化　講談社
小杉　泰・林佳世子・東長　靖［編］（2002）．イスラーム世界研究マニュアル　名古屋大学出版会
三浦　徹・黒木英充・東長　靖［編］（1995）．イスラーム研究ハンドブック　栄光教育文化研究所
長場　紘（2006）．現代中東情報探索ガイド改訂版　慶應義塾大学出版会
日本イスラム協会・嶋田襄平・板垣雄三・佐藤次高［監修］（2002）．新イスラム事典　平凡社
大塚和夫・小杉　泰・小松久男・東長　靖・羽田　正・山内昌之［編］（2002）．岩波イスラーム辞典　岩波書店
東長　靖（1996）．世界史リブレット15　イスラームのとらえ方　山川出版社

第Ⅳ部　第10章　宗教リテラシーⅣ：ヒンドゥー教

Burgess, J. (1975). *The chronology of Indian history*. Medieval and modern: Delhi: Cosmo Publications.
Garrett, J. (1986). *A classical dictionary of India*. Delhi: Munshiram Manoharlal Publishers Private Ltd.
Kinsley, D. (1987). *Hindu goddesses. Visions of the divine feminine in the Hindu religious tradition*. Delhi: Motilal Banarasidass.
Kramisch, S. (1987). *The art of India through the ages*. Delhi: Motilal Banarasidass.
Mani Vettam, (1984). *Puranic encyclopedi*. Delhi: Motilal Banarasidass.
Martin, E. Q. (1988). *Gods of India:Their history, character, and worship*. Delhi: Indological Book House.
Swami Harshananda, *A Concise Encyclopedia of Hinduism*, Bangalore: Ramakrishna Math, 2008
The Age of Expansion: Europe and the World 1559-1660, Edited by Hugh Trevor-Roper, McGraw-Hill Book Company, New York
Walker, B. *Hindu World*, volumes I & II, Delhi: Munshiram Manoharlal Publishers Private Ltd., 1983.

事項索引

【数字・アルファベット】
BCP（business continuity plan） 74
BIS 規制 82
CATI 133
CIA 147-151
EPA 86
EU 99
FTA 86
MI6 148-150, 153
NATO 100
NIE（Newspaper in Education） 125
OECD 106
RDD 法 133
SWOT 分析 9, 57, 68
TOWS マトリックス 58
V チップ 124

【あ】
アーラニヤカ 175
アーリア民族 173
アラブの春 169
帷幄上奏 52
異国趣味 170
意識調査 136
イスラーム 155, 165
　――嫌悪 168
　――原理主義 168
　――主義 169
イスラエル 105, 155
一神教 160
異文化理解 166
イラク戦争 149
インテリジェンス 117, 151
インフォメーション 117
ヴァイシャ 176
ウィン・ウィン戦略 5-6
ウエイトバック 135
ヴェーダ聖典 175
ウパニシャッド 175
エジプト 155
エルサレム 155-156
演説 40
オーバーバンキング 82
オフ・ザ・レコード（オフレコ） 126-129
オリエンタリズム 170
オン・ザ・レコード 128

【か】
回教 165
外交交渉 37
回収率 133
外部環境 55
外部環境の把握 56
科学技術 105
確証破壊戦略 62
確証破壊戦略の定着 63
カタコンベ（地下墓所） 161
株式・債権引受業務 88
環境変化への対応 74
間接アプローチ 29-30
議会制民主主義 155
企業活動領域 93
企業戦略 71
企業の目標 71
企業理念 72
疑似環境 123
　――の環境化 123
義認 159
機能戦略 92
機能別の戦略 72
基本法 99
キャッシュ・マネジメント 88
キャリーオーバー効果 136
教育 105
競争均衡 95
競争戦略 72
　ストーリーとしての―― 75
競争優位 93
競争劣位 95
キリスト教 155
近代化 169
近代システム 169
クシャトリヤ 176
グノーシス文書 160
繰り返し囚人のジレンマゲーム 24
グローバル・ガバナンス 142
グローバルな情報ガバナンス 139
軍事的天才 51
軍事力 105
軍令事項 52
経営戦略 72, 91
経営理念 77
経験曲線効果 94
経済 105
ゲーム理論 4-6, 14, 17, 72
権威主義 169
言語論的転回 141
現実主義 140

現実の戦争　51
原理主義　165
コアTire1　85
構築主義　140
降伏　45
合理的な愚か者　26
国際協力リテラシー　139
国際連合　54
コスト・リーダーシップ　94
護送船団方式　82
5W1H　73
国家安全保障局　147
国家戦略　49
国家総力戦　53
コモディティ化　95

【さ】
サプライチェーン　74
差別化　94
参戦　43
サンプリング　132
参謀本部　52
自衛　106
事業戦略　72, 92
司祭養成　162
自主独立的精神　159
持続可能な開発のための教育（ESD）　142
実験ゲーム理論　24
実証研究知　142
実態調査　136
市民社会組織　142
社会主義　169
社会的再帰性　141
囚人のジレンマゲーム　17-26
集団安全保障体制　54
集団的相互依存　7
修道生活　162
修練期　163
シュードラ　176
殉教　161
証券仲介　88
小選挙区ブロック比例区併用制　131
象徴　161
城壁　44
シリア　155
進化論　158
人材配置　73
人材養成　162
シンドゥー　173
垂直統合　93
ストーリーとしての競争戦略　75
政軍関係　50
制限戦争　51
聖書正典化　160
聖地　155

製品ポートフォリオ・マネジメント　93
世界経済の構造変化　77
セグメンテーション　94
絶対戦争　51
ゼロサム　6, 7
ゼロサム・ゲーム　4, 5
世論調査リテラシー　132
全社戦略　72, 92
戦術　49
戦争　37
戦争の第一の定義　49
戦争の第二の定義　50
選択と集中　73
殲滅戦　52
戦略　18, 40, 49
戦略と戦術の区分　48
総合商社の変遷　76
相互確証破壊戦略　60, 62

【た】
ターゲティング　94
大義名分　41
大戦略　49
第二バチカン公会議　159
多角化　93
ダルマ　174
単純集計表　136
地域紛争　167
地球環境　158
地球規模の課題　163
中長期にわたって持続的な成長をする　71
沈黙の螺旋　131
ディープ・バックグラウンド　129
帝国主義　41
テクノロジー　107
デザイン学派　8, 9, 68
テロ　166
電話調査　134
統帥大権・軍令大権　52
同盟　43
トリガー戦略　23
トレードオフ　73
トレードファイナンス　88

【な】
ナッシュ均衡　5, 6, 14, 20-24
ニコニコ生放送　122
日本人の戦略的思考　74
ニュース・ソース　128
人間性　171
能力　142

【は】
バーゼル銀行監督委員会　85
バーラタ　173

バックグラウンド　129
ハラッパ　173
バラモン　176
万人祭司（全信徒祭司性）　159
東日本大震災　140
東日本大震災の教訓　74
非掲載率　135
人・物・金・情報　73
標本誤差　134
ヒランヤ・ガルバ　179
ヒンドゥー　173
ヒンドゥスタン　173
フォーク定理　23
フォーリン・アフェアーズ誌　154
複合的相互依存関係　7
プライミング効果　136
プラニング学派　9, 68
ブラフマーナー　175
プランBの重要性　74
プルシャ　179
プレイヤー（当事者）　18
プロクシリカリティ抑制　85
文化芸術　105
文化的遺伝　158
文明の衝突　167
文明論　167
兵役　106
ヘーゲルの弁証法　51
防衛　105
防災教育　140
訪問面接法　132
暴力　165, 168-169
補給　44
ポジショニング学派　9, 68
母集団　134

【ま】
マーケティング・ミックス　94

マクナマラ戦略　8, 56, 60
摩擦　51
民族主義　169
無作為　134
ムスリム　165
メディア　166
メディアリテラシー　123-125, 129
モヘンジョ＝ダロ　173

【や】
役務取引等収支　82
唯一神　156
遺言信託　86
誘導質問　136
ユダヤ教　155
預貸金利鞘　82
抑止戦略　49
ヨルダン　155

【ら】
リアリズム　7
リスクアセット　78, 85
リスクマネジメント　77
リソースマネジメント　78
理想主義　140
リタ　174
リテラシー　121, 131, 139, 155, 157, 165, 173
利得（ペイオフ）　19
歴史家　37
レバノン　155
連邦国防軍　101

【わ】
ワーディング　133
和平　42

人名索引

【A-Z】
Bernstein, A.　49
Courbage, Y.　168
Galtung, J.　170
Hanoune, R.　113
Kiechel III, W.　91
Knox, M.　49
Lécrivain, P.　109
Murray, W.　49
Scheid, J.　113
Sørensen, J.　143
Steinberg, D. J.　109, 110

【ア】
アイケルマン（Eickelman, D. F.）　170
赤堀雅幸　166-167, 169
浅井信雄　166
浅野裕一　48
麻生英樹　111
網倉久永　67, 92-94, 97
アヤラ（Ayala, F. J.）　158
アロン（Aron, R.）　52
イグナティウス（Ignatius）　159
池端雪浦　109
今沢紀子　170
ウェーバー（Weber, M.）　35
ウォルト（Walt, S. M.）　30-31
ウォルフレン（Wolferen, K. van）　10, 183-184
エモンズ（Emmons, G.）　59
エンリーケス（Enriquez, V.）　111
大河原昭夫　67
大塚和夫　171
小野善邦　126

【カ】
苅谷剛彦　142
北村謙一　49
北村友人　139
北山禎介　67
キッシンジャー（Kissinger, H. A.）　9, 34-35, 60, 62, 183, 184
ギデンズ（Giddens, A.）　141
クオ（Kuo, A.）　31
楠木　建　75
クラウゼヴィッツ（Clausewitz, C. P. G.）　8, 15-16, 30, 47-54, 67
黒木英充　171
五井直弘　113
小杉　泰　171
コバー（Kober, S.）　151

小松久男　171

【サ】
サイード（Said, E.）　166, 170
佐藤　優　123, 126, 157
佐藤真久　144
サミュエルズ（Samuels, R. J.）　29, 31
シェリング（Schelling, T. C.）　6, 7, 31, 36, 63
篠田英雄　47
清水　博　34
清水多吉　47
シャラー（Schaller, M.）　9
シュリーフェン（Schlieffen, A. von）　52
庄司真理子　142
上法快男　52
ジョミニ（Jomini, A. H. de）　48
新宅純二郎　92-94, 97
杉之尾宜生　48
杉山明子　136
鈴木静夫　109-110
鈴木主税　167
スターンズ（Sterns, P. N.）　8
セン（Sen, A.）　26-27
孫子　8, 29-33
孫武　29

【タ】
ダーウィン（Darwin, Ch.）　158
竹下節子　160
田中愛治　133
谷口哲一郎　133
ダベンポート（Davenport, T.）　55
ダラス（Dulles, A. W.）　148
淡徳三郎　47
チャーチル（Churchill, W.）　56-57
チャンドラー（Chandler A.）　71
デイビッド（David, F. R.）　58
手嶋龍一　123
トゥーキディディース（Thucydides）　8, 15, 29, 31, 37, 40-43
東長　靖　171
ドーキンス（Dawkins, R.）　25
戸高一成　49
トッド（Todd, E.）　168
ドラッカー（Drucker, P.）　72, 73, 77, 91

【ナ】
ナイ（Nye, J.）　4, 7, 15
ナウマン（Naumann, K.）　99
ナッシュ（Nash, J. F. Jr.）　5, 13

西平重喜　*134*
ノエル＝ノイマン（Noelle-Neumann, E.）　*131*

【ハ】
馳　星周　*167*
羽田　正　*171*
林　佳世子　*171*
春名幹男　*151*
パレット（Paret, P.）　*47-48, 52-53*
ハワード（Howard, M.）　*53*
ハンティントン（Huntington, S. P.）　*167-168*
ハンフリー（Hamphrey, A.）　*57*
ピウス 12 世　*158*
ファーブル（Fabre, J.-H.）　*158*
藤竹　暁　*123*
藤田博司　*128*
フランチェスコ（Francesco d'Assisi）　*162*
フリードマン（Friedman, T. L.）　*63*
ブレジンスキー（Brzenski, Z. K.）　*10, 183-184*
ベネディクト（Benedict, R.）　*10*
ヘロドトス（Hēródotos）　*33, 37*
ヘンダーソン（Henderson, B.）　*91*
ボウイ（Bowie, R.）　*117*
ポーター（Poter, M. E.）　*8, 9, 59-60, 68, 73, 96, 183, 184*
ボーフル（Beaufre, A.）　*36*
星野俊也　*140*
ボンド（Bond, B.）　*52*

【マ】
マールウェーデル（Marwedel, U.）　*47*
マキャヴェリ（Machiavelli, N.）　*29, 31, 35, 48*
マクナマラ（McNamara, R. S.）　*16, 31-33, 55, 59-60, 62-63, 67, 73, 118*

マクルーハン（McLuhan, M.）　*121, 126*
マザー・テレサ（Mother Teresa）　*162*
松井康浩　*140-141*
松本正生　*133*
マハン（Mahan, A. T.）　*49*
馬淵良逸　*56, 118*
三浦　徹　*171*
三宅正樹　*52*
メッケル（Mekkel, K. J.）　*52*
メラー（Möller, C.）　*159*
最上敏樹　*140*
モルトケ（Moltke, H. K. B. von）　*52*

【ヤ】
山内昌之　*171*
山岸俊男　*22*
楊　毅　*30*
吉田　晶　*113*

【ラ】
ラムズボサム（Ramthbotham, O.）　*5-7, 118*
ラング（Lang, G. E.）　*121-122*
ラング（Lang, K.）　*121-122*
リップマン（Lippmann, W.）　*123, 131*
リデル ハート（Liddell Hart, B. H.）　*29-32, 35, 49*
ルター（Luther, M.）　*159*
ロスチャイルド　*148*
ロバーツ（Roberts, J. M.）　*112*

【ワ】
渡辺隆裕　*14*
渡辺文夫（Watanabe, F.）　*111*
渡部茂巳　*142*

執筆者紹介（執筆順　＊印は編者）

孫崎　享*（まごさき・うける）
元外務省国際情報局長・元防衛大学校教授
はじめに，第Ⅰ部序論，第Ⅱ部第1，3，6章，第Ⅲ部第1章，第Ⅳ部第1，5章，第Ⅴ部総括

川西　諭（かわにし・さとし）
上智大学経済学部教授
第Ⅱ部第2章

加藤守通（かとう・もりみち）
上智大学総合人間科学部教授
第Ⅱ部第4章

川村康之（かわむら・やすゆき）
元防衛大学校教授（2014年没）
第Ⅱ部第5章

大河原昭夫（おおかわら・あきお）
日本国際交流センター理事長
第Ⅲ部第2章

北山禎介（きたやま・ていすけ）
元株式会社三井住友銀行取締役会長
第Ⅲ部第3章

網倉久永（あみくら・ひさなが）
上智大学経済学部教授
第Ⅲ部第4章

Joachim Gutow（ヨアヒム・グートー）
元駐日ドイツ連邦共和国大使館国防武官
第Ⅲ部第5章

Nissim Ben-Shitrit（ニシム・ベン シトリット）
元駐日イスラエル大使
第Ⅲ部第6章，第Ⅳ部第6章

渡辺文夫*（わたなべ・ふみお）
上智大学名誉教授
第Ⅲ部第7章

音　好宏*（おと・よしひろ）
上智大学文学部教授
第Ⅳ部第2章

渡辺久哲（わたなべ・ひさのり）
上智大学文学部教授
第Ⅳ部第3章

北村友人（きたむら・ゆうと）
東京大学大学院教育学研究科准教授
第Ⅳ部第4章

山岡三治（やまおか・さんじ）
上智大学神学部教授・上智学院総務担当理事
第Ⅳ部第7章

赤堀雅幸（あかほり・まさゆき）
上智大学総合グローバル学部教授
第Ⅳ部第8章

Cyril Veliath（シリル・ヴェリヤト）
上智大学アジア文化研究所教授
第Ⅳ部第9章

編者紹介

孫崎　享（まごさき・うける）

東京大学法学部中退。1966 年外務省入省。英国，ソ連，米国（ハーバード大学国際問題研究所研究員），イラク，カナダ勤務を経て，駐ウズベキスタン大使，国際情報局長，駐イラン大使を歴任。2002 年より防衛大学校教授。2009 年 3 月退官，今日に至る。

著書：『日米同盟の正体——迷走する安全保障』（講談社現代新書，2009 年），『情報と外交』（PHP 研究所，2009 年），『日本人のための戦略的思考入門——日米同盟を超えて』（祥伝社新書，2010 年）他。

音　好宏（おと・よしひろ）

上智大学大学院博士課程修了。日本民間放送連盟研究所研究員，上智大学助教授，コロンビア大学客員研究員を歴任。1997 年より上智大学文学部新聞学科教授，今日に至る。

著書：『それでもテレビは終わらない』（岩波書店，共著 2010 年）『放送メディアの現代的展開』（ニューメディア，2007 年），『グローバル・メディア革命』（リベルタ出版，共編 1998 年）他。

渡辺文夫（わたなべ・ふみお）

上智大学大学院修士課程修了。博士（心理学）。東西センター（米国）専門研究員，フィリピン大学大学院上級講師，奥羽大学歯学部助教授，東北大学文学部助教授を歴任。1996 年より上智大学文学部教育学科（現総合人間科学部教育学科）教授，2014 年より上智大学名誉教授，今日に至る。

著書：『人間科学研究法ハンドブック［第 2 版］』（ナカニシヤ出版，共編著 2011 年），『異文化と関わる心理学』（サイエンス社，2002 年），『異文化のなかの日本人』（淡交社，1991 年）他。

総合的戦略論ハンドブック

2012 年 7 月 10 日　初版第 1 刷発行
2018 年 10 月 10 日　初版第 2 刷発行

　　　　　　編　者　孫崎　享
　　　　　　　　　　音　好宏
　　　　　　　　　　渡辺文夫
　　　　　　発行者　中西　良
　　　　　　発行所　株式会社ナカニシヤ出版
　　　　〒606-8161　京都市左京区一乗寺木ノ本町 15 番地
　　　　　　　　　　Telephone　075-723-0111
　　　　　　　　　　Facsimile　075-723-0095
　　　　　　Website　http://www.nakanishiya.co.jp/
　　　　　　Email　iihon-ippai@nakanishiya.co.jp
　　　　　　　　　　郵便振替　01030-0-13128

装幀＝白沢　正／印刷・製本＝ファインワークス
Copyright © 2012 by U. Magosaki, Y. Oto, & F. Watanabe
Printed in Japan.
ISBN978-4-7795-0678-9　C3030

本書のコピー，スキャン，デジタル化等の無断複製は著作権法上の例外を除き禁じられています。本書を代行業者等の第三者に依頼してスキャンやデジタル化することはたとえ個人や家庭内での利用であっても著作権法上認められていません。